해부학자

# The Anatomist
## 해부학자

**세상에서 가장 아름다운 해부학 책
《그레이 아나토미》의 비밀**

빌 헤이스 Bill Hayes
양병찬 옮김

스티브 번Steve Byrne에게

# 차례

## 한국 독자들에게

15년 전《해부학자》를 쓰려고 마음먹었을 때, 내가 인체에 대해 이렇게까지 알게 될 줄은 미처 몰랐다. 나의 당초 계획은 19세기에 발간된 해부학 교과서의 고전,《그레이 아나토미Gray's Anatomy》의 저자인 헨리 그레이의 전기傳記를 쓰는 것이었다. 나는 문득, 그러기 위해서는 해부학의 기초를 이해해야겠다는 느낌이 들었다. 왜냐하면 의학이나 과학 분야의 정규교육을 이수한 경험이 전혀 없었기 때문이다.

다행스럽게도, 나는 며칠 후 시작되는 캘리포니아 대학교 샌프란시스코 캠퍼스의 약학과 학생들을 위한 "해부학 개론"이라는 강좌를 청강하도록 허락받았다(나는 그 당시 샌프란시스코에 거주하고 있었다). 나는 첫 번째 시간에 맨 앞줄에 앉았는데, 용어를 거의 이해하지 못했음에도 불구하고 면역학에 매료되었다. 그래서 두 번째, 세 번째, 네 번째 시간에도 계속 참석했다. 네 번에 걸친 오리엔테이션 강의가 끝나고 본격적인 해부학 실습이 시작될 때, 나의 정성을 갸륵하게 여긴 교수는 내게 동참을 허용했다.

나는 1년 동안 무려 세 번의 해부학 강좌를 잇달아 수강했는데, 각각 약학, 물리치료, 의학을 전공하는 학생들을 위해 개설된 것이었다. 나는 그 덕분에 인체와 각 계系를 다양한 관점에서 바라볼 수 있게 되었다. 드디어 책을 쓸 시간이 다가왔을 때, 나는 그동안 연마한 해부학 지식과 헨리 그레이/헨리 카터의 스토리를 결합할 수 있었다(헨리 카터는 《그레이 아나토미》의 삽화가인 동시에 해부학자다).

《해부학자》를 집필한 경험은, 인체는 물론 미래의 파트너인 신경학자이자 작가인 올리버 색스를 알게 되는 계기로 작용했다. 2008년 《해부학자》가 발간되고 몇 달이 지났을 때, 나는 '닥터 색스'로부터 친필 편지를 받았다. 그는 편지에서 "당신의 책을 매우 흥미롭게 읽었습니다. 출간을 축하합니다"라고 말했다. 그리고 "양친과 형 둘이 모두 의사이기 때문에, 너덜너덜한 《그레이 아나토미》 책이 아무렇게나 놓여 있는 가정에서 성장했습니다"라고 부연했다.

대부분의 사람들과 마찬가지로, 올리버 역시 《그레이 아나토미》의 저자에 대해 아는 것이 전혀 없었다. 나는 이미 수년 동안 올리버의 작품을 읽고 흠모해왔던 터였기에, 그의 편지를 받고 크게 감동했다. 나는 그에게 답장을 보내 감사의 뜻을 표했고, 그 이후 우리는 간단한 편지를 주고받는 관계로 발전했다.

그로부터 1년 후인 2009년 봄, 나는 샌프란시스코에서 뉴욕으로 이주했다. 그것은 올리버 색스와 아무런 관계가 없었고, 단지 마흔여덟 살을 맞아 변화—새 출발—를 준비하고 있을 뿐이었다. 그러나 뉴욕으로 이사한 직후, 올리버와 나는 마침내 개인적 만남을 갖게 되었다. 그는 소년 같은 호기심과 장난기 어린 유머감각을 가진, 매력적이고 총명한 남자였다. 우리는 빈번히 만나기 시작했고, 몇 달이 채 안 지나 사랑에 빠졌다. 그가 2015년 8월 여든두 살의 나이에 암으로 세상을 떠날 때까지, 올리버와 나는 커플로 함께 살았다. 돌이켜보면, 헨리 그레이(어쩌면 헨리 그레이의 유령)가 그와 나를 맺어줬다는 생각이 든다.

미국에서 초판이 발간된 지 12년 후, 한국의 독자들과 새로 번역된 《해부학자》의 한국어판을 공유하게 된 것을 영광으로 생각한다. 이건 순전히 경이로운 출판사 알마 덕분이다.

2020년 2월

빌 헤이스

## 프롤로그

최근 몇 년 동안, 나는 오로지 이 책을 쓰는 데 몰두했다. 이 책의 키워 드는 두 가지인데, 하나는 '해부학 책'이고 다른 하나는 (비록 아마추어일 망정) '한 해부학도의 수련 과정'이다. "해부학은 운명이다"라고 한 지그 문트 프로이트Sigmund Freud의 말은 옳았다. 적어도 나에게 있어서는.

내가 인체해부학에서 느낀 매력은 1960년대의 '엄격한 아일랜드 식 가톨릭 교육'이라는 열악한 환경에 뿌리를 두고 있으므로, '바위틈 에 피어난 꽃'에 비유될 수 있다. 어릴적 교리문답 시간에 수녀님한테 "너는 하느님의 형상대로 지음을 받았단다"라는 말을 들은 기억이 난 다. 그 말은 나에게 멋진 소식으로 다가왔다. 그도 그럴 것이, 나의 몸을 소중히 여긴다는 것은 곧 창조자를 소중히 여기는 것을 뜻하기 때문이 다. 그러나 그와 동시에 아담과 이브 이야기는 "육신은 죄악이 담긴 수 치스런 용기容器다"라는 충격으로 다가왔다. 가톨릭은 물론 어떤 종교 에도 영향받지 않는다고 자부하는 지금도 여전히 아담과 이브의 원죄

이야기는 나의 뇌리를 좀처럼 떠나지 않는다. 신이 아담에게 "지혜의 나무 열매를 먹으면 죽을 것이다"라고 경고한 후, 뱀은 (불쌍하고 귀가 여린) 이브에게 나무 열매를 따서 들이대며 감언이설을 늘어놓는다. 나는 아직도 그 대목에서 그녀를 말리고 싶은 충동을 느낀다.

"금단의 열매를 따 먹은 두 사람은 눈이 밝아져, 자신들이 발가벗었음을 알고 무화과 나뭇잎을 얼기설기 엮어 국부를 가린다." 낙원 추방은 그들에게 내려진 선고의 일부일 뿐이었다. "너희들은 흙이다"라고 신은 말한다. "그리고 종국에는 흙으로 되돌아갈 것이다."

아담과 이브 이야기의 핵심 교훈은 삼척동자도 알아들을 만큼 간단명료하다. 그 내용인즉, 신이 안 된다고 하는 일은 하늘이 두 쪽 나더라도 하지 말아야 한다는 것이다. 그러나 이 이야기에는 더욱 음험한 관념이 담겨 있으니, 육신에 눈을 뜨면 영적 죽음spiritual death에 이를 수 있다는 것이다.

생애 최초의 고해성사를 방금 경험한 여덟 살짜리 꼬마에게, 아담과 이브 이야기는 '벌거벗는 것과 죄악이 밀접하게 관련되어 있다'라는 생각을 부추기기에 매우 효과적이었다. 그러나 나의 도덕적인 혼란을 가중시킨 것은 일부 나체족들은 타인의 시선에 전혀 개의치 않으며, 우리가 누군가의 벗은 모습을 의식하는 관행이 아이러니하게도 아담과 이브 때부터 시작되었다는 점이었다. 심지어 내가 가지고 있는 어린이용 성경에도 두 명의 벌거벗은 커플이 마치 잘 익은 한 쌍의 레드딜리셔스*처럼 등장했다. 그러나 내가 성장기에 가장 빈번히 목격한 나체는, 어이없게도 예수였다. 우리 집에는 (예수가 못 박혀 있는) 십자고상이

---

♦   미국에서 개발된, 껍질이 빨간 사과 품종.

조명기구만큼이나 흔했다. 내 침대 위에는 작은 청동 십자고상이 하나 걸려 있었는데, 나는 매일 밤마다 거기에 대고 기도했다. 지금 생각해보면, 가장 큰 십자고상은 위치 선정이 참으로 절묘했다. 다섯 누이들과 내가 함께 쓰는 욕실 문 옆에 떡하니 걸려 있었으니 말이다. 살바라기보다는 타월을 휘감은 채 욕실 옆에 서 있는 예수는, 언뜻 보기에 다음 샤워 순서를 기다리는 대기자 같았다. 아버지가 멕시코에서 사온 나무 십자고상이었는데, 나는 그 신중하게 조각된 디테일을 지금도 생생히 기억한다. 예수의 다리와 팔에는 근육과 정맥이 섬세하게 새겨져 있었다. 비비 꼬인 긴 상반신에는 십가가형의 상처가 적나라하게 표현되어, 교회의 핵심적인 교리를 여실히 드러냈다.—"예수의 갈비뼈 주변에 난 깊은 상처는 우리가 지은 죄 때문이며, 그의 이마에서 떨어지는 핏방울은 우리가 저지른 과오 때문이다." 예수의 고통은 우리에게 동일한 고통을 주기 위해 의도된 것이었고, 우리는 그의 죽음이 우리를 위한 것임을 잊지 말아야 했다.

어머니는 어느 편이냐 하면, 아버지의 아일랜드식 가톨릭 신앙을 견제하는 세력이었다. 아버지를 만나기 전, 어머니는 한때 뉴욕의 야심찬 화가였다. 가톨릭 신자는 아니여서 매우 이례적인 경우에만 가족과 함께 교회에 갔다. 어머니는 매년 재의 수요일Ash Wednesday(사순절 첫날)◆◆ 때마다 (눈썹에 재를 묻히지 않음으로써) 가족(아버지, 누이들, 나)과 구별되었다. 아버지는 농담 삼아 어머니를 이교도라고 불렀지만, 그 말이 끝나기도 전에 우리 여섯 자녀들에게 진심으로 이렇게 덧붙였다. "엄마는 성인聖人이란다. 그러니까 미사에 참례할 필요가 없는 것이지."

---

◆◆ 인간이 필멸의 존재mortality임을 상기시키기 위해 예배자의 이마에 재를 바르는 날.

어머니는 내게 일상생활의 기준을 제시했지만, 그것은 현실 세계가 아니라 '또 다른 높은 세상'의 기준이었다. 어머니가 지향하는 세상은 '예술가의 세상', '열정과 투지 넘치는 사람들의 세상'으로, 어머니가 소장한 조그만 화보집 컬렉션에서 일별할 수 있을 뿐이었다. 어머니의 재봉틀이 버티고 있는 테이블 위에는 소나무로 만든 선반 하나가 놓여 있었는데, 거기에는 뉴욕현대미술관과 같이 먼 곳에서 열리는 전시회 카탈로그는 물론 유명 화가들 책이 꽂혀 있었다. 《피카소의 피카소들Picasso's Picassos》이라는 책은 나를 헷갈리게 할 뿐이었지만 레오나르도 다빈치, 미켈란젤로, 마티스에 관한 두꺼운 책들은 나를 '예술로서의 관능적인 몸'의 세계로 이끌었다. 그 책들은 나체가 아니라 누드로 가득 차 있었는데, 나는 사춘기에 진입하는 과정에서 나체과 누드를 구별하기 시작했다.

반대쪽 벽 선반에는 1965년에 나온 스물두 권짜리 《월드북 백과사전》이 일렬횡대로 꽂혀 있어, 그 옆에 놓인 아버지의 간부 후보생 때 사진을 무색게 했다(그 사진은 아버지가 1949년 웨스트포인트를 졸업할 때 촬영한 것으로, 아버지는 맨 앞줄 왼쪽에서 세 번째에 서 있었다). 내가 인체의 내부를 맨 처음 들여다본 것은 《월드북 백과사전》의 H권에서였다. '헤어스타일링Hairstyling'과 '자궁절제술Hysterectomy' 사이에, 10개의 밝고 투명한 겹침사진으로 구성된 눈부신 해부학 일러스트가 있었다. 다만 남성의 몸이었고 생식기 부분은—품위를 지키기 위해—생략되어 있었다. 나는 지금까지도 플라스틱 시트 냄새, 그리고 거기에 달라붙은 사진을 하나씩 떼며 넘길 때마다 들리던 드드득 소리를 기억한다. 나는 간혹 누이들 중 아무에게나 달려가 '남성Man' 항목을 휙 펼쳐 보이며 비명을 지르게 했지만(이 작전은 나보다 세 살 아래인 줄리아와 두 살 위인 섀넌에게 특히 잘 먹혀들었다), 이내 둘이 나란히 앉아 일러스트를 함께 들여다보며—마치 엑스레이 스펙스X-Ray Specs라는 장비를 착용한 것처럼—인체의 깊은 곳으로 탐험을 떠나는 환상에 빠졌다. 투명한 사진을 하나 넘기면, 마치 조악한 해부를 하듯 연어 빛깔의 근육이 사라지고 축축한 내장이 나타났다. 그런 식으로 한 꺼풀씩 벗겨가면 맨 마지막 사진에는 아무런 장식 없는 뼈대가 남아있었다.

　나의 가장 친한 친구 두 명의 아버지는 모두 의사였는데, 한 분은 일반의G.P.이고 다른 한 분은 피부과 전문의였다. 게네들 집 책장에는 스포캔*의 공공도서관에서는 찾아볼 수 없는 책들이 꽂혀 있었다. 그것들은 오래된 의학 교재들로, 손에 쉽게 닿지 않거나 눈에 띄지 않게 할 요량으로 책꽂이 맨 꼭대기에 있었다. 내가 크리스나 앤디를 재촉하여 그 책들을 꺼내게 한 이유는 바로 그 때문이었다. 나는 그 책들에 실려 있는 사진들을 잊을 수 없다. 상피병elephantiasis, 한센병, 거대한 종양, 그 밖에도 인체를 매혹적일 정도로 그로테스크하게 만드는 질병들의 사진이 총망라되어 있었다.

　크리스와 앤디, 심지어 나의 누이들에게도 비밀로 했지만, 나는 언젠가 의사가 되겠다는 꿈을 갖고 있었다. 그러나 고등학교 때 생물학과 화학 실력이 형편없었는지, 아니면 영어와 작문 실력이 월등했는지 모르겠지만, 나는 결국 의사가 되겠다는 생각을 무기 연기했다. 그럼에도 불구하고 인체의 작동에 대한 나의 관심은 여전히 살아 있어서, 급증하는 성적 관심에 비례하여 점점 강렬해졌던 것으로 기억한다. 그러나 1980년대 초 샌프란시스코로 이주하여 실제로 성관계를 하게 될 즈음,

---

◆　　미국 워싱턴주 동부의 도시. 스포캔강 연변에 있음.

인체는 하루아침에 공포의 대상으로 돌변했다. 인체는 '죽음을 면할 수 없는 죄악'이 아니라 '치명적인 바이러스'가 가득 찬 용기로 여겨졌는데, 그 빌미를 제공한 것은 처음 구입한 《그레이 아나토미Gray's anatomy》라는 책이었다.

내가 그 책을 산 것은 순전히 도판 때문이었다. 군더더기 없는 근육, 뼈, 장기들이 마치 희귀한 곤충 표본처럼 세밀히 묘사된 수백 장의 그림에는 각 부위에 일일이 꼬리표가 붙어 있었다. 맨 처음 내 시선을 끈 것은 서점의 진열대 위에 놓여 있는 두꺼운 책의 표지 그림이었다. 그것은 한 남자의 옆얼굴이었는데, 완곡하게 말해서 안면은 온전하지만 목은 그렇지 않았다. 턱에서부터 빗장뼈collar bone(쇄골)에 이르는 피부가 없어서 몇 가닥의 근육들과 한 덩어리의 혈관이 그대로 드러났다. 비록 섬뜩했지만, 나는 그 그림이 '어울리지 않게 아름답다'고 느꼈다. 남자는 평온한 표정을 짓고 있었고, 그 자세에는 매우 친근한 구석이 있었다. 머리의 디테일이 모두 드러나도록 목을 살짝 비틀며, 마치 "이리로 더욱 가까이 다가와 들여다보세요."라고 눈짓하는 것 같았다.

9.95달러의 할인가는 나로서 거부하기 어려운 조건이었다. 《벌핀치의 그리스 로마 신화Bulfinch's Mythology》나 플라톤의 《국가Republic》와 마찬가지로 모든 사람이—비록 소장용일망정—반드시 한 권씩 가지고 있어야 하는 고전이었으므로, 나도 스스럼 없이 사재기 대열에 동참했다. 그때 내 나이는 지금 나이의 절반쯤이었다. 《불면증과의 동침Sleep Demons》과 《5리터Five Quarts》를 쓸 때 몇몇 해부학 용어의 스펠링을 확인한 것을 제외하면, 그 책은 낯선 여행길에 지명과 위치를 확인하는 용도로 사용되었다. 예컨대 한 절친한 친구가 췌장암으로 진단받았을 때, 내 누이가 부분적 자궁절제술을 받을 때, 내 남자친구가 전립샘암 진단

을 받았을 때 그랬다. 그들의 환부를 상상할 수 있다면 그들이 받아야 하는 수술을 명확히 이해하는 데 도움이 되었다. 《그레이 아나토미》는 전화기 옆에 테이프로 붙여놓은 응급 전화번호 목록처럼, 긴급한 상황 에서 요긴하게 사용되었다. 그 책을 들춰볼 때마다 만나는 언어는 서정 성과는 영 딴판이지만 늘 나를 감동시켰다. 몇 줄의 세련된 문장으로 기 술될 수 있는, 사소한 수술은 하나도 없다는 생각이 들었다. 그러나 해 부학 책을 참고할 기회는 흔치 않았으므로, 《그레이 아나토미》는 《벌핀 치의 그리스 로마 신화》와 마찬가지로 거의 선반 위에서 먼지를 뒤집어 쓰고 있었다.

몇 년 전 어느 날, 나는 한 단어의 스펠링을 재확인하기 위해 그 책 을 펼쳐들었다. 텍스트를 읽어나가던 중 문제의 그 단어가 내 이해 범위 를 벗어나자 새로운 생각이 문득 고개를 들었다. "이 책을 쓴 사람은 도 대체 누구일까?"

책 앞표지에 헨리 그레이Henry Gray라는 이름만 적혀 있을 뿐 뒤표 지에 '저자 소개'가 없었다. 이상하게 여긴 나는 집에 있는 백과사전과 다른 참고 문헌들을 찾아봤지만 여전히 오리무중이었다. 나는 필시 그 사람에 관한 전기가 있을 것이라고 생각하고 공공도서관의 온라인 카 탈로그를 검색했다. 아뿔싸. "검색어와 일치하는 항목이 존재하지 않습 니다"라는 메시지가 나오는 게 아닌가! 아마존은 물론, 희귀본을 곧잘 구해주는 것으로 유명한 국제고서적상연맹International league of antiquarian booksellers 웹사이트도 마찬가지였다. 귀신이 곡할 노릇이었다. 《그레이 아나토미》는 가장 유명한 영어 책 중 하나로 널리 간주되며, 대부분의 사람들이 이름을 아는 유일한 의학 서적이다.

그레이는 피트니스의 아이콘인 잭 러레인Jack LaLanne, 미술가 장-

미셸 바스키아Jean-Michel Basquiat나 키키 스미스Kiki Smith와 같은 인물
들에게 지대한 영향을 끼쳐왔다. 0이라는 숫자를 만든 사람이나 모브
mauve라는 담자색 염료를 만든 사람에 대해서까지 매혹적인 전기가 나
와 있는 마당에 그레이에 대한 전기가 단 하나도 없다니! 혹시 역사가
들의 눈에 띄지 않았거나, 우리가 지금까지 너무나 당연하게 여겨왔기
때문은 아닐까?

음, 그렇지는 않다. 그보다 훨씬 더 납득할 만한 이유가 있었다. 역
사가들이 헨리 그레이의 인생을 억지로 꿰어맞추려 했지만 '알려지지
않은 것'들이 '알려진 것'들보다 많아 어쩔 도리가 없었을 것이다. 내가
지역 도서관에서 추가적인 탐색을 통해 발견한 사실은 아이러니하게도
그의 아버지 토머스 그레이에 대한 기록이 그의 '유명한 아들'에 대한
기록보다 훨씬 더 많이 남아있다는 것이었다. 1787년 영국의 햄프셔에
서 태어난 토머스 그레이는 조지 4세의 개인적인 전령으로, 주된 임무
는 가장 민감한 문서를 수발하는 것이었다. 그런 민감한 문서 중에는 조
지와 마리아 앤 피츠허버트Maria Anne Fitzherbert(왕이 감춰둔 정부情婦인 로마
가톨릭계 여성) 사이에 오간 연애편지가 포함되어 있었다. 토머스 그레이
는 나중에 조지의 후계자인 윌리엄 4세 밑에서도 동일한 임무를 수행했
는데, 이는 그가 비범하게 신중하고 침착한 인물이었음을 시사한다(이
능력이 그의 아들에게 대물림된 것 같다). 헨리 그레이가 정확히 언제 어디서
태어났는지는 지금까지도 알려져 있지 않다. 1825년에 태어났다는 설
도 있지만 1827년이라는 설이 더 우세하다. 그가 유년기를 보낸 곳이
어딘지도 마찬가지로 불확실하다. 어떤 역사가들은 런던을 지목하는가
하면, 어떤 역사가들은 잉글랜드의 윈저라 한다. 심지어 어떤 역사가들
은 상상력을 총동원하여, 그 사내아이가 윈저성에서 양육되었다고 말

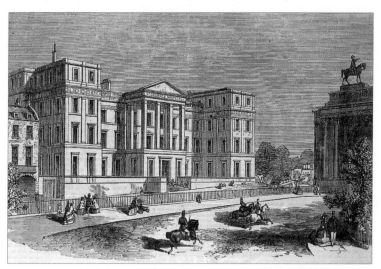

성 조지 병원.

한다. 왕족들 사이에서 평민 한 명이 산다는 건 흥미로운 생각이지만 허구라고 봐야 한다. 헨리가 세 살쯤 되었을 때, 토머스 그레이는 가족(아내 앤, 헨리와 세 명의 자녀)을 이끌고 버킹엄 궁전 근처로 이사했다. 그러나 알 수 있는 사실은 월튼가 8번지라는 주소뿐, 그 밖에 그의 유년기에 대해서 알려진 건 하나도 없다. 헨리 그레이가 의학생 자격으로 1845년 5월 6일 런던의 성 조지 병원에 들어가 출근부에 서명하기 이전에는 그가 실재 인물인지조차 의심스러울 정도다.

우리는 그 시점부터 헨리 그레이가 통과한 시험, 받은 상, 출판한 과학 논문을 통해 그의 경로를 추적할 수 있다. 이 모든 자료들은 공식 기록에서 발견되기 때문이다. 그의 주요 이력을 보면, 1848년 의학박사에 준하는 자격증을 취득했고, 그로부터 4년 후 스물다섯 살이라는 젊은 나이에 왕립학회의 정회원 자리를 꿰찼다. 왕립학회로 말할 것 같으면 배타적인 과학자 그룹으로, 기라성 같은 멤버 중에는 아이작 뉴턴

Isaac Newton이나 안토니 판 레이우엔훅Antonie van Leeuwenhoek이 포함되어 있었다. 나는 더 이상의 자료를 긁어모을 수 없어 미칠 지경이었다. 오랫동안 의사가 될 기회를 잡지 못하는 대신, 나는 헨리 그레이의 전기 작가로 의학 분야에 기여할 수 있을 거라는 희망을 품기 시작했다. 그러나 내가 그때까지 수집한 정보는 이력서 한 장 분량에 불과했고, 그에 관한 일화나 회고담은 전혀 존재하지 않는 듯싶었다. 그가 성 조지 병원에서 고위층으로 승진했다는 사실은 그의 직위명과 재임 기간으로 유추할 수 있을 뿐이었다. 검시관(1848), 해부학 박물관 큐레이터(1852), 해부학 강사(1854)…. 이는 그의 책에 수록된 단정한 꼬리표가 달린 인체해부도를 방불케 했다.

헨리 그레이가 절찬받는 저자 목록에 든 것은 1858년이었다. 그레이의 두툼한 책은 원래 《기술적·외과적 해부학》이란 제목으로 출간되었고, 탁월하다는 평을 받으며 날개 돋친 듯 팔려나갔다. 이듬해에는 미국의 한 출판사의 눈에 들었다. 그즈음 그는 개정증보판을 준비하고 있었다. 그러나 나에게 완벽한 놀라움으로 다가온 것이 있었다. 책에 수록된 거의 400장에 이르는 서명 적힌 해부도 중 그레이의 작품은 단 한 컷도 없다는 것이었다. 모든 그림이 또 한 명의 헨리—헨리 반다이크 카터Henry Vandyke Carter—의 작품이었는데, 내가 소장한 1901년 미국판은 카터의 기여를 전혀 언급하지 않았다. 이런 뜻밖의 사실이 새로운 의문을 제기하는 동안, 헨리 그레이의 스토리가 막을 내린 과정이 밝혀지면서 다른 의문들을 모조리 잠재웠다. 1861년 6월 12일 수요일, 그는 성 조지 병원의 이사회에 출두하라는 통지를 받는다. 그는 명망 높은 직위의 후보자로서 최종 결선에 오른 세 명에 들어 그날 간단한 면접을 치르기로 예정되어 있었다. 그러나 그는 면접 장소에 모습을 드러내지 않았는

데, 나중에 이사회에 전해진 사유는 바로 그날 사망했다는 거였다. 천연
두에 걸린 어린 조카를 치료하던 중 그 자신이 천연두에 감염된 것으로
밝혀졌다. 열 살짜리 찰스 그레이는 완쾌되어 오십 대까지 살았지만, 어
린 시절 천연두 백신을 접종받은 헨리는 병에 걸린 지 일주일 만에 종
갓집에서 숨을 거뒀다. 그의 나이 서른네 살이었다.

전해지는 말에 의하면 그레이는 당시 새로운 걸작을 상당 부분 완
성했다고 하지만, 그 미완성 원고는 지금까지 발견되지 않았다. 심지어
《그레이 아나토미》의 오리지널 원고와 그림들도 종적을 감췄다(내가 알
기로 가장 가능성 높은 이유는, 그레이가 세상을 떠난 해에 영국 출판사의 보관소에
불이 나는 바람에 원고가 모두 소실되었다는 것이다). 이쯤 됐으면 헨리 그레
이에 대한 호기심이 충족되고도 남았고, 의학사에 기여하겠다던 나의
꿈도 적절히 무마될 법했다. 만약 최후의 실마리를 우연히 발견하지 않
았다면, 나는 그 정도로 마무리하고 넘어갔을 것이다. 그때 내가 발견한
것은《그레이 아나토미》100주년 기념판에 실린 사진 한 장이었다.

사망하기 15개월 전 촬영된 이 사진에서, 그레이는 (높은 아치형 천장
에 벽에는 그림들이 걸린) 대형 미술관인 듯한 곳에 20여 명의 젊은이들과
함께 모여 있었다. 천장에 난 채광창을 통해 햇빛이 쏟아져 들어왔다.
일부는 서 있고 일부는 자리에 앉아 있었는데, 상당수가 수트와 타이 차
림에 기다란 백색 스목smock◆을 걸치고 있었다. 심지어 한 사람은 스포
티하게 베레모를 착용하고 있었지만, 그들의 표정은 마치 암울한 진단
을 받은 환자처럼 천편일률적으로 엄숙했다. 그러나 헨리 그레이보다
심각한 사람은 없었다. 그는 사진의 전면에 보이는 테이블 앞 의자에 앉

---

◆    옷이 더러워지지 않도록 위에 걸치는 작업복.

아 있었다. 자그마한 키, 움푹 들어간 까만 눈, 물결 모양의 숱 많은 머리가 영락없이 에밀리 브론테Emily Bronte의 《폭풍의 언덕》에 나오는 히스클리프⁺의 축소판이었다. 그는 셔터가 1초라도 빨리 닫히기를 기다리는 듯 음울하고 강렬하게 카메라를 응시하고 있었다. 그 사진은 해부학 수강생들의 단체 사진이었는데, 헨리 그레이 바로 앞에 누워 있는 시신보다 편안한 포즈를 취한 사람은 아무도 없었다. 덮개 밑으로 드러난 창백하고 가냘픈 다리는 테이블 가장자리를 벗어나 통로 쪽으로 돌출되어 있었다.

그 사진은 나의 뇌리를 떠나지 않았다. 햇빛이 내리쬐는 널따란 방, 사진의 모서리에 의해 상반신이 잘린 테이블 위 시체, 그리고 무엇보다 인상적인 것은 해부학자 바로 그의 모습이었다. 그레이의 얼굴에 나타난 뭔가가—이상하게 들릴지 모르지만, 마치 누군가를 첫눈에 사랑하게 되듯—내 상상력을 사로잡았다. 나는 그를 가능한 한 완벽하게 알고 싶은 욕망이 샘솟았다. 인체해부학을 이해함으로써 헨리 그레이를 제대로 이해하고 싶었다.

---

⁺   《폭풍의 언덕》에서 히스클리프의 외모는 "피부가 지옥에서 온 것처럼 검고, 이국적인 외모를 가지고 있으며, 눈이 움푹 들어갔다"고 묘사된다.

헨리 그레이와 해부학 수강생들, 성 조지 병원, 1860년.
사진 조지프 랭혼Joseph Langhorn.

# 1부

# 학생

자기 인식은 마음뿐만 아니라 몸에도 적용될 수 있으며,
마땅히 그래야 한다.
제 몸의 구조에 대한 통찰이 없는 사람은
자기 자신을 제대로 인식하지 못하고 있는 것이다.

해부학 수강생 존 모어John Moir의 첫 번째 강의 노트,
《한 스코틀랜드 대학교의 해부학 편람》, 1620년.

# 1

———————

해부학 수업 첫날, 수강생들은 나를 여섯 번씩이나 조교로 오인한다. 그건 한편으로 내가 늙다리 학생임을 증명하는 것이지만(그도 그럴 것이, 나는 평균적인 학생보다 스무 살은 족히 더 위이기 때문이다), 다른 한편에서 보면 내 얼굴이 나이에 걸맞음을 의미하는 것이기도 하다. '반이 빈 유리잔'을 '반이 찬 유리잔'으로 해석함으로써 나는 오해를 받을 때마다 환한 미소로 화답한다.

수강생의 수는 모두 120명(시신까지 포함한다면 150명)이다. 우리는 "일부 학생들은 시체의 첫 모습에 압도당한다"는 소리를 귀에 못이 박히도록 들었다. 사실, 일부 학생들은 분명히 그렇다. 그러나 나는 방독면을 착용한 여학생에게 더 놀란다. 그녀는 나머지 학생들이 자신의 그로테스크한 모습을 개의치 않는다고 생각하는 걸까?

"여러분, 안녕?" 육신에서 분리된 듯한, 증폭된 금속성 음성. 세 명의 교수진 중 한 명인 섹스턴 서덜랜드Sexton Sutherland의 목소리다. 그의 얼굴은 무리 속에 파묻혀 보이지 않는 채 말을 이어간다. "강의를 시작하기 전에 몇 가지 관리 규칙을…."

그가 첫 번째로 언급하는 사항은 색깔로 구분되는 쓰레기통이다. "빨간색은 조직(인체의 조직)용이고, 하얀색은 일반 쓰레기용이니 제발 혼동하지 말아요." 시시콜콜 다 설명하진 않겠지만 싱크대도 마찬가지예요. "스테인레스 스틸은 여기서, 도기는 저기서 세척하세요." 응급조치 규칙을 언급할 때는 실내가 쥐 죽은 듯 조용해진다. 그리고 서덜랜드 박사가 모두의 주의를 (연구실 네 귀퉁이에 있는) 긴급 생물재해용 샤워 emergency biohazard shower에 집중시킬 때, 나는 모든 시선이 일제히 나를 향하는 것을 느낀다. 나는 귀퉁이에 서 있는 버릇이 있다. "설마 타월을 휴대하지 않은 사람은 없겠죠?"

"마지막으로, 앞으로 몇 주일 동안 지켜야 할 기본 예절을 설명할게요. 여기서 점심 먹으면 안 돼요." 이 소리가 나오자 모두가 일제히 시무룩한 표정을 짓는다. "음악 감상과 사진 촬영도 금지예요. 목소리를 낮추려고 노력해야 하지만, 웃음소리는 특별히 봐줄게요." 서덜랜드 박사는 이렇게 덧붙인다. "연구실에서 웃는다는 건 바람직한 일이에요. 그건 우리의 감정을 표현하는 좋은 방법이거든요. 그러나 우리의 프로그램을 위해 자신의 몸을 기증한 멋진 분들에게 누를 끼쳐서는 안 되겠죠?" 그는 잠시 분위기를 고른 후 이렇게 말한다. "좋아요, 그럼 이제 시작할까요."

수업에 대한 전반적인 오리엔테이션은 어제 아래층 강당에서 받았다. 오리엔테이션이 끝난 후, 우리는 실습실로 안내되어 세부 사항을 익혔다. 서덜랜드 박사는 노장다운 절제된 표현으로 "환경에 곧 익숙해질 거예요"라고 했다. 그가 말하는 환경이란 '비스듬히 누워 있는 시신'

을 의미했다. 수강생 중 절반 가량은 13층까지 올라가봤는데, 그중에는 나도 포함되어 있었다. 나는 난생처음 지근거리에 있는 (해부용)시신 Cadavers들을 본다는 사실에 무척 설렜고, 보고 나니 기쁘기 한량없었다.

그러나 오리엔테이션의 기능이 문자 그대로 방향 파악orientation이라면, 첫 번째 수업의 기능은 그와 정반대인 방향감각 상실disorientation에 가깝다. 도대체 뭘 해야 할지, 정확히 어디로 가야 할지가 불확실하다. 나는 운동 가방에서 뽀송뽀송한 새 수술복을 꺼내 머리 위에서부터 뒤집어쓴 다음, 데이너 로드Dana Rohde가 이끄는 커다란 무리에 끼어든다. 그녀는 캘리포니아 대학교 샌프란시스코 캠퍼스(UCSF) 약학대학의 해부학과 과장대행으로, 일전에 한 번 만난 적이 있다. 로드 박사는 하나의 시신을 시범 모델로 삼아 오후 과제를 간략히 설명한다. 메스에 새 날을 끼우는 방법을 설명하다가 우리 모두 고무장갑을 착용하고 있는지 확인하기 위해 둘러본 후, 이렇게 덧붙인다. "30분 후 다시 돌아와, 진도가 어디까지 나갔는지 확인할게요." 로드 박사는 나가려다 멈춰 서서, 마치 수영 강사가 풀pool의 데크 위에 뻘쭘히 서 있는 수강생들을 발견한 듯한 표정을 짓는다. '물에 들어가지 않고 뭐해요?'

나는 다른 학생 다섯 명과 함께 4번 시신 주위에 빙 둘러 서 있다. 우리는 앞에 누워 있는 나체 여성의 몸을 바라보기는커녕 서로를 빤히 쳐다본다.

"나는 고등학교 생물학 시간 이후 뭔가를 해부해본 적이 단 한 번도 없어요." 세 명의 여학생 중 한 명이 이렇게 말하며 침묵을 깬다. "그런데 그때 해부한 건 개구리였어요."

나의 비밀을 고백할 절호의 기회인 것처럼 보인다. "사실을 말하자면, 나는 약대생이 아니에요. 로드 박사에게 강의와 실습에 들어와도 좋

다는 허락을 받은 청강생이에요. 그러니 이제부터 참관인 역할만 할게
요."

　　한 명만 제외하고 전원이 나와 역할을 바꾸고 싶어 하는 눈치다. 유
일한 예외자인 거겐이라는 학생은 큰 키에 허스키한 음성을 가진 털북
숭이인데, "한 번도 해부해본 경험이 없어요"라고 말하며 흔쾌히 1번
타자로 나선다. 하지만 엄밀하게 말하면, 이번 해부는 거겐에겐 첫 번째
경험이 되겠지만 4번 시신에게는 그렇지 않을 것이다. 10주 동안 진행
되는 맨눈해부학gross anatomy♦ 시간에 사용되는 다른 시신들과 마찬가
지로, 이 시신은 직전 강의에서 이미 사용되었다. 국립과학수사대(CSI)
에서 통상적으로 사후 부검에 사용되는 신선한 시신들(파란 입술과 회색
피부를 가졌지만, 아직도 실물과 똑같다)과 달리, 이 시신은 '디스커버리 채
널' 특집에 등장하는 소재에 더 가깝다. 왜냐하면 마치 '붕대가 풀린 이
집트 미라'처럼 온몸이 쪼그라들었기 때문이다. 아직 남아있는 피부는
황갈색이고 가죽처럼 질기며, 노출된 속살은 마치 소고기 육포처럼 까
맣고 건조되어 있다. 머리와 손은 거즈로 칭칭 감겨 있어 심한 화상을
입은 듯한 인상을 준다. 서덜랜드 박사가 오리엔테이션 시간에 설명한
것처럼, 거즈는 두 가지 기능을 수행한다. 하나는 섬세한 부위가 오랜
기간 보존되도록 도와주는 것이고, 다른 하나는—어떤 의미에서—우리
를 보호하는 것이다.

　　"일반적으로, 우리는 시신의 손이나 얼굴을 바라볼 때 강렬한 인
상을 받아요." 그는 이렇게 말하며 신중하게 말을 잇는다. "왜냐하면 한

---

♦　현미경을 사용하지 않고 인체의 몸을 절개하여 육안으로 볼 수 있는 구조물들을 관찰하고
기술하는 학문. 일반적으로 해부학이라고 하면 맨눈해부학을 가리킨다.

사람의 정체성을 진정으로 드러내는 부분이 손이나 얼굴이기 때문이에요." 다른 부위를 절개할 때는 금세 냉담하게 되지만, 시신의 눈이나 입을 볼 때는 그러기가 훨씬 더 어렵다. 예기치 않게 감정이 솟구칠 수 있다. 그는 이렇게 덧붙인다. "여러분은 간혹 특정 부위를 아무렇지도 않게 떼어낸 후, 어쩌면 반쯤 절개했을 때, 거즈 한 조각을 제거하자마자 문신이나 매니큐어 칠한 손톱을 보고 갑자기 얼어붙게 될 거예요." 그가 살아 있을 때 했을 치장은 단순이 몸이 아니라 '누군가'의 몸이라는 생각을 불러일으킨다. 서덜랜드 박사가 설명한 것처럼, 최초의 해부를 비교적 중립적인 부위인 흉곽thorax에서 시작하는 이유는 바로 이 때문이다.

　나는 오늘의 유일한 구경꾼이지만, 해부의 역사를 잘 안다는 사실에 적이 안도감을 느낀다. 인체 해부는 수 세기 동안 만인의 관심을 사로잡은 구경거리였다. 호기심을 품은 사람들은—초대를 받았든 유료 티켓을 구입했든—오랫동안 방을 가득 메운 채, 목을 길게 빼고 향수로 적신 손수건을 코에 대고 숨을 쉬면서 섬뜩한 살점이 하나씩 하나씩 떨어져나가는 장면을 목격했다. 유럽에서는 교육·학습·관찰에 필요한 공간을 마련할 필요성이 대두되어, 1594년 이탈리아의 파도바 대학교에 세계 최초의 해부극장anatomical theater이 건립되었다. 가파르게 경사진 원형극장의 계단식 관람석에는 300명이 운집했고, 경쟁하는 학파들(예를 들어 런던의 의사협회)에서 우후죽순처럼 세운 시설들의 모델이 되었다. 해부극장의 한복판에는 늘 해부대가 놓여 있었고, 맨 앞줄에 앉은 구경꾼들은 뿜어져나오는 피를 흠뻑 뒤집어쓰기 일쑤였다. UCSF의 경우, 나를 비롯한 초보 해부학자들은 럭셔리한 해부극장이 아니라 소박한 실습실에 서 있다. 우리의 테이블에서 해부가 진행되는 광경을 최대

해부극장, 런던, 1815년.

한 잘 지켜보기 위해, 나는 금속제 의자 위로 올라가 등받이 위에 걸터 앉아야 했다.

　우리의 해부대 위에 놓인 시신은 160센티미터 남짓한 키의 여성이며, 전통적인 Y자 절개Y incision 방식(어깨에서 복장뼈sternum, 그리고 복부를 거쳐 두덩뼈pubis까지 일직선으로 절개하는 방식)으로 처리되지 않는다. 그녀의 가슴은 이중 출입구double doorway 형태로 절개된다. 즉 갈비뼈 아래와 빗장뼈collarbone(쇄골)를 가로질러 피부를 절개함으로써 가슴의 위와 아래를 대충 표시한 다음, 한가운데를 따라 내려가며 메스를 긋는다.

　새로운 해부를 시작하기에 앞서서, 우리는 선행 작업의 흔적을 원상 복구해야 한다. 로라가 실습지침에서 지시 사항을 읽는 동안, 거겐은 두 개의 커다란 피부판을 다시 접은 다음, 그 아래에 있는 가슴받이 breastplate(수술톱으로 미리 절단된 갈비뼈와 근육을 보호하는 단단한 보호대)의 가장자리를 움켜잡는다. 거겐이 가슴받이를 들어내자, 시신에서 흘러나온 짙은 방향芳香이 우리 모두를 움찔하게 만든다.

가슴 속을 들여다보니, 흉곽을 한때 '몸의 찬장pantry'으로 일컬었던 이유를 알 것 같다. 그것은 다양한 물체들이 빽빽이 들어찬 사각형 모양의 깊숙한 공간cavity(공동)인데, 거겐이 지금 꺼내야 하는 물체는 폐lung다. 그는 공간 속으로 왼손을 슬며시 집어넣어, 폐뿌리radix pulmonis(폐근)를 더듬는다. 우리는 '뿌리'라는 말에 현혹되어 폐의 맨 아래를 상상하기 쉽지만, 폐뿌리는 폐의 꼭대기 쪽에 위치하는 짧고 통통한 관tube으로서 폐를 기관windpipe에 연결하는 역할을 수행한다. "이제 뭘 해야 하죠?"라고 거겐이 묻는다.

거겐과 달리 자그마하고 날씬한 체격의 로라는 허둥지둥 다음 지시 사항을 찾아낸다. "여기에 보면, 위에서 폐뿌리를 절개하고, 계속 아래에서 폐인대pulmonary ligament를 절개하라"고 쓰여 있네요.

"그게 무슨 뜻이죠?"

"내 생각에는, 맨 위에서부터 맨 아래까지 일직선으로 메스를 그으라는 것 같아요."

외견상의 칼잡이는 거겐이며, 나머지 팀원들은—최소한 마음속으로—그가 메스를 놓치거나 엇나가지 않도록 돕고 있다. 로라, 에이미, 미리암, 마수드가 그를 감싸고 있는 네 손가락이라면, 나는 그들의 맞은편에 버티고 있는 엄지다. 잠시 후 거겐은 한 걸음 뒤로 물러난다. 그것은 로라에게 주도권을 넘긴다는 뜻이다. 그녀는 아랫입술을 깨물며 흉강thoracic cavity 안에 손을 넣고, 지그시 잡아당겨 오른쪽 폐를 꺼낸다.

뭉친 티셔츠만 한 크기로, 축축한 회색 태피터taffeta♦ 더미를 연상시킨
다. 우리 여섯은 똑같은 득의의 미소를 짓는다. 마치 아기의 순산을 이
뤄낸 것처럼.

하지만 우리의 아기는 이윽고 기형아인 것으로 밝혀진다. 로드 박
사가 돌아와 "너무 바깥쪽을 잘랐어요"라고 지적한다. 그것은 기관지
bronchus(기관의 한 분지offshoot)가 명확히 노출되지 않았음을 의미한다.
그녀는 즉시 우리를 안심시키려 노력한다. "유일한 학습 방법은 시행착
오예요. 게다가 여기에는 시신이 많고, 이번 시간은 운 좋게도 외과술기
surgical skill를 평가받는 시간이 아니랍니다."

다음 해부대로 넘어가기 전에, 데이너는 우리에게 두 번째 과제를
알려준다. 그 내용은 가로막신경phrenic nerve(횡격막신경)을 15센티미터
만큼 절제하는 것이다. 가로막신경이란 흉곽을 통과하는 좁은 섬유로,
현재 오른쪽 폐가 제거된 관계로 그중 일부가 노출되어 있다. 로드 박사
는 생체 내에서 신경의 주요 기능을 설명하며 간단한 용어를 이용하여
다음과 같이 요약한다. "이게 손상되면, 당신은 숨을 쉴 수가 없어요. 그
와 마찬가지로, 여러분이 가로막 위의 척수spinal cord를 잘라낸다면, 이
신경은 기능을 완전히 상실해요." 그러고는 이렇게 덧붙인다. "영화배
우 크리스토퍼 리브Christopher Reeve(슈퍼맨)가 그런 일을 당했어요. 그래
서 그는 인공호흡기를 달고 여생을 보내야 했지요."

바로 그 순간, 우리 해부대 주변에 빙 둘러 서 있는 수강생들은 모
두 동일한 비이성적 반응을 보인다. 그 내용인즉, 우리가 (이미 사망한)
시신을 사지마비환자quadriplegic로 만들 거라는 공포감에 휩싸인 것이

---

♦   광택이 있는 빳빳한 견직물. 특히 드레스를 만드는 데 쓰인다.

다. 그런 감정은 세 시간 동안 진행된 첫 번째 실습의 절반을 지배한다. 우리 중에서 어느 정도 객관성을 유지하는 사람은 아무도 없다.

거겐에게서 바통을 이어받은 마수드는 행운아라는 표정을 짓지 않지만, 그에게 주어진 기회(인체를 해부하고, 심지어 실수를 범할 기회)는 사실 어마어마한 특권이다. 관점을 넓혀 생각해보면, 예컨대 "의학의 아버지"인 히포크라테스는 인간의 몸을 한 번도 해부해보지 못했다. 그 이유는 고대 그리스 사회에서는 인체 해부가 금지되어 있었기 때문이다. 아리스토텔레스 역시 그런 금기를 깬 적이 없었고, 2세기로 훌쩍 넘어와 존경받던 그리스의 내과의사 갈레노스Claudios Galenos조차도 인체를 해부해보지 못했다. 갈레노스의 저서는 그가 죽은 뒤 1,400년 동안 의학의 복음서로 남아있었지만, 그 자신은 돼지와 고양이를 해부함으로써 해부학에 대한 지식을 습득했다. 그는 동물과 인간의 해부학이 호환 가능하다고 생각했다. 하지만 그건 착각이었을 뿐만 아니라 그의 오류는 시간이 경과함에 따라 눈덩이처럼 불어났다.

중세에 들어와서도 계속해서 인체 해부는 사실상 모든 사회에서 금지되었다. 그런 정책이 완벽하게 준수된 것은 아니겠지만(장담하건대, 일부 부도덕한 의사들에게 낯선 사람의 시신은 너무나 매혹적이었을 것이다), 해부 결과를 공유한 사람은 책임을 면할 수 없었을 것이다. 유럽 일부 지역에서는 동물을 해부해도 오명을 뒤집어쓸 위험이 있었다. 마법sorcery과 연루될 수 있었기 때문이다. 1240년에야 근본적인 정책 변화가 일어나 효력을 발휘하기 시작했다. 신성로마제국의 황제 프리드리히 2세가 "공중보건 향상과 훌륭한 의사의 훈련을 위해, 나의 왕국에서 5년에 한 번 이상 인체를 해부하라"고 선포한 것이다. 이런 대담한 조치로 인해, 프리드리히 2세는 '해부학을 암흑 시대에서 구원한 독보적 인물'로 평가받고 있다.

14세기 초에 이르러, 유럽의 일류 대학교에서는 1년에 한 번씩 인체 해부가 수행되었다. 해부에 사용된 시신은 남녀 공히, 거의 모두 '처형된 범죄자'의 것이었다. 당대 최고의 해부학자는 볼로냐 대학교 교수인 몬디노 데 루지Mondino dei Liucci, 1270~1326로, 말하자면 '중세 말기의 헨리 그레이'였다. 그가 저술한 해부 매뉴얼인 《해부학Anathomia》은 1316년에 완성되어, 향후 200년 동안 유럽 전역의 거의 모든 의과대학에서 사용되었다. 몬디노의 《해부학》은 인쇄술이 발명된 후 39판까지 발간되었는데, 이 기록을 넘보는 의학 서적은 《그레이 아나토미》의 영국판밖에 없다.

몬디노는 인체 해부를 본격적으로 기록한 최초의 의학자로 의학사에 자리매김했을 뿐만 아니라, 해부학 교육 혁명의 방아쇠를 당긴 인물로도 기억된다. 몬디노는 해부 과정을 체계화하여, 인체를 탐구하는 단계적 방법을 제시했다. 그의 뒤를 이어 후세의 선구자들은 궁극적으로 갈레노스 의학Galenism의 오류 중 상당 부분을 바로잡았다. 어떤 의미에서, 몬디노가 지도를 제공해 후계자들이 보물을 발견했다고 볼 수 있다.

몬디노 방법에서, 인체 해부는 하나의 엄숙한 사실(인체 해부 과정은 부패putrefaction와 벌이는 경주다)에 기반한 엄격한 스케줄을 따랐다. 시신이 방부 처리되지 않는 시대에, 부패를 지연시킬 수 있는 방법은—비록 약소하지만—저온밖에 없었다. 따라서 해부는 1년 중 가장 추운 시기를 선택하여 4일 안에 신속하게 진행되었다. 외흉부outer chest에서 시작하여 내부로 점차 깊숙이 들어가는 오늘날의 관행과 달리, 몬디노는 내부(창자)에서 시작하여 외부로 나왔다. 왜냐하면 창자는 신속히 부패하

몬디노 데 루지의 《해부학》 1493년 판에 수록된 삽화 중 하나.

여 가장 먼저 악취를 풍기는 기관이었기 때문이다. 몬디노는 시신 뒤에 놓인 높은 연단에 앉아, 한 숙련된 조교가 해부를 하는 동안 자신의 교과서를 낭독했다. 학생들은 해부를 하지 않았다. 시범자demonstrator라고 불리는 두 번째 조교는 몬디노가 기술하는 신체 부위를 높이 들어올리거나 가리켰다. 우연의 일치이지만, 헨리 그레이는 성 조지 병원에서 이와 비슷한 3인 1조 팀의 일원이었고, 병원에 재직하는 기간 동안 세 가지 역할을 두루 수행했다.

　몬디노 해부의 마지막 날, 시신 썩는 냄새가 해부극장에 진동하여 후각을 고문하는 수준에 이르렀을 것이다. 이 점을 배려한 볼로냐 대학교에서는 해부학과에 특별한 예산을 배정하여, 학생과 구경꾼에게 제공할 와인을 구입해 비치했다. (우리는 와인이 사람의 감각을 둔화시켰을 거라고 생각하기 쉽다. 그런데 흥미롭게도, 시신 역시 알코올의 혜택을 볼 수 있었다.

해부학자들이 나중에 알게 된 사실이지만, 알코올은 매우 훌륭한 방부제다.) 마지막으로, 언급할 만한 역사상 가장 섬뜩한 특권 한 가지가 있다. 볼로냐 대학교 학생들은 해부극장에 입장할 때 시신을 지참할 수 있는 권리가 있었다. 하지만 설사 그런 경우일지라도, 학생들에게는 해부가 일절 허용되지 않았다.

한 걸음 뒤로 물러서서 마수드, 로라, 그리고 다른 학생들이 가로막 신경의 노출을 마무리하는 장면을 지켜보는 동안, 나는 시신이 매우 작아 보인다(실습실 안에 있는 어느 누구보다도 작은 것 같다)는 느낌에 사로잡힌다. 잠시 어쩌면 어린아이의 시신일지도 모른다는 생각마저 들지만, 나는 그게 불가능하다는 사실을 안다. 왜냐하면 어린아이의 시신이 해부학 프로그램에 제공되는 경우는 극히 드물기 때문이다(시신 대신 부모들은 사망한 자녀의 장기를 이식용이나 연구용으로 기증하는 것이 상례다). 나는 실습실 뒷벽으로 걸어가, 게시되어 있는 사인死因 목록을 읽어보고 생각을 바로잡는다. 우리가 해부하고 있는 시신은 여든여덟 살에 사망한 노쇠한 여성이다. 직접적인 사인은 심부전이며, 알츠하이머병을 앓고 있었다.

나는 해부대로 돌아와 시신의 폐를 만져볼 수 있는 기회를 포착한다. 로라가 그것을 목 옆에 놔뒀기 때문이다. 내 평생에 사람의 내장을 직접 만져보는 것은 이번이 처음이다. 나는 폐가 텅 비고 가벼울 거라고 생각했지만, 조직이 치밀하며 젖은 수세미 정도의 굳기consistency를 갖고 있다. 폐 바닥base은 부드러우며 가로막 꼭대기에 얹혀 있는 부분은 오목하다. 내가 진정으로 보고 싶은 것은 '흉곽 안에 들어 있는 폐'의 모습이다. 이번 강의에서는 어림없는 일이지만, 다른 강의에서는 가능할 거라고 믿는다.

나는 그룹에 적극적으로 가담하여 흉강을 다시 조립하다가 놀랄 만한 것을 발견한다. 시신의 오른손에 감겨 있던 거즈가 어디론가 사라진 것이다. 단정하게 꾸민 그녀의 손에는 손톱이 그대로 남아있다. 그럴 수밖에 없는 것이, 손톱은 극도로 느리게 부패하는 부분이다. 가장자리가 동그랗고 말끔한 것으로 보아, 그녀는 사망하기 직전 손톱을 손질하고 매니큐어를 바른 것 같다. 내가 그녀의 손목을 들자 팔 전체가 뻣뻣하게 따라 올라온다. 나는 그녀의 손을 거즈로 다시 감고, 천을 잡아당겨 몸 전체를 덮는다.

나는 강의가 끝난 후 고무장갑의 영역(해부학 실습실)을 떠나, 파내서스 애비뉴Parnassus Avenue를 건너 하얀 면장갑의 영역(UCSF 의학도서관 특별장서실)으로 이동한다. 나는 《그레이 아나토미》 1판의 대출을 예약해놓았다. 장서실에서 두 개의 층계를 올라가면, 냉난방이 완비된 조용한 보물창고가 사서와 나를 기다리고 있다. 휘트 씨는 익숙한 동작으로 밀실에 들어갔다가 잠시 후 다시 나타난다. 나는 나의 방문에 대한 세레모니 수준의 응대를 사랑한다. 그녀는—마치 희귀한 빈티지 와인을 다루는 소믈리에라도 된 것처럼—면장갑 낀 손에 예약 도서를 들고 내 테이블로 접근한다. 그녀가 내게 1858년판 《그레이 아나토미》를 넘겨줄 때, 나는 "땡큐!"라는 속삭임과 함께 가납嘉納한다는 뜻으로 고개를 끄덕인다.

그 책은 (독서대처럼 기울어져 있지만, 책등에 주는 부담을 최소화하기 위해 중심 부분이 더 두꺼운) 커다란 폼패드 위에 얹혀 있다. 거의 150년 된 책임을 감안하면 놀라울 정도로 양호한 상태를 유지하고 있다. 나는 갈색 가죽 커버를 예찬하므로, 휘트 씨가 내게 건네준 얇은 흰 장갑을 재빨리 착용한다(내 누이들이 첫 번째 성찬식 때 착용했던 장갑과 매우 비슷하다는 느낌을 지울 수 없다). 나는 두꺼운 표지를 들춘 후 처음 몇 페이지를 넘긴다. 책장 사이에서 매우 오래된 책 특유의 희미한 흙냄새가 풍겨나온다. 나는 자연스레 (시공을 초월해) 빅토리아 시대에서 넘어온 향기를 즐긴다.

《그레이 아나토미》는 고전으로서 막중한 임무를 수행했지만, 정작 헨리 그레이 자신은 그 책을 "새로운 의학 교재에 대한 절실한 수요 충족"이라는 매우 세속적인 목적으로 저술했다. 그런 수요를 부추긴 요인에는 여러 가지가 있지만, 가장 설득력 높은 것은 마취제의 초기 형태인 클로로포름의 발견이다. '수술을 받는다'는 표현이 일상적인 대화에 흔히 등장하고 수술이라는 소재가 리얼리티 쇼의 엔터테인먼트 수단으로 여겨지는 오늘날, "환자를 안전하게 마취한 후 칼날이 그들의 살점을 파고든다는 느낌 없이 절개할 수 있다"는 것이 얼마나 혁명적인지를 상상하기는 어렵다. 그런 혁신이 일어나기 전, 외과수술 분야에서는 주로―역설적으로 들리겠지만―외적인 측면에 관심을 기울였다. 즉 종기를 째든 썩은 이빨을 빼든 사지를 절단하든, 의사가 볼 수 있거나 피부로 쉽게 느낄 수 있는 것에 초점을 맞췄다. 환자가 의식이 있으므로 외과의사는 손재주가 비상해야 했고 무엇보다도 빨라야 했기 때문이다. 그러나 마취제를 사용함으로써 수술실이 훨씬 더 조용해지자 의사는 좀 더 차분하게 수술을 할 수 있었고, 전혀 새로운 영역의 문이 열렸다. 지금껏 도달할 수 없었던 신체 부위에, 전례 없이 더욱 깊숙이 접근할 수 있게 되었던 것이다. 결과적으로 의학생이 배워야 할 것의 범위는 기하급수적으로 늘어났고,《그레이 아나토미》와 같은 철저한 백과사전에 대한 수요가 급증했다.

물론 500여 년 동안 해부학 교재들은 늘 존재했었다. 헨리 그레이가 그 분야의 선두주자는 아니었고, 사실 괜찮은 교재들이 이미 수두룩했다. 예컨대 퀘인Jones Quain, 1796~1865의 《해부학 요강Elements of Anatomy》은 6판을 출간한 상태였다. 그러나 그레이는 "'좋은 책'이면서 '상업적으로 성공적인 책'을 만드는 방법"에 대해 명확한 아이디어를 갖고 있었다. 그의 주요 세일즈 포인트는 외과적 해부학surgical anatomy, 다시 말해 해부학 지식을 수술 실무에 적용하는 것에 초점을 맞추는 것이었다. 그로 인해 《그레이 아나토미》는 베스트셀러가 되었고, 학생들이 전문가 세계에 들어선 지 한참이 지난 후에도 실무지침서로 남아있었다.

저작권을 표시하는 문구는 속표지에 두 줄로 인쇄되었으며, 활자체는 굵은 대문자였다.

---

**HENRY GRAY, F.R.S.[◆],**
헨리 그레이, 왕립학회 회원

**LECTURE ON ANATOMY AT ST. GEORGE'S HOSPITAL.**
해부학 강사, 성 조지 병원

---

나로 말하자면, 《그레이 아나토미》의 원본을 읽는다는 것은 지금껏 먼 발치에서 알아왔던 그레이라는 인물을 정식으로 소개받은 것과 마찬가지다. 소개 과정은 책의 서문으로 이어지는데, 내가 소장한 책에는 그 부분이 누락되어 있었다. 그레이는 서문에서, 두 명의 친구가 출간에 기여했음을 인정한다. 한 명은 그 책을 편집한 티모시 홈즈Timothy

---

[◆]  Fellow of the Royal Society.

Holmes이고, 다른 한 명은 (그 책을 저술하는 데 필요한) 수많은 해부를 도와주고 삽화를 그린 헨리 반다이크 카터이다.

내가 그 페이지에 표시를 하기 위해 메모지 한 장을 뜯자, 휘트 씨의 얼굴은—마치 관상동맥이 좁아진 사람처럼—삽시간에 사색이 된다. 그녀의 표정은 '목욕물 속의 고양이'와 '화난 선생님' 사이의 어디쯤이다. 뽀루퉁한 표정의 그녀는 후다닥 달려와, 규격화된 페이지마커 한 무더기를 내 손에 쥐어준다.

나는 1901년 판본 《그레이 아나토미》를 가지고 있어서 이 둘을 나란히 놓고 비교할 수 있다. 첫눈에 확연한 것은 나중에 나온 판본에 다른 미술가가 그린 수백 점의 삽화가 추가되었다는 점이다. 그러나 저작권 표시가 없더라도, 카터의 작품인지 아닌지를 구별하기는 어렵지 않다. 책이 처음 출판되었을 때, 영국의 의학 저널 〈랜싯The Lancet〉은(이 저널은 여간해서는 칭찬을 하지 않는다) 온갖 미사여구를 동원하여 "최고의 해부학 보물창고"라고 극찬하며 헨리 반다이크 카터의 일러스트를 일컬어 "완벽하다"고 했다. 사실 카터의 그림은 기법상으로나 기능적으로나 완벽하다. 그의 위대한 혁신은, 해부학적 이름을—마치 도로 지도에 그려진 거리 이름처럼—기관 바로 오른편에 기재함으로써 학생들에게 엄청난 편의를 제공했다는 것이다. (그에 더하여, 문자의 배열이 해부학적 위치에 맞춰 곡선을 그림으로써 흥미를 유발하기까지 했다.) 카터의 오리지널 그림에 비하면, 새로 추가된 그림들은 무미건조하고 다이어그램처럼 보인다. 그러나 가장 두드러진 점은 초판에는 컬러가 없다는 것인데, 나는 내가 흑백을 선호한다는 사실을 알고 깜짝 놀란다. 맨 처음 나의 주의를 끌었던 남자 프로필의 경우(표지가 아니라 본문의 3페이지에 나오는), 오리지널 그림이 더 아름답다. 카터가 원래 의도했던 대로 보는 것은 복원된

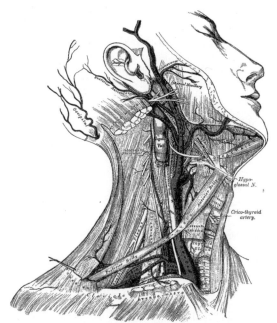

FIG. 283.—Surgical anatomy of the arteries of the neck, showing the carotid and subclavian arteries.

목의 동맥들.
목동맥carotid artery(경동맥)과 빗장밑동맥subclavian artery(쇄골하동맥)을 보여준다.

걸작을 감상하는 것과 같다. 그리고 컬러 버전은 이제—왜 내가 지금껏 이 사실을 몰랐을까?—야해 보인다.

내가 1858년판 1901년판 텍스트에서 미묘한 차이를 발견한 것은 놀랍지 않다. 후자의 경우, 단어가 대체되고 문장이 짧아졌으며 구두점이 달라졌다. 결과적으로, 그렇잖아도 이미 임상적인 어조를 띤 그 책은 훨씬 더 쌀쌀맞은 분위기를 풍기게 되었다. 오리지널 버전에서, 헨리 그레이는 종종 살가운 어조로 각 장의 내용을 간략히 소개하고 넘어갔다. 그러나 43년이 지난 후 그의 친절한 요약문은 종적을 감추고 말았다.

두 버전의 유일한 공통점이 있다면, 논의가 한창 진행되다가 갑작스럽게 끝을 맺는다는 것이다. 마치 헨리 그레이 교수가 강의를 하던 도중 정해진 시간이 지났음을 뒤늦게 깨달은 것처럼 말이다. 그의 강의는 신속히 중단되며, "…에서 뻗어나온 기다란 돌기가 여기에 투사된다"라는 말을 마지막으로 서둘러 막을 내린다. 그러나 1판의 말미에는 두 개의 단어가 아주 조그만 글씨로 인쇄되어 있다.

### ~THE END~

도서관에 앉아 있는 지금, 두 개의 단어로 구성된 초간단 구절은 놀랍도록 아이러니하게 들린다. 헨리 그레이는 "THE END" 이후로 무엇이 시작될지 상상이나 했을까? 그것은 그의 연구가 누릴 영원한 생명이었다. 그의 책은 지금까지 한 번도 절판된 적 없이 미국에서만 무려 37판을 거듭했다. 게다가 열 가지 이상의 언어로 번역되어 지구촌 방방곡곡의 의학생들에게 대대손손 전수되며 수백만 권이 팔려나갔다.

나는 헨리가 1858년 초 자신의 저서를 마무리할 때, 그의 뇌리에 무슨 생각이 스쳐갔는지 상상하려고 애쓴다. 홀어머니와 단 둘이 살았던 윌튼가의 그레이 종갓집에서, 꼼꼼하게 정리된 책상 앞에 앉아 있는 그의 모습을 그려본다. 수백 장의 육필원고가 가까운 수납장에 쌓인 채 출판사에 전달되기를 기다리고 있을 때, 서른한 살짜리 해부학자는 문득 엉뚱한 생각을 품는다. 그는 새 종이 한 장을 꺼내, 가장 신중한 손글씨로 두 개의 마지막 단어를 쓴다. 그러고는 그 마지막 페이지를 원고 더미의 맨 아래에 밀어넣는다. 그는 그게 편집 과정에서 살아남을 거라고 기대하지 않는다. 그저 일종의 조크를 하려고 했을 뿐이니까.

"끝"이라고? 그래, 맞다. 한 권의 책이 끝나고, 하나의 스토리가 끝

나고, 하나의 인생도 끝나기 마련이다. 그러나 해부학에 대한 불타는 학
구열은 결코 끝나지 않을 것이다.

# 2

---

인체해부학을 다룬 책에서 뼈대skeleton(골격)는 일반적으로 맨 마지막 부분 또는 시작 부분에 나온다. 두 명의 헨리(헨리 그레이와 헨리 반다이크 카터)는 《그레이 아나토미》에서 후자를 선택했다. "인체를 구성하는 데 있어서 필수적인 것은" 책의 본문은 이렇게 시작된다. "먼저 부드러운 부분에 지지대와 부착점이 될 수 있는 치밀하고 단단한 구조체를 제공하는 것이라고 생각된다. 그 구조체는 뼈로 이루어지며, 다양한 뼈들이 모여 소위 '뼈대'를 형성한다." 그레이는 대단히 합리적이고 매혹적인 구어체를 구사함으로써 독자들을 순식간에 끌어들인다.

책에 맨 처음 등장하는 그림은 목뼈cervical vertebra(경추)인데, 목뼈란 차곡차곡 쌓여 목의 뼈대를 구성하는 일곱 개의 뼈 중 하나를 말한다. 카터는 자신의 전형적인 스타일에 따라, 목뼈를 세밀하고 섬세한 선으로 묘사하고 입체감과 차원을 나타내기 위해 완벽하게 명암을 주었다. 비록 우아하게 그려졌지만, 나는 왠지 그 솜씨가 수십 년 전 '내 첫아들

이 장차 유명한 화가가 된다'는 태몽을 꿨던 어머니의 소망과 무관하
지 않을 거라는 느낌이 든다. 전해지는 이야기에 의하면, 일라이저 카터
Eliza Carter는 헨리가 17세기의 위대한 플랑드르 화가 안토니 반 다이크
Anthony Van Dyck 경의 발자취를 따르기를 바라며 '반 다이크Van Dyck'라
는 미들네임을 선택했다고 한다(반 다이크는 영국 왕족의 초상화를 잘 그렸던
것으로 유명하다). 그러나 어린 헨리가 세례를 받던 날 교구 등록부에 잘
못 기재된 반다이크Vandyke라는 이름이 영원히 남게 되었다. 그러나 그
는 다행히도 풀네임을 사용하는 경우가 극히 드물었고, 'H.V.'라는 이
니셜을 선호했다.

하지만 카터가 어머니에게 물려받은 것은 소망뿐이었고, 그의 화
가적 재능은 (요크셔의 인기 있는 수채화가로 풍경화를 잘 그렸던) 아버지 헨
리 발로 카터Henry Barlow Carter에게서 물려받은 것이라고 봐야 한다.
1831년 5월 22일에 태어난 H.V. 외에, 카터 부부는 일라이저 소피아
Eliza Sophia(릴리Lily)라는 딸과 조지프 뉴잉턴Joseph Newington(조Joe)이라
는 차남을 두었다. (릴리와 조는 1832년과 1835년에 각각 태어났으며 생일은 12
월 26일로 똑같다.) 카터 가족은 잉글랜드 북동부의 해변 마을 스카버러

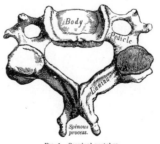

FIG. 1.—Cervical vertebra.

목뼈.

에서 살았다. 아버지 카터는 그곳의 지역 도서관에 상주하는 화가 겸 미술 강사였다. 어린 H.V.가 의학 쪽으로 좌회전한 계기가 뭔지는 불확실하지만, 정황증거를 감안할 때 두 가지 강력한 영향력이 예상된다. 그가 다니던 그래머스쿨♦의 교장인 삼촌 존 도슨 솔리트John Dawson Sollitt는 과학에 깊은 관심을 갖고 있었으며, H.V.의 나이 든 사촌 중 한 명인 세 번째 헨리(헨리 클라크 발로Henry Clark Barlow)는 내과의사인 동시에 희한하게도 단테Dante 학자였다. 열다섯 살에 그래머스쿨을 졸업한 카터는 두 명의 스카버러 의사 휘하에서 견습생으로 9개월 동안 지내며 기초를 익혔다. 그러나 혈기 왕성한 카터는 스카버러와 같은 한적한 시골에서 의사를 개업할 위인이 아니었다. 훗날 자기 입으로 말한 것처럼, H.V. 카터는 "열여섯 살에 도시로 진출, 혈혈단신으로 런던에 입성"했다. 그 당시 런던은 세계 최대의 도시로 수많은 의학교의 고향이었다.

오늘날 의과 대학에 들어가는 학생들이 '곧게 뻗은 고속도로'와 유사한 교육 시스템(논리적이고 체계적인 교육과정을 밟은 후, 학위 취득 과정으로 직행하는 시스템)을 거치는 것과 달리, 카터는 훈련을 받기 위해 종종 (고작해야 한두 구간만 포장된) 우회로를 걸어야 했다. 그럼에도 불구하고 최소한 하나의 포장도로는 있었다.

불과 한 세대 전만 해도, 런던처럼 막강한 도시에서조차 의사가 되려고 하는 청년을 위한 지침이 확립되어 있지 않았다. 영국의 의학사를 연구하는 찰스 뉴먼Charles Newman은 그 시기에 대해 "절차가 완전히 뒤죽박죽이어서 커리큘럼을 결정하고 이수하는 것은 학생들의 소관 사항이었다"라고 했다. 카터가 런던에 도착했을 때는 절차가 제법 개선되

---

♦   중세 이후 영국 및 영어 사용권 국가에서 운영되는 7년제 대학 입시 대비 인문계 중등학교.

어 있었지만, 시스템은—대체적인 윤곽만 갖췄을 뿐—여전히 무질서
한 상태였다. 즉 17개의 독립적인 면허 단체—왕립외과대학Royal College
of Surgeons(RCS), 약제상협회Society of Apothecaries(SA), 왕립내과대학Royal
College of Physicians(RCP) 등—가 난립하며 각자 자체 기준을 적용했다.

아들을 위해 RCP에 자리를 마련해 둔 아버지 덕분에, H.V.는 RCS
의 관할 구역에서 수습의학생articled student of medicine 자격을 획득하고,
존 제임스 소여John James Sawyer라는 런던 의사의 문하에 수습생으로 들
어갔다. 법적 강제력이 있는 계약에 따라, 카터의 아버지는 RCS에 수수
료 명목으로 10기니**를 지불해야 했다. H.V.는 그로부터 3년 반 동안
소여와 함께 현장 실습on-the-job experience을 하는 것은 기본이고, 소여는
물론 그 가족과 숙식을 함께했다.

수습의학생이 되어 자리를 잡은 다음, H. V. 카터는 의사가 되기 위
한 두 번째 큰 걸음을 내디딜 수 있었다. 1848년 5월 27일, 그는 성 조지
병원 의학교에 학생으로 등록하여 곧바로 풀타임 강좌 수강에 돌입했
다. 공교롭게도 카터가 성 조지 병원에서 교육을 받기 시작할 즈음, 그
보다 네 살 위인 헨리 그레이는 4학년에 재학 중이었다. 그들의 기념비
적인 공동 작업은 그로부터 10년 후 시작되었지만, 두 사람이 1848년
말에—최소한 학구적인 분위기하에서—처음 만났다는 것은 부인할 수
없는 사실이다. 몬디노 시대에 늘 그랬던 것처럼, 해부는 일 년 중 가장
추운 시기에 수행되었으므로, 카터의 인체 연구는 겨울 학기가 될 때까
지 시작되지 않았다. 그리고 운명의 장난처럼, 헨리 그레이는 바로 그해
겨울에 해부학 시범자로 처음 임명되었다.

---

◆◆  영국의 옛 화폐단위로, 현재의 1.05파운드에 해당한다.

그렇다면 두 사람은 단박에 친구가 되었을까? 그레이가 카터의 화가적 재능을 알아챈 건 언제였을까?《그레이 아나토미》는 두 사람의 첫 번째 공저였을까?

음, 물론 그레이는 아무 말도 하지 않는다. 유명 해부학자에 대한 역사적 기록은 침묵을 지켰지만, 아이러니하게도 그보다 덜 유명한 동료의 경우는 그렇지 않다. 사실, 나는 해부학 수업을 처음 듣게 된 시절, "런던 웰컴 도서관에 H. V. 카터의 일기와 편지 등 개인 문서 컬렉션이 보관되어 있다"는 사실을 알게 되었다. 그러나 그가 그래머스쿨 시절부터 만년에 이르기까지 작성한 문서들에 대한 연구는 거의 이루어지지 않았다. 나는 온갖 감언이설을 동원해 도서관 기록보관실 담당자를 설득하여, 두 권의 초기 일기를—내용도 모르면서 덮어놓고—마이크로필름으로 출력받기로 했다. 그리고 빅토리아 시대 중기의 런던 생활상을 살펴보며, 가능하면 H. V. 카터의 시선을 통해 불가사의한 헨리 그레이의 모습을 일별할 수 있기를 바랐다.

담당자에게 신청을 하고 난 후 갑자기 가슴이 철렁했다. 만약 카터의 친필을 읽을 수 없으면 어떡하지? 의사들이 악필로 유명한 건 오늘날에 국한되는 일이 아닐 테니 말이다. 그 일기를 해석할 수 없으면 어떡하지? 카터의 스토리가 대체로 알려지지 않은 건 어쩌면 그 때문인지도 모른다. 걱정은 그뿐만이 아니었다. 카터가 감정과 경험을 기술하기 위해서가 아니라, 단순히 일정을 기록하기 위해 일기를 썼으면 어떡하지? 만약 그렇다면, 그의 일기에는 강의에 관한 메모와 연구 스케줄만 잔뜩 적혀 있을 테니 말이다.

그로부터 6주 후, 튼튼한 정육면체 박스에 가득 담긴 두툼한 마이크로필름 뭉치를 우편으로 수령하면서 나의 의문은 해결의 실마리를 얻었다. 나는 즉시 마이크로필름이라는 구식 기술의 마지막 피난처, 공공도서관으로 달려갔다. 기술 지원과—필요하다면—사기 진작까지 담당한 사람은, 나의 오랜 파트너 스티브였다.

스티브가 두껍고 널따란 필름의 리더leader(시작 부분)를 투박한 구식 영사기에 넣었고, 나는 행운을 빌며 '전진' 버튼을 눌렀다. 처음에는 마이크로필름이 릴에 감기느라 크게 덜컹거리는 소리를 내더니, 이내 영사기에 맞춰 회전하며 조용해졌다. 기다란 벨벳 같은 암흑이 스크린을 가득 채운 후 밝은 화면이 깜박이자, 나는 '후진' 버튼을 눌러 1페이지로 갔다.

일기의 도입부에서부터 가능성이 엿보였다. 어린이 같은 글씨체로 크게 적힌 몇 줄에서, 나는 나의 첫 번째 의문에 대한 대답을 금세 찾았다.—그는 언제, 왜 일기를 쓰기 시작했을까?

카터는 "할머니"의 선물로 받은 노트에, 열네 번째 생일인 "1845년 5월 22일"부터 일기를 쓰기 시작했다. 그날은 "헐Hull에 있는 학교에 들어가기 위해 스카버러를 떠난 날"이었다. (헐은 스카버러에서 해안을 따라 아래로 내려간 곳에 있는 도시인데, 그는 그곳에서 삼촌이 교장으로 있는 그래머스쿨의 기숙사에 들어가기로 되어 있었다.) 그러나 바로 그다음 줄은 열네 살짜리 소년의 '해맑은 생각'이 아니라, 7년 후 카터가 쓴 '간단명료한 시말서'였다.

"나는 위에 적은 날짜(또는 그 직후)에 일기를 쓰기 시작했고, 나의 일기 쓰기는 헐 학교에 입학한 후 최소한 6개월 계속되었다." 그는 이렇게 설명했다. "그러나 그즈음 일어난 모종의 불상사 때문에 일기 쓰기가 중단되어—그때까지 남아있던 일기는 파기되었다—내가 귀향한 1848년 말까지 재개되지 않았다." "그 이후 단 한 번의 예외를 제외하면," 그는 이렇게 덧붙였다. "나는 매일 하루도 빠짐없이 일기를 썼다…." 이 부분에서 글씨는—마치 그동안 쌓였던 울분을 한꺼번에 토해내기라도 하려는 것처럼—깨알만 하고 빽빽해서 거의 알아볼 수 없었다.

카터는 정확히 어떤 불미스러운 일이 일어났는지 밝히지 않았다. 그러나 감히 추측해보자면, 그의 일기를 발견한 어떤 악동이 "너의 비밀을 폭로하겠어!"라고 위협했는지도 모른다. 그 추측은 나를 움찔하게 했다. 혹시 내가 연구자의 탈을 쓰고, H. V. 카터의 프라이버시를 침해하고 있는 건 아닐까? 그와 동시에, 나는 그가 나보다 더 공감 어린 독자를 가질 수 없으리라는 느낌이 들었다. 나 역시 열네 살에 일기를 쓰기 시작했다가 몇 달 후 갈기갈기 찢어버리지 않았던가! 그때 나는 페이지들을 모조리 파괴하고, 내가 기록했던 죄스러운 생각들은 더 이상 존재하지 않을 거라고 거의 확신했다. 그래서 나의 영혼을 '하얀 빈 종이'로 만들어놓고 새 출발을 하기로 다짐했다. 그러나 젊은 H.V.와 마찬가지로, 나는 결국 일기 쓰기를 재개했다. 나는 수년에 걸쳐 여러 권의 노트를 빼곡히 채우며, 나의 내적 자아를 요령껏 비밀로 간직했다. 사실, 나는 비밀을 더 이상 지킬 필요가 없는 이십 대 초가 될 때까지 일기 쓰기를 계속했다. 그리고 20년이 지난 지금에도, 나는 그 일기장들을 폐기하지 않고 전부 간직하고 있다.

일기의 2페이지로 넘어갔을 때, 나는 카터가 방금 언급했던 것과 정확히 일치하는 그의 모습을 발견했다. 1848년 12월, 열일곱 살의 그는 의학교 1학년생이었다. 그때부터는 하루하루 적은 일기가 쌓여 몇 주, 몇 월, 몇 년치 일기장을 형성했다. 마이크로필름이 빙그르르 돌아가는 동안, 나는—마치 까마귀가 반짝이는 물체에 이끌리듯—간간이 멈춰 토막 이야기를 주워 모았다. 그중에는 성공에 관한 반짝이는 이야기도 있지만 실패와 죄악에 관한 암울한 이야기도 있었다. 그의 필적은 이따금씩 느슨하여 술술 읽혔지만, 대부분의 경우 미세한 매듭으로 이루어진 기다란 끈 같았다. 여기저기서 익숙한 이름들과 장소들이 박혀 있었다. 가장 흥미로운 점은 1850년부터 그레이라는 이름이 '흰 종이에 까만 글씨' 중 태반을 차지하기 시작한 것이었다. 그것도 늘 아름다운 필기체로! 나는 내가 원해왔던 것—헨리 그레이가 카터의 일기 안에 살고 있음—을 발견했다. 하지만 거기에는 그 이상의 것이 있었다. H.V.가 제멋대로 뻗어나가며 페이지에 남긴 오솔길은 나를 성 조지 병원의 구불구불한 복도와 인근에 있는 키너턴 스트리트Kinnerton Street의 해부학 실습실로 인도할 뿐만 아니라, 한 재능 있는 과학자의 떨리는 심장 깊숙한 곳으로 가장 친밀하고 강력하게 이끌었다.

"어라, 또 오셨네?" 두 번째 강의 시간에 해부대에 합류했을 때 마수드가 말한다. 새까맣고 무성한 그의 눈썹은 고통스러울 정도로 치켜 올려져 있다. "당신이 자진해서 여기에 왔다는 것을 믿을 수 없어요."

나는 씩 웃으며, 그가 핵심을 제대로 짚었음을 인정한다. 대부분의 사람들은 인체를 해부하는 데 오후 한나절을 소비하지 않는데, 그 이유는 그렇잖아도 섬뜩한 일이 지독한 방부제 때문에 더 섬뜩해지기 때문이다. 그러나 내게, 그것은 인체의 비범한 내부 구조를 들여다보기 위해 지불하는 작은 비용일 뿐이다.

마수드와 동급생들은 이 자리에 있어야 하는지 여부에 대한 선택권을 갖고 있지 않은 게 분명하다. 그들은 졸업하기 위해 이 해부학 강좌를 반드시 이수해야 하며, 그건 UCSF에서 의학·치의학·물리치료학을 전공하는 학생들도 마찬가지다. 약대생들에게 해부학이 필수인 이유를 이해하는 것은 어렵지 않다. 의약품이 인체 내에서 작동하는 기본 메커니즘—이를테면 하나의 알약이 혓바닥에 투여 된 후 목구멍으로 넘어가 소화계를 지나 순환계로 들어는 과정—을 이해하려면, 먼저 인체의 기본적인 구조를 파악해야 한다. 따라서 10주에 걸쳐 맨눈해부학 gross anatomy('gross'란 '크다'는 뜻의 독일어에서 온 말로 '맨눈으로 볼 수 있는 인체 구조'를 지칭한다.)을 이수한다.

어느 틈에 우리의 해부대로 다가온 로드 박사는 무슨 말을 꺼내기도 전에 우리의 관심사를 즉시 간파한다. 그녀는 인간의 심장에 통달한 것 같다. "우리가 인간으로서 하는 일 중 가장 경이로운 것은 세상에 태어나는 순간에 일어나요." 그녀의 말이 이어진다. "우리는 스스로 호흡하는 방법을 배워야 해요." 그리고 심장은 남은 평생 동안 그러한 인생 강좌의 흉터를 고이 간직한다. 오늘 오후에 예정된 해부학 실습의 목표는, 우리의 시신에서 그 표시를 찾아내는 것이다.

마수드와 내가 번갈아 가며 실습지침을 크게 읽는 동안 거겐, 로라, 그리고 두 명의 다른 학생들은 시신의 가리개를 제거하고 해부 도구를 배열한다. 놀랍게도, 우리 팀에서 가장 소극적인 에이미가 메스를 잡는 데 동의한다. 에이미는 150센티미터의 땅딸막한 체구에 갈색 단발머리를 했으며 펑키한 직사각형 모양의 안경을 착용하고 있다. 그녀는 해부대 주변에 놓인 발판에 올라선 후 메스 하나를 집어 들고, 마수드와 나의 지시 사항에 따라 심장막pericardium 위에 크고 깔끔한 십자형 절개cruciate cut를 시행한다. 심장막이란 심장을 둘러싼 불투명한 보호낭 protective sac으로, 위치를 고정하는 역할을 한다. 심장막은 여러 층으로 구성되어 있는데, 맨 마지막 층은 심장 본체에 살짝 달라붙어 있다.

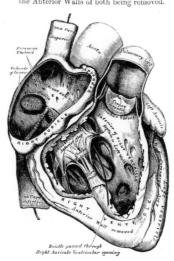

오른심방귀-심실 개구부를 통과하는 센털bristle.
오른심방귀Right Auricle와 오른심실이 절개되어 노출되었고, 양쪽 앞벽은 제거되었다.

에이미는 절개된 부위의 한복판에 손가락을 집어넣고, 양쪽 피부 판flap을 펼쳐 심장을 노출시킨다. 그녀는 손을 뻗어 '날이 좀 더 큰 메스'를 집어 든다. 메스를 너무나 태연하게 사용하는 에이미를 보고, 나는 약사가 아니라 의사가 된다는 생각을 해본 적이 있느냐고 묻고 싶은 마음을 억누르지 못한다.

"아직까지는 없어요." 그녀가 미소 지으며 대답한다.

다음으로, 에이미는 '심장으로 들어가는 혈관' 여섯 개와 '심장에서 나오는 혈관' 두 개를 절개한다. 그런 다음 메스를 내려놓고 양손으로 심장을 꼭 잡아 잡아당겨 흉부의 밑바닥에서 끄집어낸다. 그녀는 꺼낸 심장을 왼쪽의 '타월 깔린 쟁반' 위에 놓는다.

인간의 심장은 네 개의 방을 갖고 있지만, 겉으로 봐서는 명확한 위치를 알 수 없다. 좀 더 가까이 들여다보기 위해, 여섯 명의 코가 일제히 조심스럽게 다가간다. 심장 외부의 미세한 홈groove이 이정표 역할을 하므로, 우리는 진행 상황을 파악할 수 있다. 오른심방right atrium과 왼심방은, 문자 그대로◆ 심장의 맨 위에 자리 잡은 두 개의 공간이다. 그리고 오른심실right ventricle과 왼심실은 심장의 아랫부분을 형성한다.

에이미는 마지막 절개를 이어간다. 그녀는 섬세한 날로 오른심방으로 들어가는 작은 출입구를 만들고, 심장을 거꾸로 들어 왼심실에 더 큰 구멍을 내 출입구를 만든다. 이제 우리의 심장에는 앞문과 뒷문이 생겼는데, 그로 인해 다량 출혈이라는 문제가 발생한 듯하다. 우리가 하는 일을 쭉 지켜보던 로드 박사—그녀는 우리에게 데이너라고 불러달라고 한다—는 누군가가 심장을 싱크대로 가져가 세척하는 게 좋겠다고 말한다.

내가 지원한다.

조용한 세레모니 분위기로 에이미는 내 '장갑 낀 손'에 심장을 건네고, 나는 그것을 본능적으로 내 가슴 쪽으로 잡아당긴다. 순간 내 심장은 두방망이질한다. 해부학 실습실이 이보다 더 붐빈 적은 없었고, 커다란 스테인레스 스틸 싱크까지의 거리가 이보다 더 먼 적은 없었다. 나는 이 세상에서 가장 '깨지기 쉬운' 물건을 운반하고 있는 듯한 느낌이 드는데, 그건 사실 멍청한 생각이다. 왜냐하면 그 심장은 어떤 의미에서 이미 파손되었고, 우리의 시신은 심부전heart failure으로 사망했기 때문이다.

심장을 한 손으로 부드럽게 잡고 다른 손으로 문지르며 세척하는

---

◆　아트리움atrium이란 건물 중앙의 높은 곳에 (보통은 유리로) 지붕을 한 넓은 공간을 말한다.

동안, 나는 긴장이 스르르 풀리는 걸 느낀다. 심장의 표면은 질기고 고무처럼 탄력이 있다. 심장에서 나오는 주요 동맥인 대동맥aorta은 절단된 정원용 호스 같다. 그보다 작은 (순무 뿌리처럼 하얗고 부드러운) 혈관들을 만지는 동안, 나는 심금heartstring이라는 단어가 어떻게 생겨났는지 이해하게 된다. 끈 같은 힘줄들이 심장을 제자리에 유지해주는데, 그것들을 하프의 현처럼 당기거나 퉁기면 각양각색의 감정을 자아낼 수 있을 것만 같다.

거친 입자들을 포함한 갈색 반죽이 배수구로 빨려 내려간다. 그 정체는 심장 안에서 나온 응고된 혈액이다. 나는 심장을 두드려 물기를 뺀 후, 해부대로 다시 가져간다.

우리는 데이너의 안내를 받아, 오른심방에서부터 시작하여 네 개의 방을 혈액이 흘러가는 순서대로 관찰한다. 오른심방은 두 개의 정맥♦♦에서 혈액을 받아들이는데, 그중 하나는 위대정맥superior vena cava(상대정맥)이고 다른 하나는 아래대정맥inferior vena cava(하대정맥)이다. (여기서 'superior'란 맨 윗부분을, 'inferior'란 맨 아랫부분을 의미하는 접두어로, 의학 용어에 자주 등장한다.) 오른심방은 혈액을 아래에 위치한 오른심실로 펌프질해 보내고, 오른심실은 그 혈액을 펌프질해 폐로 보낸다. 혈액은 폐정맥pulmonary vein♦♦♦을 경유하여 심장으로 되돌아와, 왼심방을 거쳐 그 아래에 있는 왼심실로 들어간다. 왼심실 벽은 심장벽 중에서 가장 두껍고 강력한데, 거기에는 그럴 만한 이유가 있다. 좌심실은 혈액을 대동맥과 수만 킬로미터에 달하는 체동맥으로 내뿜는 기관이기 때문이다.

---

♦♦  탈산소화된 혈액deoxygenated blood을 운반하는 역할을 수행한다.
♦♦♦  인체에서 산소화된 혈액oxygenated blood을 운반하는 유일한 정맥.

"그러나 혈액을 전신에 공급하기 전에," 데이너는 이렇게 지적한다. "심장은 뭔가 매우 현명한 일을 해요. 그게 뭔지 아는 사람 있어요?"

여섯 명의 학생들은 일제히 고개를 가로젓는다.

데이너는 대동맥의 맨 아래에서 나와 심장의 표면을 따라 구불구불 내려가는 두 개의 가느다란 혈관을 가리킨다. 그것은 좌우의 관상동맥coronary artery이다. 이쯤 되니, 그녀가 뭘 이야기하려고 하는지 훤히 알겠다. 그 내용인즉, '신선하고 산소가 풍부한 혈액'의 첫 번째 목적지는 바로 심장이라는 것이다. "이 말을 꼭 기억하세요." 데이너가 우리에게 말해준다. "심장은 제일 먼저 자기 자신을 먹여 살린다."

기억하라고? 나는 좀 더 깊이 생각해보고 싶지만 그럴 시간이 없다. 데이너와 팀원들이 이미 오른심방에 집중하고 있기 때문이다. 그들은 에이미가 만든 출입구를 통해, 데이너가 맨 처음 언급했던 흉터—엄지손가락 지문만 한 크기의 자국—를 발견한다.

"우리가 엄마의 자궁 속에 있을 때, 이것은 구멍이었어요." 데이너는 말한다. 태아기 동안 혈액은 오른심방과 오른심실을 경유하여 폐로 들어가지 않고, 지름길(구멍)을 통해 오른심방에서 왼심방으로 직접 들어간다. 전문적 의미에서, 태아는 숨을 쉬지 않음에도 불구하고 많은 산소를 섭취하는데, 그 비결은 엄마의 혈류에서 태반을 경유하여 산소를 얻는 것이다.

"그러나 그 지름길은 출생할 때 더 이상 쓸모가 없게 돼요." 데이너의 설명이 이어진다. "신생아는 세상에 태어나자마자 거칠게 숨을 쉼으로써 난생처음으로 폐를 사용하죠." 그 한 번의 행동이 순환계 내부의 압력을 극적으로 바꿔, 혈액을 폐 '밖'이 아닌 폐 '안'으로 보낸다. 신생아가 길게 우는 건 전혀 놀랄 일이 아니다. 수 시간 내에 그 구멍은 닫히기 시작하여 태아 생활의 '화석'을 남기는데, 그것을 타원오목fossa ovalis(난원와)이라고 한다. "일부 아기들의 경우," 우리가 돌아가며 타원오목을 살피는 동안 데이너가 덧붙인다. "그 구멍이 적절히 치유되지 않고 심장에 남아 수술로 바로잡아야 하죠."

인간의 심장을 실제로 들여다보니, 그게 '감정의 중심'으로 알려진 과정을 궁금해하지 않을 수 없다. 16세기 프랑스의 위대한 외과의사 앙브루아즈 파레Ambroise Paré는 심장을 일컬어 "영혼의 대저택, 생명 유지에 필수적인 기관, 생동감 넘치는 정신의 분수"라고 했다. 내가 보기에, 심장은 뭘 보거나 느끼거나 하지 않으며 그저 '터프한 근육질 펌프'일 뿐인 것 같다. 그러나 속단하지 말고 잠깐만 기다리라.

"마지막으로 보여줄 게 하나 있어요." 다음 그룹과 다음 시신으로 넘어가지 전에 데이너가 이렇게 말한다.

데이너가 시신의 심장을 들어올려 우심방으로 들어가는 문을 활짝 여는 동안 마수드, 에이미, 그리고 나머지 팀원들은 모두 그녀 주변에 모여든다.

"안타깝게도, 지금 그것을 실제로 볼 수는 없어요." 데이너가 말한다. "하지만 이 안쪽을 보세요. 여기가 위대정맥이 우심방으로 들어가는 길목이에요." 그녀는 주름 윗부분의 한 지점을 가리킨다. "이 능선ridge은 한 무리의 세포들이 단단히 박혀 있는 작은 지역이에요. 이걸 굴심방결절sinoatrial node 또는 줄여서 동방결절S-A node이라고 해요. 흔히 페이스메이커pacemaker로 알려져 있죠." 그녀는 동방결절을 충분히 이해시키려 노력한다. "심장 박동 속도가 설정되는 곳이 바로 여기에요."

그녀가 동방결절의 작동 메커니즘(동방결절 세포에서 전기신호가 발생하여, 심장 전체의 다른 세포들로 확산됨으로써 수축과 박동을 일으킨다)을 설명하는 동안, 나는 해부학과 메타포의 완벽한 만남에 감탄하여 황홀경에 빠진다. 인체에서 동방결절은 복장뼈 바로 아래, 즉 가슴의 사점dead center(정확한 기하학적 중심)에 자리 잡고 있다. 그러므로 어떤 의미에서, 그곳은 우리가 공포감, 사랑, 고양감elation 등의 감정을 처음 실감하는 곳이다. 우리의 심장은 그곳에서부터 작동하고 쿵쾅거리고 요동치기 시작하니 말이다.

고개를 드니, 에이미도 나와 똑같은 행동을 하고 있다. 그녀와 나는 가슴에 손을 얹고 서서, 그 순간을 본능적으로 느끼고 있다. "모든 경이로움이 시작되는 곳이 바로 여기로구나!"

# 3

———

"나는 이렇게 말할 수밖에 없어요, 콩팥kidney은 가장 애처로워 보이는 피조물 중 하나라고!" 데이너는 10주간 이어질 맨눈해부학 강의의 시간에 행한 프레젠테이션에서 이렇게 한탄한다. 나는 그녀의 말에 동의할 수밖에 없다. 그녀가 견본용 시신의 허리춤에서 방금 적출한 '병든 회색 기관'은 곰보 비슷한 자국이 있는 데다 물방울 모양이어서 콩팥과 거리가 멀어 보이기 때문이다. 크기가 좀 크긴 하지만, 그것은 고환(또는 최소한 2주 전쯤 배웠던 한 쌍의 고환)을 연상시킨다. 내가 콩팥과 고환의 동류성同類性을 감지한 걸까?

실제로 남성의 경우 콩팥과 고환은—직접이 아니라 정맥을 통해—연결되어 있다. 데이너는 그 점을 다음과 같이 설명한다. 30센티미터쯤 떨어져 있는 왼쪽 고환과 왼쪽 콩팥을 연결하는 것은 고환정맥testicular vein인데, 혈액이 심장으로 돌아가는 길에 콩팥정맥과 합류한다. 이처럼 특별한 해부학적 배열은 오직 좌반신에서만 발견된다.

343.—The Testis in Situ.   The Tunica
Vaginalis having been laid open.

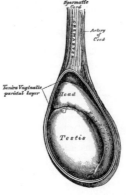

제자리에 있는 고환.
고환집막tunica vaginalis은 절개되었음.

"어쩌면," 데이너는 장난기 섞인 미소를 지으며 말한다. "양쪽 고환이 같은 높이에 매달려 있지 않은 건 바로 이 때문일 수도 있어요."

남성 팀원들은 뜨악한 웃음을 공유한다.

"여러분은 내가 뭘 말하는지 잘 알 거예요." 데이너는 사무적인 어투로 말한다. "통상적으로, 왼쪽 고환의 높이는 오른쪽 고환보다 낮잖아요. 안 그래요?"

남학생들은 자신의 팬티 속을 마음속으로 검사하느라 분주하다. 누군가 그들의 얼굴을 자세히 들여다본다면, 눈알이 데굴데굴 구르는 것을 볼 수 있을 것이다.

"그래요!" 불쌍한 동급생들을 위해 내가 총대를 맨다.

"음," 데이너가 말을 잇는다. "그건 사실, 왼쪽 콩팥정맥이 두 개의 동맥(혈압이 높음) 사이로 지나가는 바람에 약간 막히거나 짓눌리기 때문이에요. 그 결과 왼쪽 고환에 혈액이 고여 오른쪽 고환보다 조금 무거

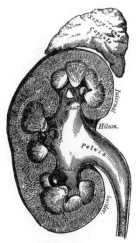

FIG. 543.—Vertical section of kidney.

콩팥의 종단면.

워진 거죠."

　'아싸, 지루한 디너파티를 위한 흥미 만점의 이야깃거리가 하나 생겼구나.' 나는 속으로 쾌재를 부른다.

　"좋아요, 여담은 이쯤 해두고 이제 진도를 나가죠." 데이너가 우리의 관심 초점을 자신의 '장갑 낀 손에 쥔 물체'로 되돌리기 위해 주의를 환기한다. 그녀에 따르면, 콩팥의 가련한 생김새는 기만적이다. 콩팥은 강인하고 회복력 있는 기관으로, 인상적인 다중 작업multitasking을 수행할 수 있다. 즉 혈액 속의 노폐물과 독소를 걸러낼 뿐 아니라, 소변 배출을 조절하는 동시에 인체의 전해질 및 수분 균형을 유지한다. 만약 하나의 콩팥이 제거되거나 기능을 상실한다면, 다른 콩팥이 밀린 일을 떠맡아 두 배의 임무를 수행한다.

　또한 콩팥은 예로부터 전해 내려오는 '해부학적 진실'의 완벽한 본보기라고 할 수 있다. 그 내용인즉, 인체는 자신을 보호하도록 설계되었

으며, 해부하기가 여간 어렵지 않다는 것이다. 150년 전 헨리 그레이가
정확하게 설명한 것처럼, 콩팥은 복부의 뒷 공간과 여덟 개의 독립된 구
조체(두 개의 강력한 등근육back muscle♦ 포함) 사이에 위치해 있으며, 아무
리 비쩍 마른 사람이라도 상당한 양의 지방에 둘러싸여 있다. 이 모든
요인들이 합세하여 시신 속에서 콩팥 찾기를 까다롭게 만든다. 그레이
의 충고에 의하면, 최선의 방법은 복부를 헤집고 들어가지 말고 몸을 뒤
집어놓고 마지막 갈비뼈까지 헤아린 다음 4분의 3인치(약 2센티미터)를
더 내려가 메스를 긋는 것이다.

다음 팀으로 넘어가기 전에, 데이너는 우리에게 콩팥을 적절하게
절개하는 노하우를 전수한다. 그녀는 메스를 신중히 내려 그어 콩팥을
세로로 길게 이등분한다. 딱딱하고 질긴 껍데기 속에 보석 같은 알갱이
들을 품고 있는 석류처럼, 콩팥 내부는 그야말로 장관이다. 각각의 종단
면에는 조그만 방들과 피라미드 형태의 여과 시스템 조직이 쭉 늘어서
있다. 한 명씩 돌아가며 자세히 들여다본 후, 우리는 두 개의 소그룹으
로 나뉘어 우리의 시신에 몰입한다. 우리의 목표는, 데이너가 방금 민첩
하게 시범 보인 장면을 재현하는 것이다.

나는 참관인의 자격으로, 실습실 이곳저곳을 기웃거리며 이 시신
에서 저 시신으로(또는 이 그룹에서 저 그룹으로) 옮겨 다닐 수 있다. (내가 1
장에서 언급했던 '방독면을 쓴 여인'을 마지막 날에 다시 만나는 것은 바로 이 때문
이다. 방독면 뒤에는 아이리스란 이름의 아리따운 여인이 있는데, 알고 보니 그녀는
임신 중이어서 산과전문의obsterician의 조언에 따라 아기를 보호하기 위해 특단의

---

♦ 등에 있는 근육으로 배근背筋이라고도 한다. 천배근淺背筋과 심배근深背筋이라는 두 가지
그룹으로 나뉜다.

예방 조치를 취하고 있다.) 모든 실습은 세 시간 동안 계속되지만, 학생들은 그날 부여된 과제를 완료하자마자 자유롭게 실습실을 떠날 수 있고 대부분의 학생들이 실제로 그렇게 한다. 그러나 나는 마지막 시신의 덮개가 다시 씌워질 때까지 실습실을 떠나지 않고 싶어 한다. 나는 이윽고 모든 실습 경험이 일상사로 되지만, 내게 '해부학 실습을 참관하고 있다'는 말을 들은 친구들은 아연실색한다.

"뭐, 인체 해부라고?" 그들의 첫 반응은 늘 이렇다. "진짜 '죽은 몸'을 말하는 거야?!"

나는 이해하게 되었다, 경험이 없는 그들의 표상mental picture(마음속에 그린 그림)에는 '좀 더 큰 맥락'이 누락되어 있다는 것을. 교회에 한 번도 들어가보지 않은 사람이 제단altar과 '촛불 밝힌 고요한 분위기'를 보고 '이곳은 숭배의 장소인 게로군'이라고 추측할 수 있는 것처럼, 해부학 실습실에 처음 들어온 사람도 그곳의 목적을 금세 파악할 수 있을 것이다. 뒷벽에는 온통 칠판이 걸려 있고, 모든 해부대 위에 놓인 책꽂이에는 똑같은 매뉴얼이 꽂혀 있다. 진열장과 (깔끔한 딱지가 붙어 있는) 서랍에는 해부학 모형과 표본 들이 들어 있다. 그러나 가장 중요한 것은 '수업이 시작되고 나서 약 10분 동안 일어나는 일'이다. 강사가 들어오는 즉시, 모든 공간이 활력 넘치는 학습 센터로 탈바꿈한다.

해부학 강사진을 조직하는 과정에서 데이너가 첫 번째로 취한 조치는 그녀가 미국 최고의 해부학자로 여기는 사람 중 한 명—섹스턴 서덜랜드 박사—을 조기 은퇴자 그룹에서 불러낸 것이었다. 큰 키에 흐느적거리는 팔다리와 비단결 같은 백발의 섹스턴 박사는 늘 캐주얼한 스니커즈와 카키색 옷 차림에 생뚱맞은 넥타이를 맨다. 마치 선혈이 낭자한 들판에서 막춤을 추는 뼈대같이. 그는 '재미없는 해부학자'와 현저

한 대조를 이루는 캐릭터다. 강의 스타일이 해맑고 자기 비하적이고 약간 어설프지만, 실제로 버벅대는 모습을 보면 그렇게 사랑스러울 수 없다. 클립으로 고정된 마이크가 종종 떨어지고, 오버헤드 전등의 조광기dimmer를 조작하는 데 애를 먹으며, 스크린에 투사된 슬라이드 영상이 간혹 옆으로 이탈한다(우리 모두는 그럴 때마다 반강제적으로 머리를 기울인다). 그는 해부학의 이정표—미안하지만 전문용어를 쓰자면 후방posterior과 전방anterior, 내측medial과 외측lateral, 상superior과 하inferior, 그리고 그 밖의 모든 해부학적 위치—를 속속들이 아는 게 분명하지만, 그걸 유머러스하게 표현한다. 예컨대 한번은 교감신경계가 조절하는 핵심적인 행동적 충동behavioral impulse(행동을 유발하는 충동)을 요약하며 이렇게 말했다. "네 개의 F와 하나의 S'만 기억하면 돼요. 투쟁Fight, 도피Flight, 공포Fear, 그리고 S로 시작하는 나머지 하나는 뭐죠? 아는 사람 손 들어보세요."

모두들 아무 말 없이 섹스턴을 뚫어지게 쳐다본다.

"여러분이 왜 나만 뚫어지게 쳐다보는지 알아요," 섹스턴이 우리의 마음을 훤히 꿰뚫어본다는 듯 고개를 끄덕이며 말한다. "맞아요, 섹스Sex!"

섹스턴의 충만한 열정은 실습실에서도 여전하다. 동료 강사들과 마찬가지로, 이 그룹 저 그룹을 돌아다니며 질문에 대답하고 즉흥적으로 특강을 한다. 그러나 모든 강사들은 각자 나름의 스타일이 있다. 느리펜드라 딜론Nripendra Dhillon—줄여서 딜론—은 고참 강사 트리오 중 세 번째 인물로 비주얼의 대가다. 내가 그를 이렇게 부르는 것은 중의적이다. 즉 문자 그대로이기도 하고 은유적이기도 하다. 왜냐하면 그는 무슨 말을 할 때마다 강의실과 실습실을 불문하고 종종 근처에 있는 칠판에 스케치를 하기 때문이다. 예컨대 남성 생식기관의 자궁내 발달 intrauterine development을 설명할 때, 딜론은 고환이 태아의 몸을 거쳐 하강하는 과정을 '오디세우스가 트로이에서 고향으로 돌아가는 서사적 여행'처럼 극적으로 묘사한다. 그는 그윽하고 선율적인 음성으로, 고환이 태아의 등(콩팥 뒤)에 있는 지방 주머니에서 발생하는 과정을 설명한다. 그러나 임신 9주쯤 되면, 그 작고 섬세한 쌍방울이 (이를테면) 여행을 시작한다. 둘은 따로따로 여행하지만 비슷한 경로를 따라 하복부lower abdomen를 천천히 가로지르며 복부조직을 층층이 통과한다. 그리하여 음낭scrotum이라는 최종 목적지로 굴을 파고 들어가는 동안 여러 개의 새로운 껍질을 획득한다. 사타구니를 걷어차여본 남자들은 그렇게 생각하지 않겠지만, 이렇게 첨가된 껍질층들은 고환을 보호하는 역할을 수행한다. 이상과 같은 여행을 우리의 기억 깊숙이 각인하겠다는 일념으로, 딜론은 각각의 새로운 껍질층을 나타내기 위해 오른손에 컬러 라텍스 장갑 네 켤레(자주색, 녹색, 핑크색, 마지막으로 파란색)를 겹겹이 착용한 후, 손가락을 동그랗게 접어 두툼하고 터프한주먹을 만든다.

세 명의 고참 강사에 두 명의 조교가 가세하여 드림팀을 완성한다. 크리스티와 애런은 최근 학부를 졸업했으므로, (시간을 절약해주는) 연상 기호mnemonics와 그 밖의 꿀팁을 공유하는 데 특히 도움이 된다. 그러나 맨눈해부학을 위해 구성된 강사진에서, 내게 가장 강력한 인상을 준 사람은 데이너다. 거짓말 하나도 안 보태서, 그녀는 나를 결코 참관인으로 취급하지 않고 '121명의 수강생 중 한 명'으로 간주한다. 심지어 그녀가 실습 시간에 간혹 출제하는 깜짝 구술 퀴즈에서도 나를 사정없이 다그친다. 그러나 해부학이라는 과목에 대한 뜨거운 열정을 감안할 때, 나는 그녀가 처음부터 해부학자의 길에 들어서겠다고 작정한 것이 아니란 사실을 알고 깜짝 놀랐다.

"나는 순전히 우발적인 해부학자예요." 어느 날 오후 실습실로 가는 도중에 나와 잡담하던 중, 그녀는 내게 이렇게 말했다. 데이너는 영양학 학사, 생물학 석사, 생리학 박사 학위를 차례로 취득한 후 의학 연구로 직행할 계획이었다. 그러나 그녀의 책상에 놀라운 편지 한 통이 놓여 있었으니, UCSF에서 날아온 "귀하를 생리학 강사로 초빙하고 싶습니다"라는 제안서였다. 그녀는 뜻밖의 매력적인 스카우트 제의를 선뜻 받아들인 다음, 자신이 가르치는 일을 얼마나 즐기는지 알고 깜짝 놀랐다. 그다음으로 해부학의 대가인 섹스턴을 만났을 때 '저 사람이 좋아하는 과목(해부학)을 가르치는 것도 괜찮겠다'는 생각이 들었다. 섹스턴은 "기막히게 멋진 생각이에요"라고 맞장구쳤다. 때마침 해부학과에는 빈자리가 하나 있었다. 그러나 데이너는 먼저 훌륭한 해부학자가 되어야 했기에, 섹스턴이 그녀의 멘토가 되어주었다. 섹스턴은 수많은 여가 시간을 투자하여, 그녀가 '가장 까다로운 신체 부위'를 해부하는 방법을 익히도록 도왔다. 그러나 그녀가 그에게서 얻은 가장 위대한 교훈은 해부를 아름답게 만드는 방법, 즉 마취학에 관한 것이었다.

"나는 일 년 내내 여기에 머물며 해부학에 몰입했어요." 데이너는 언젠가 나와 함께 13층에 올라갔을 때 이렇게 말했다. "심지어 일요일 밤에도요. 해부학을 제대로 배우려면 그럴 수밖에 없어요. 해부학 매뉴얼을 끼고 시신 앞에 앉아, 모든 것을 차근차근 경험해야 하거든요."

헨리 그레이가 해부학 기술을 배울 때, 내가 그의 옆에 관찰자로 있었다면 얼마나 좋았을까! 학생 시절 그를 기억하는 동료들은 "가장 꼼꼼하고 체계적인 연구자였다"고 이구동성으로 회고했지만, 역사적 기록에는 납득할 만한 디테일이나 일화가 전혀 남아있지 않다. 그러나 다행스럽게도, 나는 청년 그레이가 수백 시간 동안(어쩌면 수천 시간 동안) 자신의 열정을 불살랐던 배경을 재구성할 수 있게 되었다.

윌턴 스트리트Wilton Street에 있는 그레이의 본가에서 15분쯤 걸으면 키너턴 스트리트 북쪽 끝에 도달하는데, 그곳에 성 조지 병원의 해부학 교육 시설이 있었다. 그곳은 헨리와 수강생들이 발견한 다소 어설픈 유사점 덕에 종종 인간 귀의 내부 구조와 비교되었다. 즉 길거리에서 떨어진 후미진 곳에 자리 잡고 있어, 현관에 도착하려면—외이도ear canal 가 고막에 도달하는 과정처럼—길고 좁은 복도를 통과해야 했다. 비유를 완성하자면, 학교의 원형 해부극장은 귀의 맨 안쪽에 있는 나선형의 달팽이관cochlea을 연상시켰다. 그리고 강의실, 해부학 박물관, 인상적인 해부학 실습실이 건물의 평면도를 풍성하게 메웠다.

키너턴 스트리트가 성 조지 병원에서 네 블록 떨어진 곳에 위치한다는 점은 의학교의 운영위원들에게 중요한 결격 사항으로 간주되었지만, 종전 시설의 결점에 비하면 아무것도 아니었다. 성 조지 병원에서 1829년—그레이가 입학하기 16년 전—의학교를 설립했을 때, 이사회는 "해부학 교육은 병원이 아니라 인근의 제휴 시설에 위임한다"고 결의했다. 사실, 해부학 교육 시설은 '인근'이 아니라 '거리 맞은편'에 있었다. 탁월한 독립적 해부학교가 방금 문을 열어, 성 조지 병원의 학생들을 쉽게 수용할 수 있을 것으로 예상되었다. 그러나 예견하지 못한 점이 하나 있었으니, 해부학교의 이사 중 한 명인 제임스 아서 윌슨James Arthur Wilson이 병원 운영위원들과 지속적으로 갈등을 빚게 된 것이다. 윌슨 박사는 막실라Maxilla(위턱뼈upper jawbone라는 뜻을 가진 해부학 용어로, 윌슨의 이니셜인 J.A.W.에서 영감을 얻었다)라는 별명으로 통하는 꼴불견 캐릭터였다. 한 그 시기 전문 역사가는 그에 대해 "자신의 탁월함을 지나치게 의식한 인물"이라고 놀랄 만큼 리얼하게 기술했다. 한 운영위원이 막실라와 걸핏하면 다툼을 벌이자, 성 조지 병원 외과를 이끌던 벤저민 브로디Benjamin Brodie는 1834년 큰 결단을 내렸다. 두 학교의 제휴 관계를 끊고 키너턴 스트리트의 시설을 매입하여 직영 체제로 전환한 것이다.

1845년 헨리 그레이가 해부학 강좌를 수강하기 시작할 즈음, 브로디 박사는 외과의사와 해부학 강사 자리에서 물러나 있었다. 그러나 예순두 살의 나이에도 불구하고 개업 의사로 활동하며, 영국 최고의 의학 권위자로 간주되었다. 제임스 브롬필드James Blomfield가《성 조지 병원 역사History of St. George's Hospital》에서 언급한 바와 같이, 브로디는 오늘날 보기 드물 정도로 상당한 대중적 호평을 받았다. "다양한 분야에서 내로라 하는 전문가들이 활동하는 요즘 같은 세상에도, 브로디만 한 위치에 있는 사람을 떠올리기는 어렵다. 그는 '모든 연령대의 환자들'에게 '상상할 수 있는 모든 형태의 사고나 질병'에 대해 조언을 요청받았다." 한 유명한 사례는 부주의로 삼킨 10실링짜리 금화가 오른쪽 폐 위쪽에 박힌 신사에 관한 것이다. 그 사건 자체도 일종의 퍼포먼스라고 할 수 있지만, 진정한 퍼포먼스는 브로디가 현장에 도착하고나서 일어났다. 그는 도착 즉시 브루넬이라는 남자를 거꾸로 매달았는데, '거꾸로 매달기'는 그 남자가 보유하고 있는 '회전판' 덕분에 비교적 쉬운 묘기였다. (내가 생각하기에, '회전판'이란 마술사가 사용하는 소품과 비슷한 것으로, 통상적인 상황에서는 사랑스러운 조수의 팔목과 발목을 판에 묶은 후 판을 회전시키며 팔다리 사이로 요리조리 단검을 던진다.) 그러나 브루넬 씨는 거꾸로 매달렸음에도 불구하고 금화를 토해내지 않았다. 토해내기는커녕, 금화가 후두larynx를 막는 바람에 질식하기 일보직전이었다. 브로디 박사는 예리한 메스로 남자의 기관windpipe을 절개하고, 심지어 집게forceps 를 들이밀었지만 금화는 요지부동이었다. 그러나 회전판을 한 번 더 돌 린 것이 신의 한 수였다. '중력의 힘'과 '등 두드리기'와 '우연한 구역반 사gag reflex'가 합세하여 후두에 끼여 있던 금화를 입안으로 조용히 떨어 뜨렸다. 위기일발의 순간에도 침착성을 유지한 의사의 정신을 기리기 위해, 금화와 한 쌍의 집게가 성 조지 병원의 병리학 박물관에 보관되었 다. 그 이후 브루넬 씨에게 일어난 일은 모르겠지만, 아마도 기지를 발 휘하여 카드 마술 쪽으로 진출했을 것 같다는 생각이 든다.

비록 강사의 자리에서 물러났지만, 브로디는 자신이 설립 멤버로 참여한 의학교에 대한 깊은 관심을 유지하고 있었다. 그리고 여러 경로 를 통해 전해진 '재능 있는 헨리 그레이'에 대한 소문에 주목했다. 가장 가능성 높은 소식통은 (성 조지 병원의 일급 외과의사인 동시에 거의 25년간 해 부학 강사로 활동한) 브로디의 조카사위 토머스 테이텀Thomas Tatum이었 다. 브로디와 그레이가 만났다는 것은 분명하지만, 그게 언제인지는 알 수 없다. 여러 가지 설들이 분분하지만 그중에서 흥미로운 것은 오늘날 까지 전해지는 '만찬 초대설'이다. 그 내용인즉, "벤저민 경과 레이디 브 로디가 4월 28일 월요일에 헨리 그레이를 자택으로 초대했다"는 것인 데, 아쉽게도 연도가 불확실하다. 나는 약간의 사설탐정 활동을 통해, 그레이의 성년기 동안 날짜와 요일의 조합이 일치하는 것은 딱 세 번— 1845년, 1851년, 1856년—이라는 사실을 알아냈다. 셋 중에서 가장 흥 미로운 것은 1845년이다. 왜냐하면 1845년 4월 28일은 그레이가 성 조 지 병원 부설 의학교에 입학하기 8일 전이기 때문이다. 나는 매우 만족 스러운 시나리오를 생각해냈다. 그 내용은 "그레이가 의학교에 입학하 기 전에 레전드급 의학자를 처음 만났고, 그로부터 13년 후 자신의 걸작 《그레이 아나토미》를 헌정했다"는 것이다. 나는 친밀한 만찬 모임을 상상해본다. 브로디 박사가 헨리를 여러 유명한 동료들에게 친히 소개하고, 그들과 일일이 악수를 나누는 동안 웨지우드 접시Wedgwood plate처럼 휘둥그레진 청년의 눈. 그러나 벤저민 경과 레이디 브로디가 무명의 젊은이를 자신들의 새빌로Savile Row 저택에 초대한 이유가 뭘까? 음, 그건 그레이가 열여섯 살에 해부학계에서 알아주는 신인상을 받았고, 그의 재능이 테이텀 박사에게 강렬한 인상을 주었기 때문이리라. 사실, 테이텀은 그다음 주에 헨리 그레이의 입학 서류에 공동으로 서명했다.

그러나 내가 1845년 4월 28일을 '헨리와 브로디가 처음 만난 날'이기를 바라는 마지막 이유는 따로 있다. 그날의 따뜻한 초대가 그레이의 경력에서 일종의 프롤로그가 되었고, 그로부터 16년 후 브로디가 보낸 한 통의 편지가 적절한 에필로그가 되었기를 바라기 때문이다. 헨리가 갑자기 세상을 떠났다는 소식을 듣고, 당시 일흔여섯 살로 건강이 좋지 않았던 브로디 박사는 한 동료에게 다음과 같은 편지를 보냈다. "나는 불쌍한 그레이에 대해 한없는 슬픔을 느낍니다. 탁월한 재능이 보상을 받으려는 시점에서 세상을 떠났다는 것은 (…) 병원과 학교 모두에게 커다란 손실입니다. 어느 누가 그의 빈자리를 메울 수 있을까요?"

헨리 반다이크 카터는 오늘날의 학생들과 똑같은 방식으로 1년 차 해부학의 첫 번째 수업을 준비했으니, 그것은 바로 쇼핑이었다. 1849년 9월 29일 토요일 일기에 따르면, 열여덟 살짜리 학생은 키너턴 스트리트에 자리 잡은 새 실습실을 휙 둘러본 후 해부학 가운과 헐렁헐렁한 캐속cassock(오늘날 사용되는 녹색 면 수술복의 전신)을 주문한다. 그런 다음 사비니Savigny & Co.로 가서 메스 한 상자를 구입했다. 카터는 표준 해부학 지침서인 퀘인의 《해부학 요강》을 구입할 여력이 없었으므로―그는 통상적인 흘림체로 "돈이 부족하다"고 썼다― 해부학 지침서 없이 그럭저럭 때우는 수밖에 없었다.

겨울 학기는 월요일에 시행되는 연설 및 시상식, 화요일에 실시되는 강의 및 실습과 함께 시작되었다. 일 년 반 동안 해부학, 식물학, 생리학, 화학, 약물학, 의료법 강좌를 꾸준히 수강해온 카터는 마침내 자신의 손에 피를 묻히게 되었다. 그는 월요일 밤 잠자리에 들기 전 일기장에 이렇게 썼다. "모든 준비 완료!"

그러나 다음 단계를 시작하려면 두 가지가 필요했다. 그는 다음 날 일기장에 이렇게 썼다. "대상이 준비되지 않아 해부를 할 수 없다." 여기서 '대상'이란 시신을 의미하는데, 시신이 준비되지 않은 건 차라리 잘된 일이었다. 왜냐하면 주문한 해부학 가운이 아직 완성되지 않았기 때문이다. 드디어 10월 3일 수요일, 그는 해부학자로 데뷔했다. 애솔 존슨Athol Johnson 박사가 예의 주시하는 가운데, 그는 인체의 일부를 비교적 손쉽게 해부한 후―마치 당신이 미켈란젤로의 다비드상을 감상하듯―사랑스러운 눈길로 바라봤다. 그가 해부한 부위는 샅굴inguinal canal(서혜관)로, 아랫배근육lower abdominal muscle(하복근)이 사타구니groin(서혜부)를 향해 내려가는 곳이다. 그날의 수업이 모두 끝나고 카터는 이렇게 토로했다. "나는 해부하는 것을 좋아한다. 하지만 해부학 지침서가 없다 보니 생각했던 것보다 어렵다."

그의 마지막 고백은 아이러니할 정도로 구체적이어서 입가에 미소를 머금게 한다. 그도 그럴 것이, 향후 2세기 동안 가장 유명하게 될 해부학 지침서를 만드는 데 있어서 H. V. 카터가 수행할 역할을 누구보다도 잘 알기 때문이다. 세 페이지 뒤에서 헨리 그레이를 처음 언급할 때도 나는 이와 비슷한 기분을 느꼈다.

그레이라는 이름은(웹스터라는 상표명이 사전의 동의어가 된 것처럼) 해부학의 동의어가 되었으므로, 1849년 10월 31일 카터의 일기장에서 그레이의 이름 스펠링이 틀린 것을 발견하니 신경이 적잖이 거슬린다. 철자법에 능해 좀처럼 흠잡을 수 없는 카터에게 그런 오류는 드문 일이다. 따라서 이는 두 사람이 아직 절친한 관계에 이르지 않았음을 말해준다. 그가 1849년 10월 31일 일기장에서 'Gray'를 'Grey'로 잘못 쓴 것은 말이 안 되지만 너그러이 이해해줘야겠다(사실 스펠링이 한 번밖에 안 틀렸다). 그러나 "그레이를 만나 약속함"이라는 대목은 도저히 납득하기 힘들다. 도대체 '왜' 만나고 '뭘' 약속한 걸까? 그건 작가와 독자 사이에 작용하는 특이한 역학odd dynamic의 일부다. 두 사람의 전지함 omniscience(전지적 작가 시점, 전지적 독자 시점)이 서로 엎치락뒤치락 하다 보면 균형추가 일시적으로 한쪽으로 기울기 마련이다. 다시 말해서, 저자인 카터는 때로—어떤 날이 됐든, 어떤 순간이 됐든—자신이 경험한 내용을 일기장에 함축적으로 적어놓을 수 있다. 그건 독자인 나도 마찬가지여서, 일기장의 어떤 페이지에선 그의 인생 경로를 저자보다 더 많이 알고 있으니까.

카터에게 있어 일기를 쓴다는 것은 본래 품성을 배양하기 위해 의도된 것으로, 청년이 '좋은 버릇'을 기르는 동시에 '나쁜 버릇'을 예방하는 데 적당한 습관이었다. 나에게 있어 그의 일기를 해독한다는 것은 —마치 역순으로 수행하는 해부와 마찬가지로—정보의 편린들을 서서히 꿰맞추는 과정이었다. 나는 스티브와 함께 도서관의 마이크로필름 판독실에서 수많은 시간을 보내며, 모든 영사기들의 고유한 특징을 모두 이해하고 통상적인 마이크로필름 판독에 익숙해졌다. 그곳에 모인

사람들은 시간여행을 즐기는 희한한 공동체의 구성원이었다. 대부분
의 사람들은 신문을 읽고 있었는데, 그렇잖아도 한물간 소일거리인 신
문 읽기는 신문에 인쇄된 발행일 때문에 더욱 구닥다리로 보였다. 그들
이 읽는 신문은 골동품급 〈런던 타임스〉나 지금은 폐간된 〈시카고 트리
뷴〉 한 달치였는데, 스티브와 나도 그들과 별반 다르지 않았다. 우리가
읽고 있는 일기는 일종의 '케케묵은 일간지'였기 때문이다.

　지금은 비문처럼 읽히는 일기장에서, 카터는 마치 빅토리아 시대
의 자기계발서에서 인용한 듯한 경구로 말문을 열었다. "매일 똑같은
시간에 똑같은 일을 하거나 똑같은 의무를 행하면, 그런 생활이 곧 유쾌
해진다." 그는 일정한 형식에 따라 일기를 썼다. 매일 '아침에 일어날 때
벌어진 일'로 시작하여 '밤에 잠자리에 들 때 벌어진 일'로 마감했으며,
그 사이 일들을 시간순으로 간단명료하게 적어나갔다. 채색된 초상화
가 여러 번 덧칠된 후에 입체감과 질감을 얻듯, H. V. 카터의 이미지는
여러 주 동안 누적된 일기를 통해 차츰 윤곽을 드러냈다. 그는 진지하고
잘 훈련된 청년으로서, 하루도 빠짐없이 성경을 읽고 기도를 했으며 일
요일에는 (종종 두 번씩) 교회에 출석했다. 그러나 그는 열일곱 살이었고,
'일만 명이 사는 소도시'에서 '백만 명 이상이 사는 거대 도시'로 이사했
으니 이따금씩 소년다운 에너지가 자연스럽게 분출했다. 어떤 날은 빅
토리아 여왕을 보고 말문이 거의 막혔고, 그로부터 몇 주 후에는 하이
드 파크에서 열병식을 하는 군대에 매혹되었다. 그와 동시에, 그는 언짢
은 현실에도 눈을 떴다. 열여덟 번째 생일 다음 날인 1849년 5월 23일,
카터는 병원에서 임상 실습clinical clerkship을 시작했다. 그의 역할은 주
임 외과의사를 그림자처럼 따라다니며 임상 사례를 기록하는 것이었
다. 임상 실습을 시작한 지 겨우 이틀 후, 그는 끔찍한 수술──한 소년의

다리를 절단하는 장면—을 목격했다. "클로로포름이 사용되지 않았음." 그는 그날 저녁 일기에 이렇게 썼다. 나는 수술 때 마취제를 사용하는 것이 아직 표준 관행이 아니었음을 상기하며 소름이 오싹 돋는다.

카터의 산문체는 간혹 단도직입적이고 간결하여, 마치 누군가에게 전문電文을 불러주고 있는 듯한 느낌이 들 정도였다. "콜레라 사례." 그는 7월 6일에 이렇게 썼다. "생전 처음 봄. 어제 오후 6시 30분에 발병하여 오늘 오후 6시 30분에 사망. 끔찍한 질병." 그 다음 날, 그는 남성 콜레라 환자의 부검에 참석하여 큰 충격을 받았다. 죽은 사람이 전혀 죽은 것처럼 보이지 않았기 때문이다. (콜레라는 주로 오염된 음료수를 통해 전염되는 세균성 질병으로, 엄청난 설사와 탈수를 초래한다.) 8월 1일, 콜레라 집단 발병이 런던의 병원들을 완전히 압도하자, 카터는 성 조지 병원이 문을 걸어 잠근 채 신규 환자를 돌려보내는 장면을 목격했다.

사망자 수에 대한 최신 정보와 대조를 이루는 것은 존 소여의 집에서 보낸 자신의 삶을 온화하게 묘사한 구절이다. 마흔다섯 살로 카터의 아버지와 동년배인 소여는 파크 스트리트Park Street의 자택에서 개인병원 겸 약제상을 운영했으며, 그와 아내 사이에는 여섯 살부터 열아홉 살까지 다섯 명의 딸이 있었다. 카터는 매년 하숙비를 지불하는 하숙생이었지만, 소여는 그를 한 식구처럼 대해주었다. 그는 일요일이 되면 오전에 소여의 가족과 함께 인근 공원을 산책했고, 오후에는 소여의 어린 자녀들에게 '너그러운 큰오빠' 노릇을 하며 오붓한 시간을 보냈다. 그리고 일요일 저녁에는 둘째 딸인 메리와 함께 예배당에 갔다. 카터는 일기장에서 늘 '공손하고 올바른 청년 신사'라는 인상을 주고 부적절한 언급을 전혀 하지 않았지만, 열혈 청년인 만큼 때로는 남성호르몬이 그에게 허튼 수작을 거는 것이 분명했다. "유혹을 피하라." 그는 자신을 이렇게 타일렀다. "혼자 있을 때는 너의 생각을 신중히 가다듬어라." 만약 속담에서 말하듯이 "게으른 손은 악마의 도구"라면, 1849년 겨울 학기가 시작되었을 때 그 악마는 카터의 바쁜 손놀림 때문에 맥을 추지 못했으리라.

겨울철이 되자 카터의 일기는 하룻밤 사이에 해부학 연대기로 탈바꿈했다. 그는 일주일의 대부분을 해부학 강의실에서 보냈을 뿐만 아니라, 때로는 부검할 때 입수한 '기념품'—적절한 단어가 떠오르지 않아 이렇게 쓴다—을 집으로 가져와 해부하기도 했다. "두 개의 눈알을 얻었다." 그는 어느 날 밤 이렇게 썼는데, 매우 흡족해하는 눈치였다. 마치 눈알을 하나밖에 얻지 못했다면 크게 실망했을 것처럼. "콩팥과 심장을 얻었다." 다른 날에는 이렇게 썼다. 그리고 언젠가는 "뇌를 가져가라는 제안을 받았지만, 정중히 사양했다"라고 썼는데, 그가 기념품 증정을 마다하는 것은 보기 드문 일이었다. 그리고 그는 병원의 데드하우스Dead House, 즉 영안실에서도 각종 신체 부위를 얻었다. 그렇다고 해서 해부학에 대한 그의 열정이 병적이었다고 생각하면 오해다. 카터의 일기장을 읽는 것은 전력을 다해 지식을 추구하는 한 젊은이를 지켜보는 것과 같다. 실습실에서 시간 가는 줄 모르다가 수업을 빼먹는가 하면, 점심시간이 되어도 멈추지 않고 해부를 하다가 끼니를 거르기 일쑤였다. 강의실에서 실습실로, 실습실에서 강의실로, 강의실에서 실습실로… 어떤 때는 하루에 세 번씩이나 성 조지 병원과 키너턴 스트리트 사이를 왕래했다. 꼼꼼한 카터는 해부하는 데 걸린 시간을 종종 기록하여, 자기 기록을 경신하려고 노력했다. 마치 시합을 앞두고 맹훈련을 하는 육상 선수처럼. 심지어 크리스마스 휴가 때도 실습실에서 새해 아침을 맞았다.

낭중지추라는 말이 있듯, 카터의 일취월장하는 해부 실력은 누군가의 눈에 띄기 마련이었다. 해부학 시즌이 시작된 후 10주가 지나자, 강사 프레스콧 휴잇Prescott Hewett은 그에게 '해부학 박물관'의 표본 준비를 맡지 않겠느냐고 물었다. 표본 준비란, 신체 부위를 해부한 다음 독한 술(알코올)이 든 병에 보관함으로써 앞으로 몇 년 동안 학생들의 공부를 돕는 것을 말한다. 표본 준비는 박물관의 담당자에게 맡기는 것이 상례이지만, 카터는 그런 쪽에 재능이 있는 게 분명했다. 흥분한 그는 3일 동안 가슴을 조이며 자신에게 그 일이 맡겨지기를 기다렸다. "이름이 추가된다." 그는 낙점을 받은 후 일기장에 이렇게 썼는데, 그 뜻은 그의 이름이 표본병에 첨부되어 후배들에게 대물림된다는 것이었다.

표본 준비가 잘 진행되자, 휴잇 박사는 자신의 수제자에게 당대 최고의 선물―퀘인의《해부학 요강》한 권―을 선사했다. 카터는 책에 자신의 이름을 써넣고 집으로 돌아오는 길에 책싸개를 구입했다. 그 다음날 그는 책장을 넘기며 삽화를 훑어보고 모든 동맥을 새빨갛게 칠하며 벅찬 감동을 억누를 수 없었다. "이 책, 멋진 작품이다!" 그는 일기장에 이렇게 썼다.

때는 1850년 1월, 그즈음 헨리 그레이는 성 조지 병원의 해부학 시범자에서 검시관으로 승진해 있었다. 게다가 스물세 살의 나이에 왕립학회에서 자신의 논문이 낭독되는 영예를 누린 터였다. 얼마 안 지나 카터의 일기장에 다음과 같이 적힌 것을 보면, 카터는 그레이가 그렇게 빨리 이름을 날렸다는 데 큰 영향을 받은 것 같다. "분발해야 한다!" 그는 자신을 꾸짖었다. "그레이는 잘나가고 있지 않은가." 그레이는 해부학의 선두주자였고, 카터는 그와 비슷한 길을 걷는 사람으로서 한순간도 뒤처지지 않으려 한 기색이 역력하다.

바로 그날, 휴잇은 카터에게 새로운 프로젝트를 제시했으니, "일부 표본은 해부 대신 그림으로 그려 보관하라"는 것이었다. 휴잇이 지정한 대상자는 특이한 질병을 앓는 입원 환자였다. 병원에 보탬이 되기를 고대하던 카터는 선뜻 동의했고, 2주 후 여성 전용 간호실에서 미묘한 임무—여성의 병든 유방을 그리는 일—를 수행했다. 카터는 한 시간에 걸쳐 임무를 충실히 수행했고, 그 후 환자의 유방은 절제되었다. 그에게 부여된 두 번째 임무는 이름 모를 병에 걸린 넓적다리를 그리는 것이었다.

나는 카터의 일기 중 어느 곳에서도 그가 의학과 미술을 잇는 가교가 되겠다고 생각한 흔적을 찾을 수 없다. 그의 아버지는 현역 화가였고 그 역시 그림을 그리며 성장한 건 사실이지만, 그가 런던에 온 건 옛 기술을 답습하기보다는 새로운 기술을 배우기 위해서였다. 그가 그림을 그린다는 것은 이중언어 사용자가 번역을 하는 것이나 마찬가지였으므로, 그리 대단한 일이 아니었다. 그러나 휴잇으로 말할 것 같으면, 젊은 시절 화가를 지망했고, 심지어 파리 유학을 꿈꾼 인물이었다. 그런 그가 카터의 그림을 보고 큰 인상을 받았다면 이야기가 달라진다. "그는 내 그림을 '최고'라고 칭찬했다." 카터의 자랑스러운 표정이 눈에 선하다.

요즘 TV 드라마에 등장하는 병원에서처럼, 성 조지 병원의 복도에는 은밀한 이야기가 많았다. 카터의 능력이 뛰어나다는 소문은 어찌저찌하여 헨리 그레이의 귀에 들어갔고, 그레이는 때마침 화가의 눈을 필요로 했다. "내가 납품받은 그림 몇 점을 좀 봐주지 않겠나?" 그레이는 어느 날 이렇게 요청했다. 장담컨대, 그 이후 전개된 평론에는 흥미로운 역학 관계가 반영되었을 것이다. 왜냐하면 의학 분야라면 몰라도 그림 분야에 있어서는 카터가 그레이보다 한 수 위였기 때문이다.

그레이가 말한 그림은 그가 집필 중인 지라spleen(비장)에 관한 논문에 삽입될 그림이었다. "한 삽화는 형편없었다." 카터는 그날 저녁 일기에 이렇게 썼다. "다른 하나는 초라했다." 설상가상으로 카터가 보기에는, 화가가 그레이에게 청구한 금액이 터무니없이 비쌌다. 그러나 헨리 그레이 자신은 탁월하다는 인상을 남겼다. "그레이는 매우 총명하고 근면한 사람. 훌륭한 롤모델임."

카터의 일기에서 이 부분을 처음 읽었을 때, 나는 열아홉 살짜리 청년의 솔직한 미술 평론에 즐거운 충격을 받았다. "아무래도 잘한 일인 듯." 카터의 일기장에 잇따라 적힌 말에는 훨씬 더 깊은 뜻이 담겨 있지만, 너무 잔잔한 말투로 쓰여진 바람에 간과하기 쉬워 보인다. "내가 도와주겠다고 자청함." 카터는 사무적으로 이렇게 덧붙인다. "그레이가 제안을 받아들임."

나는 그 문장에 생략된 부분을 추가하여, "그레이가 나의 공동 작업 제안을 받아들였다"라고 해석한다. 그 순간, 나는 '연구의 신'이 나를 향해 미소 짓고 있는 것처럼 느낀다. 그건 두 사람이 일찍부터—역사가들이 종전에 생각했던 것보다 2년 먼저—협업을 시작했다는 증거이기 때문이다. 그 점을 깨달은 나는 깜짝 놀랐다. 게다가 협업을 먼저 제안한 사람은 내가 예상했던 것과 달리 헨리 그레이가 아니라 H. V. 카터였다. 카터에게 1850년 6월 14일 금요일은 여느 날과 마찬가지로—다시 말해서, 다른 날 쓴 일기와 마찬가지로—시작되었다가 끝난 날이지만, 기상 시간과 취침 시간의 사이 어느 시점에서 역사적인 동반자 관계가 형성된 날이었다.

# 4

―――――

협업을 시작한 지 5일째 되는 날 일기장에서, 헨리 반다이크 카터는 "헨리 그레이가 내 그림을 마음에 들어 한다"고 기뻐하면서도, "지라를 그리기가 쉽지 않다"고 솔직히 인정한다. 사실, 내가 맨눈해부학 7주 차 수업 시간에 배운 바에 의하면, 지라는 결코 평범한 기관이 아니며, 예컨대 지라는 복강에 위치하고 있지만 소화계의 일부가 아니다. 왼쪽 콩팥에 연결되어 있지만 비뇨기계의 일부도 아니다. 두 가지 주요 기능―낡은 적혈구 재활용하기, 감염과 싸우는 특정 백혈구 생산 도와주기―이 혈액과 관련되어 있지만 순환계의 일부도 아니다. 그런데 지라와 관련된 백혈구를 림프구lymphocyte라고 부른다는 점을 감안할 때, 지라가 어디 소속인지 감 잡을 수 있다. 바로 림프계lymphatic system다. 그러나 지라에 얽힌 비밀이 하나 더 있으니, 생존에 필수적인 게 아니라는 것이다. 만약 부상이나 질병 때문에 지라를 제거하더라도 인체는 잘 지낼 수 있다.

지라는 길이가 15센티미터쯤 되는 길쭉한 기관으로, 내부는 적색
속질red pulp과 백색속질white pulp이라는 두 가지 종류의 해면질로 이루
어져 있다. 카터가 지라를 그리기 어려워한 것은, 바로 지라의 속질 때
문이다. 나는 지라를 볼 때마다 실제 모양과 무관하게 데니스라는 학생
이 떠오른다. 그는 주근깨가 많고 피식피식 웃는 일본계 미국인 학생으
로, 가장 기억할 만한 딜론의 강의 중 하나에서 지라의 역할을 수행했
다. 복강은 정말이지 크고 뒤틀리고 혼란스럽고 복잡한 요지경인데, 딜
론은 우리에게 각 부분들이 서로 잘 어울려 지내는 방법을 보여주고 싶
어 했다.

"우리 모두가 복강 안에 앉아 있다고 상상해봐요." 딜론은 팔을 휘
저어 동그란 강의실 전체를 가리키며 말문을 열었다. "뒷벽에 높이 매
달린 슬라이드 영사기가 보이나요?" 모든 학생이 자리에 앉은 채 고개
를 돌렸다. "저게 배꼽이에요." 그러자 몇몇 학생들이 키득키득 웃었다.
"내 뒤에 있는 칠판이 척추vertebral column고, 천장은 가로막이라면, 마룻
바닥은 골반의 … 무엇일까요? 아는 사람 말해봐요."

"바닥floor이오." 누군가가 대답했다.

"맞아요, 골반바닥pelvic floor이에요. 아주 잘했어요. 골반바닥은 대
변이 새나가지 않도록 막아주죠." 커다란 웃음소리가 터져나오자, 딜론
은 볼륨을 높이며 짐짓 엄숙한 표정으로 말했다. "이제는 내가—그는
자신의 크고 불룩한 배를 두드렸다—위장stomach이라고 상상해봐요!"

그런 다음 그는 내장계의 구성원들을 잇따라 선정하여, 자신을 기
준 삼아 적절한 위치에 배치했다. 체격이 가장 우람한 거겐은 가장 큰
내장(간)으로 선정하여 자기의 오른쪽에 세웠다. (어떤 학생이 거겐에게 백
팩을 건네주며, 그게 쓸개gallbladder이니 메고 있으라고 했다.) 키 크고 날씬하고

사랑스러운 앳된 얼굴의 댄은 췌장으로 선정하여 위장 바로 뒤 지라 옆에 세웠다. 지라로 선정된 학생은 데니스로, 딜론 왼쪽으로 살짝 모습을 드러냈다. 모든 사람들의 바로 뒤에는 떼려야 뗄 수 없는 게이 커플—앤디와 윌슨—이 손을 잡고 섰다. 둘은 한 쌍의 콩팥이었다.

이쯤 되니, 내장계의 구성원들은 이 세상에서 가장 어설픈 '단체 허그'를 하는 것처럼 보였다. 그러나 이제 겨우 시작일 뿐이었다. 딜론은 췌장과 간 사이에 대동맥(에이미)과 대정맥(밍)을 배치한 다음, 열 개의 상이한 창자 부분*을 추가했다. 항문anus은 엄밀히 말해서 복강에 존재하지 않지만, 편의상 창자에 포함시켰다. (두 번째 줄에 앉은 학생들 전원이 항문을 만드는 데 동원되었다.) 마지막으로, 딜론은 서로 연결된 수많은 인대ligament와 막membrane을 잡아당겨 바짝 조임으로써 모든 복강 내 구조체들을 안정화시켰다. 사실, 인대와 막을 대신하여 그 '시각적 마술'을 수행한 것은 학생들의 팔과 손가락이었다.

딜론이 시뮬레이션 작업을 마무리할 즈음, 스물다섯 명의 등장 인물은 꿈틀거리며 '소화계를 모방하는 무리'를 형성했다. 나는 오른쪽 뒤 어디에선가 지라가 킥킥거리는 소리를 들을 수 있었다.

딜론의 강의가 끝난 지 20분 후, 13층에 있는 실습실에서는 장면, 의상, 분위기의 극적인 변화가 일어나고 있다. 마수드가 시신에서 두꺼운 복근 다발을 드러내는 순간, 그와 미리암 사이에 서 있는 나는 평생 경험해보지 않은 구역질을 한다. 시신 밖으로 노출된 것은 지방이 가득한 '번들거리는 조직 덩어리'인데, 복강 전체가 그걸로 뒤덮여 있다. 그 두꺼운 막을 큰그물막greater omentum(일명 "커다란 앞치마")이라고 하는데, 나는 사

---

* 작은창자 3, 큰창자 4, 곧은창자 1, 항문 1, 막창자꼬리 1.

람의 몸속에 그런 게 존재한다는 사실조차 모르고 있었다. 모양과 냄새가 영락없이 '썩은 해파리'다. 그 밑에 있는 것들은 더욱 암울하다.

미리암은 위장을 절개하는 것부터 시작한다. 위장은 내 예상과 달리 배한복판이 아니라 왼쪽갈비뼈 아랫부분 밑에 숨어 있다. 이어 그녀는—마치 지갑 속에서 무슨 일이 일어났는지 확인하려는 것처럼—위장 안에 손을 집어넣어 소화되지 않은 음식물 덩어리를 발견한다. 그건 시신이 식사를 한 직후 사망했다는 증거로, 나에게 티핑포인트tipping point◆로 작용한다. 나는 갑자기 속이 뒤집혀, 팀원들에게 양해를 구하고 급히 해부대를 벗어난다(이건 내장에서 일어나는, 문자 그대로 본능적 반응visceral reaction이다).

창가에 서서 신선한 공기를 들이마시는 도중, 실습실의 한쪽 구석에서 "꺄악!" 하는 소리가 들려와 그곳으로 시선을 돌린다. 스티븐과 그의 파트너가 쓸개를 열었는데, 그 속에서 쓸개돌gallstone(담석)을 발견한 것이다. "이봐요, 빌. 이거 한번 만져볼래요?" 그가 제안한다.

쓸개돌의 정체를 파헤치기 전에, 나는 '까만 대리석의 모양과 감촉을 지닌 물체'를 손가락 사이에 넣고 굴린다. 그 주성분은 콜레스테롤인데, 석회화됨과 동시에 색소가 첨가되면서 쓸개즙bile(담즙)이 되었다. 쓸개돌은 쓸개에서 나오는 쓸개즙의 흐름을 차단함으로써 심한 통증을 초래할 수 있다. 설상가상으로, 쓸개돌을 가진 사람들은 죽상동맥경화atherosclerosis가 거의 확실시되는데, 이 시신의 경우 처방약prescription drug으로 치료받아야 할 만큼 치명적인 상태다. 장차 약사가 되려는 스티븐

---

◆   어떤 현상이 처음에는 아주 미미하게 진행되다가, 어느 순간 균형을 깨고 예기치 못한 일들이 폭발적으로 일어나는 시점.

이 쓸개돌에 매혹되는 것은 당연하다. 나는 쓸개돌을 스티븐에게 되돌려주며, 공유해줘서 고맙다고 말한다.

"이번 해부학 실습을 제대로 참관하려면, 더욱 약사처럼 생각해야 한다"라고 나는 혼잣말을 한다. 나는 약사의 입장에서 바라볼 필요가 있지만, '약사가 된다는 것은 월그린스Wallgreens, 듀언 리드Duane Reade, 렉솔Rexall과 같은 약국 체인에서 일하는 것만을 의미하지 않는다'는 사실도 명심해야 한다. 여기에 모인 젊은이들 중 일부는 전통적인 지역사회 약사가 되어 이웃의 드럭스토어에서 일한다(또는 덜 보수적인 앤디와 윌슨의 경우, 개인 약국을 열 계획이다)는 계획을 갖고 있지만, 많은 청년들은 자신의 학위를 '더욱 원대한 계획'을 위한 디딤돌로 사용할 것이다. 스티븐은 거대 제약사에 입사하여 신약 개발에 매진하고 싶어 한다. 반면에 에이미는 바로 공중보건 분야의 석사 학위를 취득해 미국식품의약국(FDA)에서 일하고 싶어 한다. 이미 범죄학 분야의 석사 학위를 취득한 테레사는 법약학forensic pharmacology을 전공한다는 계획을 갖고 있다. 그녀는 '약물이 사망을 초래한 시점'을 결정하는 데 주력하는 반면, 임상 약학자가 되려고 하는 미리암은 병원의 외과 팀에서 일하게 될 것이다. 이 모든 학생이 약사 학위를 취득했을 때, 이번 해부학 실습은 장래 직업의 든든한 기반을 형성할 것이다. 요컨대 소화관alimentary canal은 우리가 삼킨 모든 알약, 캡슐, 엘릭시르elixir, 시럽, 물질이 통과하는 경로다. 그 부분에 대한 지식을 완벽하게 습득하는 것은 약물의 흡수·분포·대사·배설 과정을 이해하는 데 필수적이다.

해부대로 다시 돌아오니, 마수드와 다른 학생들이 작은창자small intestine(소장)로 알려진 '혼돈의 덩어리'에 매달려 오도 가도 못하고 있다. 그레이는 이 부위를 가리켜 "구불구불한 관convoluted tube"이라고 했

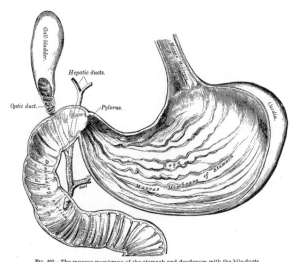

FIG. 492.—The mucous membrane of the stomach and duodenum with the bile-ducts.

위장과 십이지장의 점막, 쓸개관bile duct(담관).

는데, 이로 미루어볼 때 그도 작은창자 속에서 한두 번 길을 잃고 헤맨 게 분명하다. 학생들은 위장으로 후퇴했다가 다시 시작한다. 작은창자 의 첫 부분인 샘창자duodenum(십이지장)를 찾기는 쉽다. 왜냐하면 '위장 바로 다음부터 시작하여 10인치(25.5센티미터)까지'를 일컫기 때문이다. (십이지장十二指腸이라는 이름은 "열두 개의 손가락 너비만 한 창자"라는 중세 때 문헌에서 유래한다.) 대부분의 궤양은 샘창자에서 발생한다. 작은창자의 나머지 19피트(6미터)는 빈창자jejunum(공장)와 돌창자ileum(회장)를 거 쳐 큰창자large intestine(대장)로 이어지는데, 굴곡이 너무 심하다 보니 도 저히 어떻게 해볼 도리가 없다. 그러나 우리가 시신을 모로 세우더라도, 창자가 쏟아져 나오지 않을 뿐더러 유혈과 폭력이 난무하는 영화(이를 테면, 우마 셔먼Uma Rhurman이 나오는 〈킬빌〉)에서처럼 조금씩 끄집어낼 수 도 없을 것이다. 작은창자 주변에는 연결조직connective tissue이라는 게 있어, '뒤틀린 덩어리'를 평소에 복강 속에 유지해주지만 소화가 진행되는 동안에는 자유롭게 꿈틀거리도록 해준다.

큰창자는 길이가 약 5피트(1.5미터)인데, 작은창자를 3면에서 에워싸고 있으며 네 개의 주요 부분으로 이루어진다. 오름창자ascending colon(상행결장)는 오른쪽에서 위로 올라가는 부분이고, 가로창자 transverse colon(횡행결장)는 맨 아래 갈비뼈 높이에서 복부를 (오른쪽에서 왼쪽으로) 가로지르는 부분이며, 내림창자descending colon(하행결장)는 왼쪽에서 아래로 내려가는 부분으로서 S자형 구불창자sigmoid colon(구불결장)를 경유하여 곧창자rectum(직장)에 연결된다. 어떤 이름으로 부르든 창자는 창자일 뿐이며 결코 아름답지 않지만, 필요한 목적을 수행한다. 여러 겹으로 휘감긴 고리 속에서 음식물은 소화되고, 소화된 음식물 속물이 흡수되며, 남은 찌꺼기는 배설물이 된다.

"오, 빌! 이거 봤어요?" 미리암이 새끼손가락만 한 크기의 조직을 가리키며 묻는다. 사실, 나는 알아보지 못했다.

"막창자꼬리appendix(충수)예요." 내가 겨우 알아보는 순간 그녀가 말한다.

해부학 용어가 자체적으로 내장한 연상기호와 만날 때, 나는 그것을 좋아한다. 예컨대 '막창자꼬리'는 문자 그대로, 큰창자의 한 구석에 '꼬리'처럼 매달려 있다. 그러나 연상기호의 끝판왕은 다른 곳에 있으니, 막창자에서 한 뼘 떨어진 곳에는 도저히 지나칠 수 없는 기관—간 liver—이 복강의 오른쪽 위를 메우고 있다. 시신 속에서 보든, 표본 받침대 위에 놓인 것을 보든 간은 감동적일 만큼 크고 부드러운 장면을 연출한다. 그건 거의 조각품처럼 보인다. 그러고 보니 초기 철학자와 의사들이 간을 보고 멍해진 이유를 알 것 같다. 플라톤은 4세기에 행한 자연

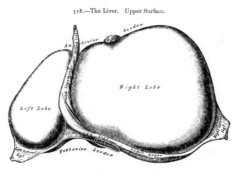

간의 위쪽 표면.

과학과 우주론에 대한 대화에서, "간은 복부 내 기관들의 질서를 유지함으로써 영혼을 관리하는 핵심 역할을 수행한다"고 주장했다. 플라톤은 간의 '부드럽고 반짝이는 표면'을 보고 그런 생각을 했으며, 그것이 신령divine psyche(머릿속에 깃든, 멸망하지 않는 합리성rationality의 원천)에서 보내는 이미지를 반영한다고 믿었다. 그로부터 6세기 후 갈레노스는 간을 '생명이 앉아 있는 자리'라고 불러, '간=생명'이라는 개념의 원조가 되었다. 어원상으로 볼 때 간이라는 이름은 생명 또는 삶을 뜻하는 어근인 '라이프leip'에서 출발하여, 나중에 '리퍼lifer'로 되었다가 결국에는 우리에게 익숙한 '리버liver'가 되었다. 갈레노스는 "간이 소화된 음식물에서 피(생명의 힘)를 만들어낸다"고 믿었는데, 그가 "간이 위장을—마치 손가락을 이용해 소젖을 짜는 것처럼—쥐어짠다"고 쓴 것은 바로 이 때문이다. 나아가 그는 간이 혈류 속으로 자연혼Natural Spirit(체질량을 제공하는 무형의 물질)을 방출한다고 생각했다.

간이 실제로 하는 일은 혈류에서 독소와 약물을 걸러내고, 혈당을 사용 가능한 에너지로 전환하고, 쓸개즙(창자로 하여금 지방을 소화하도록 돕는 물질)을 만들어 분비하는 것이며, 그 밖에도 수백 가지 기능을 수행한다. 그러나 간은 허무맹랑한 옛 믿음('간=생명·활력')과 경쟁할 만큼, 주목할 만한 기능을 한 가지 갖고 있다. 그것은 바로 재생 능력이다. 주요 기관 중에서 재생 능력을 보유하고 있는 것은 간밖에 없다. 예컨대 간이식을 할 때 건강한 공여자의 간을 절반만 적출하면 나머지 절반이 다시 자라서 종전 크기를 회복한다. 그리고 더욱 놀라운 것은 수혜자에게 이식된 간이 정확히 공여자의 간 크기만큼 자란다는 것이다. 현재 의학 지식으로는 간이 어떻게 그런 일을 하는지 설명 불가능하다. 데이너가 말하듯 "해부학에서는 이유를 묻지 말아야 한다. 그건 그냥 그런 것이고, 우리는 그렇게 만들어졌을 뿐이다." 그러나 나로서는 그 속에 숨어 있는 '뭔가 기적적인 것'을 못 본 체할 수가 없다. 우리 모두는 특정한 방식을 따르도록 의도되었고, 우리의 몸은 마치 해부학적 선결 predetermination이 코딩되어 있는 것처럼 만들어졌으니 말이다.

열아홉 번째 생일 전야에 자신의 미래를 곰곰이 생각하며, H. V. 카터는 향후 시나리오를 두 개의 문장으로 요약했다. "에너지와 인내력을 발휘하면 많은 것을 할 수 있지만, 그러지 않으면 아무것도 할 수 없다. 내 앞에는 두 갈래 길이 있다.—'평범한 사람'이 될 것인가, 아니면 '탁월한 사람'이 될 것인가!"

그는 어떤 길로 갔을까?

'평범한 사람'과 '탁월한 사람' 중 어떤 사람이 되었을까?

이건 특정인의 사례이지만, 매사를 흑과 백으로 나누는 이분법은 어느 경우에서나 볼 수 있는 전형적인 사고방식이다. 성실함과 꼼꼼함을 겸비한 청년 카터에게 모든 것은 이분법의 대상이며, 그레이도 예외가 될 수 없다. 1850년 6월 말 그레이가 전속 외과의사house surgeon로 승진하고 '지라 프로젝트'가 2주째에 돌입하자, 헨리 그레이는 카터의 일기장에 거의 매일 나타난다. 카터는 그레이와 하루 일과를 함께하며, 그가 환자를 대하는 태도는 물론 의학생이나 동료 의사들과 상호작용하는 방법을 두 눈으로 똑똑히 확인한다. 일주일이 채 지나지 않아, 카터는 전속 의사가 되려면 얼마나 걸리는지를 알아보기 시작한다. 장담하건대, 그는 하나의 목표를 염두에 두고 있었다. 그레이의 멘토인 테이텀 박사에게 물어보니, "웬만한 사람은 6년 이상"이라는 답변이 돌아온다. 무려 6년? 그는 대안을 모색하기 위해, 그즈음 우정이 돈독해지던 그레이에게 똑같은 질문을 던진다. "자네라면 그 절반으로 충분해." 그레이가 젊은 친구에게 이렇게 말한 건 대단한 찬사라고 할 수 있다. 그도 그럴 것이 그레이 자신은 그 자리에 오르는 데 4년 반 걸렸다. 그러나 카터가 생각하기에, 그레이는 전속 외과의사로서 적임자였다. 잘나가는 그레이에 비해, 자신의 성격에는 허점이 많다고 생각했다. 그는 자신을 일컬어 "우유부단하다" "매우 나태하다" "확신이 부족하다", 그리고 여러 번 되풀이하여 "게으르다"고 쓴다. 심지어—빡빡한 학교 일이다 병원 일이다 삽화 작업이다 해서—가장 바쁜 하루를 보낸 뒤에도, 그는 자신에게 채찍질을 한다. "더 많이 일해야 한다." "더 잘해야 한다." "더 정확해야 한다." 사실 카터의 일기장에서 "해야 한다"란 단어는 가장 빈번히 사용되는 어휘임에 틀림없다.

자아비판이 매우 극단적이므로—그리고 자신의 성과에 지나치게 부정적이므로—나는 카터가 일종의 성격이형장애personality dysmorphic disorder 환자일지도 모른다고 생각한다. 그의 일기장은 자신의 하루 일과를 들여다보는 거울인데, 거울에 비친 그의 성과가 모두 왜곡돼 있으니 말이다. 그러나 나는 그의 일기장에서, '자신을 채찍질하고 증명하고 틀을 깨려는 청년', '아버지 같은 사람이 되지 않겠다고 결심한 청년'의 음성을 듣는다.

헨리 발로 카터는 아들의 일기장에 별로 모습을 드러내지 않는다. 그러나 일단 등장하면 잊을 수 없는 인상을 남긴다. 대표적인 사례를 찾으려면 몇 페이지만 되넘겨보면 된다. 한 달 전인 1850년 5월 24일, 카터는 아버지가 다음 날 런던으로 온다는 사실을 알게 된다. 그러나 아버지의 방문은 처음부터 험난하다. 2주에 걸친 방문 일정을 아들에게 직접 알리는 대신, 소여 박사에게 통보한 것이다. "아버지가 나에게 편지를 쓰지 않았다니!" H.V.는 그가 도착하기 전날 이렇게 투덜거린다.

카터는 2년 반 동안 런던에서 살았다. 자신이 다른 런던 사람들처럼 세속적이라고 여기지는 않았지만, 웬만큼 성숙하여 알 만한 건 다 알고 있었다. 아프고 죽어가는 사람들로 북적이는 성 조지 병원에서 일한다는 것만도 하나의 집중 훈련 과정이었다. 그럼에도 불구하고 원로 화가인 아버지는 그를 아직도 스카버러 출신의 촌뜨기로 취급했다. 예컨대 3일째 되는 날 저녁, 그는 아들을 앉혀놓고(H.V.의 어린 시절 내내 그랬던 것처럼) 미술에 대한 일장 훈시를 했다. 내가 판단하기에, 카터 씨는 그것이야말로 가장 좋은 소일거리라고 생각한 것 같다. 그러나 아들의 생각은 달랐는데, 그렇다고 해서 덮어놓고 아버지를 탓할 수만은 없다. 어찌됐든 카터는 자신을 더 이상 "초보 화가"로 간주하지 않았고, 휴잇 박사를 비롯한 성 조지 병원의 의사들의 생각도 마찬가지였다. 심지어 그는 아버지와 전혀 다른 스타일의 그림을 그리고 있었다.

한 세기 반이 지난 오늘날의 관점에서 보더라도, 카터 부자가 티격태격하는 장면을 보는 것은 전혀 어색하지 않다. 5일째 되는 날, 드디어 부자 간의 정면충돌 이야기가 나온다. "내가 어리석고, 성급하고, 부적

절했다. (…) 아버지는 노발대발하여 심한 말씀을 하셨다." 그다음에는
조용한 치유에 관한 이야기가 나온다. 헨리 시니어는 헨리 주니어에게
며칠 동안 꼴도 보고 싶지 않다고 말하지만, 주말이 되자 부자는 화해하
고 함께 교회에 간다. 그러나 이윽고 긴장이 다시 고조된다. "아버지는
신경이 곤두서서 노발대발하시고," 카터는 6월 5일 수요일 밤 일기장에
이렇게 휘갈겨 쓴다. "나는 울화가 치밀어 성급히 행동한다."

만약 헨리 발로 카터가 일기를 썼다면, 그날 밤 그의 일기장에는 이
렇게 쓰여 있었을 게 뻔하다. "아들은 시무룩하고 배은망덕하지만, 나
는 성질이 급하고 거칠다." 두 사람은 문명의 새벽dawn of civilization 이후
상연되어 온 연극의 각본대로 행동하고 있었다.—십 대 청소년은 어른
대접을 받고 싶어 하고, 부모는 그들을 바라보며 아직 한참 어리다고 생
각한다. 달콤쌉싸름한 마지막 장면에서, 우리의 두 주인공은 아버지가
런던을 떠나기 전날 밤 모처에서 만나 합의점에 도달한다. 그런 다음,
아들은 일기장에 "작별을 고함"이라고 쓴다.

아버지가 그날 밤 아들을 싸잡아 비난했는지, 아니면 전폭적으로
지지했는지 모르겠다. 그러나 한 가지 사실은 분명하다. 아버지의 마지
막 말은 H.V.에게 전기충격과 같은 영향을 미쳤다. 아버지가 떠난 직후,
그는 자신의 행동 강령에 새로운 "…을 해야 한다"를 추가했다. "독자
성을 유지해야 한다." 그는 48시간 내에 헨리 그레이와의 대등한 협력
관계를 확립하고 두 가지 강력한 조치를 취했다. 자신이 쓸 화구통을 정
성 들여 설계한 뒤 명함을 주문한 것이다. 그 명함에는 "헨리 반다이크
카터, 성 조지 병원"이라고 적혀 있었다. 그는 자비를 들여 모든 편지지
에 이름과 소속을 인쇄했는데, 그건 마치 자신의 새로운 정체성을 강조
하려는 것 같았다.—"나는 유일무이한 존재다."

카터가 늘 찬사—"으뜸가는 일꾼" "멋진 친구" "근면과 인내의 본보기"—를 아끼지 않았던 헨리 그레이가 그의 롤모델이라는 점에는 이론의 여지가 없다. 그러나 카터가 자신만의 독특한 경로를 추구했다는 것 또한 사실이다. 예컨대 그는 약제상apothecary 면허를 따기 위해 공부하고 있었지만, 그레이는 그런 자격증을 따려고 노력한 적이 없었다. 약제상은 '사람'과 '장소' 모두에 적용되는 특이한 명사 중 하나인데, 오늘날 약제상이라고 하면 약사pharmacist 또는 약국pharmacy과 동의어라고 생각하기 쉽다. 그리고 사실, 중세 초기부터 중기까지 영국과 유럽의 많은 지역에서 약제상의 정확한 정의는 '소매상retail shop에서 약을 판매하는 약제사druggist'였다. 그러나 카터가 의학교에 재학 중일 때, 그런 정의는 이미 구식이 되어 있었다. 그 당시 약제상이 된다는 것은 오늘날 일반의general practitioner, 즉 질병의 진단 및 치료에 관한 광범위한 지식을 가진 의사에 더 가까웠다. 헨리 그레이는 '임상적 진료 및 연구'라는 경력을 향해 탄탄대로를 걷고 있었지만, H. V. 카터의 바람은 궁극적으로 동네 의사country doctor가 되는 것이었다.

1850년 여름, 카터는 2년제 의학교를 성공적으로 마쳤다. 해부학, 화학, 식물학에서 탁월한 성적을 거둬 세 과목 모두 우등상을 받았지만, 그보다 더 자랑스러운 성취 중 하나에 대해서는 큰 상을 받지 못했다. "난생처음으로 유혈 사태를 초래함." 그는 4월 9일 일기장에 이렇게 썼는데, 그 의미는 한 환자에게 처음으로 사혈—즉, 피 뽑기—을 시술했다는 것이었다. 그는 그 절차를 두 단계의 "시술"로 나눠 서술했는데, 1단계는 피부를 절개하는 것이고 2단계는 정맥을 절개하는 것이었다. "환자의 반응은 시큰둥했음." 그는 이렇게 덧붙였는데, 이는 환자가 '카터의 기니피그'가 된 것을 탐탁지 않아 했음을 의미한다. 다른 일기들에

19세기경 한 약제상에서 일하는 약제상.

서는 카터가 다른 필수 기술들을 연마했음을 알 수 있다. "군인의 치아 하나를 뽑고, 다른 하나를 치료함." 그는 그 후 몇 년 동안 이런 소수술 minor surgery—이는 약제상의 일상적 실무 중 일부였다—을 완전히 익혀, 외과 분야 자격증을 취득해야 했다. 마지막으로, 약제상 면허를 따려면 5년짜리 견습생 과정을 마쳐야 했는데, 그는 그 과정을 절반 이상 밟은 상태였다.

카터를 견습생으로 받아들인 존 소여는 외과의사 겸 약제상으로, 이를테면 구시대 방식이었다. 그는 의료행위를 겸한 약제상—정확한 명칭은 조제실dispensary로, 오늘날로 치면 소매 약국retail drugstore—을 운영했다. 그 당시 환자들은 전형적으로 약제상에게 처방전을 발급받아 다른 곳에서 조제를 했지만, 소여 박사는 아직까지 전통적인 원스톱 쇼핑을 제공하고 있었던 것이다. 만약 당신이 파크 스트리트 101번지에 있는 그의 영업장을 방문했다면, 당신은 카운터 뒤에 서있는 약제상 견습생을 발견했을 것이다. H. V. 카터는 간혹 조제실의 조제사dispenser로서 조제를 담당했는데, 조제의 역할은 알약의 개수를 헤아리고 아편 팅크제, 벨라돈나 팅크제, 센나잎black draught 등을 조제하는 것이었다. 그는 그런 일을 달가워하지 않았다. "나는 판매나 조제와 같은 일들을 가급적 줄일 생각이다." 그는 언젠가 이렇게 썼다. "그건 나의 전문성과 전혀 상관없는 일이며, 많은 골칫거리의 원천이다." 그러나 그가 늘 불평 없이 조제하는 처방전이 하나 있었으니, 바로 어머니의 처방전이었다.

일라이저 카터는 아들의 일기장에 등장하는 불가사의한 인물이다. 그녀는 조제실을 직접 가지 않으며, 심지어 런던에 있는 H.V.를 방문한 적이 단 한 번도 없다. 그녀는 스카버러를 떠나지 못할 만큼 병세가 나빠졌지만, 어디가 아프고 무슨 약이 필요한지는—일기장에서 아직 언급되지 않아—모르겠다. 그녀는 일기장에 'M.'이라는 이니셜로만 존재한다. "M.에게 더 많은 약이 필요하다." 카터는 황급히 이렇게 적은 듯한데, 이는 어머니에게서 의약품이 필요하다는 편지를 받았음을 의미한다. 그에 대응하여, 수습생인 그는 오늘날의 약대생들과 거의 동떨어지는 일을 한다. 자기가 직접 알약을 만드는 것이다.

어떻게? 일기 작가인 그는 일언반구도 하지 않고, 자신만의 내면적 서사inner narrative에 전념한다. 좋든 나쁘든 훤히 아는 일을 자신에게 설명할 필요가 없으니 말이다.

다행히도 19세기 약학의 디테일은 문헌에 잘 정리되어 있다. 알약 만들기는 반죽paste으로부터 시작되었다. 효심이 지극한 아들은 약효 성분의 양을 신중히 측정하고, 유발mortar과 유봉pestle으로 갈아 미세한 분

말로 만든 후 액상 결합제liquid binding agent를 첨가했을 것이다. 그가 다음에 한 일은 혼합mixing이었을 것이다. '완벽한 혼합'의 중요성은 아무리 강조해도 지나치지 않다. 왜냐하면 혼합이 완료되고 난 후, 각각의 작은 알약들이 동일한 효능potency을 발휘해야 하기 때문이다. 다음에 등장하는 것은 알약 제조기pill machine다. 그것은 경첩이 달린 단순한 장치로서 (비록 와플의 전형적인 무늬가 새겨져 있지 않고, 가열을 할 필요도 없지만)와플틀처럼 작동했다. 그 기계는 반죽을 압축하고 몰딩하여, 연필 굵기의 가래떡 모양으로 가지런히 뽑아낸다. 마지막으로, 아마도 어느 정도 경화hardening되면 별도의 도구를 이용하여 '가래떡'을 적당한 길이로 절단함으로써 동일한 크기의 알약들을 만들었을 것이다. 그리고 그 알약들은 건조 과정을 거쳐 포장되었을 것이다.

카터가 거친 알약 제조 과정을 단계별로 서술하는 것은 처방prescription을 상징하는 'Rx'가 라틴어 '레시피recipe'의 약자임을 상기시키기 위함이다. 흔히 레시피라고 하면 '집에서 요리한 음식'과 '어머니의 사랑'을 연상하기 쉽지만, 처방을 뜻하는 레시피에는 '여러 가지 성분을 배합한다'는 깊은 뜻이 담겨 있다. 여기서 어머니와 아들의 통상적인 역할이 뒤바뀌어, 아들이 어머니에게 사랑을 베푼 데는 가슴 아픈 사연이 있다. 비록 집에서 멀리 떨어져 있을망정 아들은 어머니를 돕는 데서 굉장한 자부심을 느꼈을 게 분명하다. 그는 알약 제조를 반복할 때마다 점점 더 효율적이고 유능한 전문가가 되어갔다. 아무리 그렇더라도, 사안의 절실함(사랑하는 어머니가 복용할 약을 손수 제조함)은 그의 마음을 단 한 번도 벗어나지 않았을 것이다. 요컨대, 그는 어머니의 건강을 지키는 약을 직접 만들었고, 어머니는 그 약을 절실히 필요로 했을 것이다. 카터는 공정이 허용하는 한 신속하게 움직였지만, 그런 가운데서도

—그의 일기에서 짐작할 수 있듯—시간을 내어 소포에 동봉하는 편지를 썼다. 다음 날 아침, 그 소포는 차질 없이 스카버러로 배달되었다.

입과 목구멍을 연구하지 않고서는 알약의 이동 경로를 생각할 수 없다. 입과 목구멍을 연구한다는 것은 시신의 얼굴을 들여다본다는 것을 의미하는데, 우리는 지금까지 용케 그 일을 회피해왔다. 나는 시신과 대면하기를 간절히 원하지는 않지만, 솔직히 말해서 호기심이 동한다. 지난 8주 동안, 나는 이 자그맣고 나약한 할머니의 심상mental image을 구축해왔다. 마수드, 로라, 그 밖의 다른 학생들도 나와 똑같은 행동을 했을 거라 확신한다. 그러나 실습실의 다른 그룹들과 달리, 우리는 우리의 시신에 이름을 붙이지 않았다. 그건 어쩐지 부적절해 보인다. 아마 나의 실습 파트너들도 나와 똑같은 생각을 하고 있을 것이다.— 시신에게 이름을 붙이려면 눈을 바라봐야 하지 않을까? 시신에게 고맙다는 인사라도 하려면 이름이 있어야 하는 거 아닌가?

마수드가 성긴 면직물로 된 베일을 들춰 시신의 머리 위로 둘둘 말아 올린 다음, 한 걸음 뒤로 물러선다. 우리 앞에 놓여 있는 것은 평소에 상상할 수 있는 어떤 얼굴이 아니다. 우리는—해부학자들이 사용하는 용어로 말해서—머리 앞면의 해부학적 기저 구조underlying anatomical structure of the anterior aspect of the head를 바라보고 있다. 일상적인 언어로 번역하면, '피부가 없는 얼굴'을 보고 있는 것이다. 실습실에 있는 여느 시신들과 마찬가지로, 우리의 시신도 다른 실습 시간에 부분적으로 해부된 것이다. 그러나 우리는 '부분적'이 어느 정도인지 전혀 감을 잡지 못한다. 눈은 온전한 채 감겨 있고 입술도 마찬가지다. 그러나 뺨을 감싸고 있는 지방은 모두 제거되었으며, 남아있는 것은 (이마에서 턱, 한쪽 귀에서 다른 쪽 귀로 이어지는) 마스크를 방불케 하는 근육조직뿐이다. 그 위로는 격자 모양의 혈관(혈액은 없음), 안면신경, 림프관이 지나간다. 모두 흐릿하고 창백한 그늘처럼 드리워져 있다. H. V. 카터의 세밀화를 연상케 할 만큼 깔끔하게 해부된 것을 보고, 거겐은 약학과 1학년생의 솜씨치고는 너무 완벽하다고 지적한다. 그 덕분에, 해부가 시작된 후 한 시간 동안 우리가 한 일—얼굴의 특정 부위(예를 들어 눈 깜박임을 담당하는 신경, 하품을 담당하는 근육) 확인하기—은 땅 짚고 헤엄치기였다.

양쪽 귀의 앞쪽에는 거의 수수께끼 형식으로 기술해야 하는 신체 부위가 있다. 얼굴의 피부 바로 밑에 숨어 있으면서 무색·무미·무취의 액체를 생성하는 이 기관은 무엇일까? 만약 침샘이라고 대답한다면 절반만 맞춘 것이고, 귀밑샘parotid gland(이하선)이라고 대답한다면 정확하게 맞춘 것이다. 귀밑샘은 세 쌍의 침샘 중에서 가장 큰 것으로 놀랄 만큼 거대하다. 나는 한 쌍의 귀밑샘을 확인하기 위해 손가락을 내 얼굴까지 들어올려, 아래턱 뒤 곡선부에 뚜렷이 돌출한 부분을 만져본다. 지금까지 안면 지방으로 오해해왔던 그게 사실은 침 만드는 공장saliva factory이라니! 침샘은 우리에게 천연 구강 세정제를 제공하고, 입술을 촉촉하게 해주며, 미각을 느끼는 데 중요한 역할을 수행한다. 그와 동시에, 침샘은 짭짤한 크래커에 맥을 못 출 수 있으며, 특정 약물에 의해 기능이 방해될 경우 건조해져서 소위 입마름증cotton mouth을 초래할 수 있다.

해부학 실습 목록에 줄줄이 나오는 항목들의 위치를 확인하기 위해, 우리는 데이너에게 의존해야 한다. 그녀가 밀봉된 대형 타파웨어 용기를 들고 출렁거리는 소리를 내며 우리 해부대로 다가온다. 먼저, 그녀는 우리에게 "이 안에 들어 있는 걸 보면 뒤집어질 수 있어요"라고 경고한다. 아무리 그렇더라도, 잠시 후 벌어질 일에 적절히 대비하는 것은 도저히 불가능하다. 데이너는 뚜껑을 열고 장갑 긴 손을 넣어 뭔가를 끄집어낸다. 그 장면은 그저 '호러물'이라고 기술할 수밖에 없다. 그건 절단된 머리인데, 정중앙선을 따라 좌우로 똑같이 나뉘었다. 인간의 옆모습을 안에서 밖으로 보다니! 신중히 짚은 그녀의 손가락 사이로, 나는 거의 온전한 형태를 갖춘 남성의 얼굴을 엿보고 있다.

"이것은 반쪽머리hemihead예요." 데이너가 말한다, 마치 정식으로 소개하는 것처럼. "때로는 시상단면sagittal section 또는 정중단면median section이라고도 하죠…."

그 비주얼은 우리로 하여금 말문을 잊게 한다.

노출된 뇌엽brain lobe에서 맑은 방부액이 흘러나와 코미로nasal labyrinth와 목구멍을 경유하여 목의 가장자리까지 흘러내린다. 마지막 한 방울이 떨어질 때까지 기다렸다가 데이너는 시상단면의 얼굴을 아래로 하여, 우리 시신의 하퇴lower leg(무릎 아래부터 발목 위까지를 지칭함) 위에 있던 타월에 갖다 댄다.

에이미와 거겐은 고개를 돌리며 외면하지만, 나는 '음, 상황을 잘못 판단했군. 결국에는 되돌아설 수밖에 없는데'라고 생각한다. 결국에는 내 예상대로 됐지만, 가장 먼저 되돌아선 사람은 로라다. 나는 뭔가—그게 뭐가 됐든—에 집중할 필요성을 느껴 익숙한 무늬의 회색질gray matter을 가진 뇌에 집중한다.

"혀뿌리lingual root(설근)의 위치를 아는 사람 있어요?" 데이너가 멀리서 지켜보며 묻는다.

나는 입 부근으로 시선을 돌려, 아래턱에 뿌리박은 '엄청난 버섯 모양의 물체'를 눈여겨본다. 로라는 금속 탐침을 이용하여 그 거대한 물체의 바닥을 가리킨다. 그러자 데이너가 고개를 끄덕인다.

혀의 옆모습은 욕실 거울에서 보는 것과 전혀 딴판이다. 예상보다 훨씬 더 두껍고 길다. 입의 뒷부분에 자리 잡은 둥글 넙적한 부분 외에, 거울로는 확인할 수 없는 3분의 1이 인두pharynx(목구멍의 윗부분)로 굽어 져 내려간다. 혀는 수백 개의 맛봉오리taste bud와 여덟 개의 상이한 근육으로 이루어져 있으며, 주요 뇌신경에 의해 작동한다. 미각기관으로 가장 유명한 혀는 타고난 곡예사이기도 해서, 돌리기와 접기는 기본이고 (상하좌우로) 흔들기와 탐지하기까지도 가능하다. 그러므로 씹기, 구강 세척, 말하기, 삼키기와 같은 기능들을 뒷받침하는 데 안성맞춤이다.

씹기는 데이너가 얼마 전 행한 강의실 수업에서 상당한 부분을 차지했다. 나는 강의실에 앉아 그녀가 하는 말을 하나도 빠짐없이 필기하려고 노력했지만, 그건 마치 어떤 댄스를 처음 관람하면서 안무를 기록하려고 애쓰는 것이나 마찬가지였다. 나는 마침내 펜을 내려놓고, 삼키기라는 행동을 이해하기 위한 새로운 방법('강의 듣기'와 '삼키기 실습'의 동시 패션)을 시도했다. 나는 '들으며 삼키기'와 '삼키며 듣기'를 수도 없이 반복하며 데이너가 기술하는 단계들을 모두 느끼려 노력했지만, 삼킨다는 행위를 처음부터 끝까지 완벽하게 이해할 수는 없었다.

그러나 해부학 실습 시간인 지금은 상황이 다르다. 반쪽머리라는 시각 자료가 내 눈앞에 있으므로, 나는 다양한 부분들이 합세하여 뭔가—이를테면 알약—를 삼키는 과정을 이해할 수 있다. 먼저, 혀끝이 알약을 입천장에 대고 누르며 뒤로 살살 민다. 다음으로, 혀의 뒷부분이 올라와 알약을 입의 뒷부분으로 보내는데, 그러면 신경이 자동적으로 자극을 받아 연구개soft palate(살집이 많은, 입천장의 뒷부분)를 상향 이동시킴으로써 코로 이어지는 통로를 봉쇄한다. 이제 알약과 (알약과 함께 삼킨) 물이 콧구멍을 통해 발사되는 불상사는 일어나지 않는다. 하지만 알약

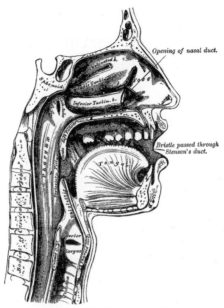

FIG. 466.—Sectional view of the nose, mouth, pharynx, etc.

코, 입, 인두 등의 종단면.

을 목구멍으로 내려 보내려면 아직 멀었다. 복잡한 전술을 수도 없이 구사해야 하기 때문이다. 반쪽머리에서 볼 수 있듯, 인두는 공기와 음식물 모두가 통과하는 공통 경로다. 그러나 혀의 깊은 만곡부 바로 아래에 위치한 후두덮개epiglottis(후두개)는 기관windpipe으로 행하는 구멍을 봉쇄함으로써 알약이 폐를 향하지 않도록 해준다. 그와 거의 동시에 후두voice box가 위로 움직이며 인두의 근육이 수축하여, 알약이 후두덮개를 지나 식도(음식물을 위장으로 보내는 근육질 관)로─꿀꺽─넘어간다.

상상 속 알약이 나의 가상적 복부hypothetical abdomen로 낙하할 즈음, 내 마음속에서 모종의 (매우 현실적이지만 예기치 않은) 변화가 일어났다. 반쪽머리에 대한 공포심이 상당히 많이 사라지는 바람에, 데이너가

"좋아요, 이제 구역반사에 대해 이야기할 때가 됐네요"라고 할 때, 대뜸 '그거 좋은 생각이네'라는 생각이 든 것이다. 그렇다고 해서 구역질 하는 모습을 상상하는 게 갑자기 유쾌해진 것은 아니다. 그러나 복강 안에서 진행될 우리의 모험에 비하면, 반쪽머리는 지방질도 없고 신중하게 포장된 것처럼 보여 깨끗하고 말쑥한 편이다. 모든 기관들이 제각기 작고 단정한 방을 하나씩 갖고 있다 보니, '저런 곳에서 어떻게 두통이 발생할 수 있을까?'라는 의구심을 품게 된다.

데이너가 다른 팀을 돕기 위해 자리를 뜬 후, 우리는 목록에 나온—나비굴sphenoid sinus(접형동)에서부터 목젖uvula과 성대vocal cord에 이르기까지—28개 항목의 해부를 모두 완료한다. 그러나 하루 일과를 마치고 귀가하기 전에, 우리는 마지막 한 가지 과제를 남겨놓고 있다. 그것은 반쪽머리를 용기에 다시 집어넣는 것이다. 마수드와 다른 학생들이 도구를 청소하고 시신을 다시 감싸는 일을 하겠다고 나서는 동안, 내가 그 일을 맡겠다고 제안한다.

나는 표본을 두 손으로 가만히 들어올리려다 생각보다 무거워 깜짝 놀란다. 전형적인 사람의 머리 무게는 대략 5.5킬로그램인데, 이건 9킬로그램짜리 덤벨에 가까운 느낌이 든다. 반쪽머리를 보호하기 위해 거즈로 감싸야 하지만, 그에 앞서서 얼굴을 마주보기 위해 방향을 바꾼다. 꼭 감긴 눈 위에는 하얀색 눈썹이 무성하다. 만약 완전한 형태를 갖추고 있었다면, 인상적인 코의 소유자였을 거라는 확신이 든다. 내 생각에, 이 사람은 경외감이 충만했던 사람(예를 들면 사상가이자 몽상가)이었을 것 같다. 주름 잡힌 피부로 보건대, 사망 당시 여든 살쯤이었을 것으로 추측된다. 멋진 삶을 살았는지 여부는 알 수 없다. 범죄자였을 수도 있고 의사였을 수도 있고, 어쩌면 범죄를 저지른 의사였을 수도 있다.

사실, 그건 영원한 미스터리로 남을 것이다. 중요한 건 단 하나, 그가 자신의 몸을 기증함으로써 다른 사람들로 하여금 해부학을 배울 수 있게 해줬다는 사실이다.

나는 서둘러 거즈로 덮은 다음, 머리를 방부액 속에 조심스레 담근다. 그리고 뚜껑을 눌러 닫으려니 중저음 소리가 난다.

# 5

———

두 명의 헨리는 의학교에 다니는 동안 성 조지 병원에서 수여하는 우등
상을 거의 모두 휩쓸었다. 예컨대 1850년, 카터는 식물학상—이는 식물
학 과목에서 1등을 차지했음을 의미한다—을 받았고, 세 가지 다른 과
목에서 우수상을 받았다. 세 과목 중에 해부학이 포함되어 있었던 건 당
연하다. 성 조지 병원에서는 겨울 학기 개강식 때 우등상을 수여했다.

1850년 10월의 일기에서, 카터는 시상식에 참석해야 한다는 사실
을 달갑지 않게 여기는 것 같았다. 3년 연속 우등상을 받은 데다 새학기
가 시작되기도 전에 이미 연구에 몰입하고 있었기 때문이다. 그레이와
협업(닭 배아의 발생에 관한 연구로 숱한 부화가 수반되었다)을 막 시작한 터였
고, 자신의 독자적인 연구를 수행하는 데도 바빴다. 사실, 시상식에 참
석한다는 것은 '키너턴 스트리트에서의 매혹적인 해부'를 제쳐놓은 채
멋진 정장을 차려입고 성 조지 병원으로 터덜터덜 걸어간다는 것을 의
미했다. 그럼에도 불구하고, 카터는 시상식을 주재한 벤저민 브로디의

폐회사가 감명 깊었노라고 적었다. 그는 널리 존경받는 의사의 폐회사에 대해 "야망을 고취했다"고 적으며 "경각심을 느꼈다"는 아리송한 말을 덧붙였다.

브로디가 무슨 말을 했기에 열아홉 살짜리 청년이 경각심을 느꼈는지 궁금해, 나는 UCSF 도서관의 특별장서실을 다시 한 번 방문한다. 그곳에는 《벤저민 콜린스 브로디 전집The Works of Sir Benjamin Collins Brodie》 초판이 소장되어 있는데, 그 책은 1865년에 출판된 세 권짜리 희귀본이다. 나는 그 책에 브로디가 오래전 행한 연설 중 일부가 수록되어 있을 거라 기대한다.

열람실에 도착하니, 휘트 씨는 내가 신청한 책을 이미 인출하여 깨끗한 흰 장갑 한 켤레와 함께 널따란 열람대 위에 대령해놓았다. 늘 그렇듯, 나는 특별장서실 열람대를 독차지한다. 나는 두꺼운 책—무려 1,800페이지에 달한다—을 뒤지느라 몇 시간 동안 고생할 것을 각오해야 하지만, I권의 표지를 넘겨 차례를 읽자마자 내가 바라던 것과 완벽히 일치하는 항목을 발견한다. 심지어 그 제목이 "성 조지 병원의 학생들에게 행한 시상식 연설"이어서 웬만해서는 그냥 지나치기 어렵다.

"와우!" 나는 마음속으로 한껏 쾌재를 부른다. 컴퓨터 키보드를 두드리던 휘트 씨는 나를 향해 미소를 발사한다.

532페이지를 펼치는 순간, 나는 거의 사이코메트리psychometry(어떤 사물을 만지기만 해도 그 정보를 읽어내는 능력)를 발휘하는 능력자가 된다. 브로디의 연설문을 읽기 시작하자마자 모든 장면이 생중계하듯 펼쳐졌다. 강당에 청중이 운집해 있는 가운데 무대에는 카터와 동료 수상자들이 앉아 있다. 연단에서는 브로디 박사가 이카보드 크레인*의 얼굴을 한 채 무성한 백발의 웨이브를 과시하고 있다. 그는 학생들에게 이렇게

벤저민 브로디 경.

말한다. "첫째, 앞으로 몇 년 동안 제군들의 인생에서 가장 중요하고 결정적인 시기가 펼쳐진다는 점을 명심하시오. 이제 여러분은 미래의 인격―아니 생존―을 좌우하는 지식의 토대를 쌓게 될 것이오. 그 세월을 낭비하면, 여러분은 손실을 보충할 수 없게 될 것이오. 남은 인생 내내 '소용없는 후회'가 뇌리에서 떠나지 않을 것이오."

바로 이거였다, 카터로 하여금 "경감심을 느꼈다"고 쓰게 만든 브로디의 연설은.

그러나 이윽고 브로디의 어조는 누그러진다. "앞으로 수강할 과목과 해부실·병원에서 할 일 등에 대한 조언은 여러분의 담임선생님들에게 맡기겠소." 그러나 그는 한 가지 현명한 생각을 덧붙였으니, 모든 강의와 사례를 명확하고 꼼꼼하게 메모하는 습관을 들이라는 것이었다.

---

◆   W. 어빙의 단편소설 〈슬리피 할로의 전설〉에 등장하는 초등학교 교사. 미신을 지나치게 믿으며 익살맞은 캐릭터다.

"하루 종일 메모해놓은 내용은 그날 저녁에 정서精書하여, 미래에 사용할 수 있도록 보관해야 하오. 그것은 나중에 가장 훌륭한—책을 훨씬 능가하는—참고서가 될 것이오." (여기서 '나중에'란 의학교를 졸업한 이후를 의미한다.) 브로디 박사는 실천을 매우 중시했으므로, 자신이 담당하는 과목의 우등상을 "임상 사례를 가장 잘 메모한 학생"에게 수여했다.

나의 사견이지만, 필법筆法으로만 판단할 때 카터는 그런 특별한 영예를 차지할 기회를 얻지 못했을 것이다. 그럼에도 불구하고, 나는 노트 필기상이라는 아이디어를 매우 매력적이라고 여긴다. 만약 UCSF가 그런 상을 수여한다면, 수상자는 단연코 밍이 될 것임을 믿어 의심치 않는다. 그녀는 내가 지난 2개월 동안 눈여겨봐온 약대생이다. 그녀의 노트는 내 노트를 초라하게 만드는데, 한눈에 봐도 스타일이 전혀 다르다는 점을 인정하지 않을 수 없다. 실습실에서 원포인트 레슨이 진행되는 동안, 나는 녹색 수술복 주머니에 들어가는 조그만 메모장에 '글자'와 '어구'를 급히 끄적일 뿐이다. 그에 반해 밍은 모눈종이 위에 깨알 같은 정자체로 '문장'을 적는다. 그녀는 (내가 중학교 이후 처음 보는) 4색 빅펜—혈관은 빨간색, 신경은 까만색, 근육은 녹색, 기관은 파란색으로—을 이용하여, 눈 깜박할 사이에 색깔을 바꿔가며 강의 내용을 받아 적는 신공을 발휘한다.

사실 밍과 내가 첫 번째 실습 시간에 유대 관계를 맺을 수 있었던 건, 노트 필기라는 화제 때문이었다. 나는 우연히 그녀의 옆에 섰다가 그녀의 현란한 노트 필기 장면을 목격했다.

"노트가 아름답군요." 나는 그녀가 색깔을 바꾸려 잠시 멈추는 사이에 진심으로 말했다.

"아, 이건 초벌 필기예요." 그녀는 이렇게 대꾸했는데, 겸손함을 가장하는 듯한 기미는 눈곱만큼도 보이지 않았다. 그녀에 따르면 귀가 후 제대로 필기할 예정인데, 구체적으로 강의 노트와 실습 노트를 결합한 후 교과서에 나오는 토막 정보를 보충한다고 했다. 그런 다음 낱장을 3공 바인더에 끼우고 주제별로 컬러 코드를 부여하면 완성! 그게 지금의 나에게 일종의 강박관념이 되었다.

그 일이 있은 후, 나는 주기적으로 그녀의 해부대를 방문하여 알은 체를 했다. 밍은 별난 성격만큼이나 별난 스타일 감각이 있었다. 보헤미안 스타일의 세련됨과 도쿄팝Tokyo pop의 만남이라고나 할까? 그녀는 인근의 하이트 스트리트Haight Street에서 빈티지 패션 사냥을 즐겼다. 그러나 일단 실습실에 들어오면 지나치게 커다란 고글, 고무장갑, 길고 헐거운 1회용 스목(작업복)을 착용하여, 마치 영화 〈아웃브레이크Outbreak〉에 나오는 주인공 같았다. 그녀는 노트 필기를 천직으로 여기는 듯, 헬로키티 클립보드를 마치 방패처럼 가슴에 안고 다녔다. 그러다 보니 정작 해부에 참가할 시간은 없었는데, 나중에 알게 된 사실이지만 그녀는 그런 애로 사항을 전혀 개의치 않았다. 엄청난 양의 노트 필기는—고의든 아니든—일종의 회피 전략이었던 것이다.

나는 간혹 실습실 반대편에 서 있는 밍을 발견하곤 했다. 그녀는 팀에서 너무 멀리 떨어져 있었으므로, 나는 그녀에게 다가가 등을 살짝 떠밀고 싶은 충동을 느꼈다. 그녀가 내게 떠밀려 팀에 가담할 때면, 나는 그녀에게서 진정한 동료애를 느꼈다. 어느 날 오후 늦게 대부분의 학생들이 실습실을 떠난 후, 나는 밍을 끌어와 우리 팀의 시신을 들여다보게 했다. 나는 그녀에게 목의 혈관을 함께 검토해보자고 제안했다. 그녀는 어느 순간 너무 몰입한 나머지 클립보드를 내려놓고 무심히 자신이 애지중지하는 볼펜으로 (우리가 살펴보고 있던) 동맥을 쿡 찔렀다.

"어머나, 내가 이런 허튼짓을 했다는 게 믿어지지 않아요!" 그녀는 겸연쩍게 웃으며 스목에 볼펜을 문질렀다. 그런 다음 무슨 생각을 했는지 싱크로 가서 볼펜을 씻었다. 그러고는 해부대로 돌아와, 약간 과장된 몸짓으로 금속제 탐침을 집어 들어 나와 함께 혈관 검토를 계속했다. 그다음 주 나를 만났을 땐 자기 혼자서 해부를 해냈다고 자랑스레 말했다.

여러 주가 지난 후, 그러니까 내가 도서관을 방문하기 전날이었다. 나는 실습실에 올라가던 도중 밍에게 달려갔다. 기말시험을 앞두고 마지막 실습이었으므로, 그동안 실습실에서 보낸 시간을 어떻게 생각하느냐고 묻는 건 자연스러워 보였다.

피곤한 기색이 그녀의 얼굴을 스쳤다. "음, 처음에는 많이 힘들었어요."

나는 그런 대답이 나올 줄 알았다.

내가 '월그린스와 같은 약국 체인에서 일할 계획인가 보군'이라고 추측하는 동안, 그녀는 뜻밖에도 한 병원에서 임상 약사로 일하고 싶다는 심정을 피력했다. 그녀는 자신이 그런 쪽에 적합한지 확신하지 못했었다고 실토했다. "이상하게 들릴지도 몰라요. 그러나 빌, 나는 시신을 앞에 놓고 일하면서 환자와 함께 일하는 것에 대한 부담감이 해소되었어요." 내가 납득하지 못할 거라고 지레짐작한 듯, 그녀는 엷은 미소를 지었다. 그러고는 단호한 표정으로 "나는 잘할 수 있을 거라 믿어요"라고 말했다.

"나도 그렇게 믿어요."

내가 마지막 실습에 참가한 주목적은 내가 아는 학생들에게 작별 인사를 하는 것이었다. 왜냐하면 나는 청강생이어서 기말시험을 치르지 않기 때문이었다. 그런데 다들 실습실에 나타나지 않아, 마수드와 로라 외에는 못 만났다. 해부를 하지 않고 총정리를 하는 시간이어서 참석하지 않아도 무방한 데다 때마침 날씨가 아름다운 오후여서 많은 학생들이 불참하는 쪽을 선택했던 것이다. 나는 (세 개의 소그룹 사이를 종횡무진 누비는) 데이너와 섹스턴에게 손을 흔든 다음—우리는 나중에 다시 만날 예정이었다—가방을 챙기기 위해 창턱으로 갔다. 몇 발자국 떨어진 곳에서 딜론이 (내가 모르는) 두 명의 학생들을 감독하고 있었다. "거기서 뭐해요?"라고 내가 물었다.

학생 한 명이 설명하기를, 자기들은 의대 3학년생이고 수술 기법을 연습하고 있다고 했다. "머리에 메스를 대는 것에 대한 중압감을 떨쳐버리기 위해 노력하고 있어요." 그는 이렇게 말하며 오만상을 찌푸렸다. 내가 서 있는 자리에서 보기에, 그는 성공한 것 같지 않았다. 다른 한 명은 덩치 큰 시신의 가슴에 전기톱을 들이댄 채 복장뼈를 겨냥하고 있었다. 그는 톱에 시선을 집중하고 바짝 긴장해 있었다. 아무래도 말을 걸면 안 될 듯싶어 패스했다.

실습실 맨 끝에서, 나는 또 한 무리의 흥미로운 사람들과 마주쳤다. 외출복 차림을 한 일곱 사람이 반원형 의자에 앉아 무릎 위에 스케치북을 올려놓고 있었다. 그들은 캘리포니아 미술연구소에서 온 이들로, 인체 그리기 강좌의 일환으로 사사분기마다 한 번씩 이곳에 들른다고 했다. 그들 앞에 놓인 테이블에는 시신이 아니라, 전문적으로 해부된 표본—이것을 프로섹션prosection(해부학적 구조를 나타내기 위해 주의 깊게 해부된 표본)이라고 부른다—들이 진열되어 있었다. 그들은 팔과 다리, 상반신과 머리, 노출된 근육과 혈관 정물화를 그리고 있었다.

"돌출부bump◆ 밑에 숨어 있는 조직을 살펴보면, 인체를 그리는 데 많은 도움이 된답니다"라고 한 젊은 여자가 진지하게 말했다.

나는 '돌출부'라는 말에 흥미가 동했다. 그도 그럴 것이, 나는 원래 그런 걸 좋아하기 때문이다. 나는 가장 가까이 있는 학생에게, 스케치한 것을 봐도 되는지 물었다. 그는 멀대 같은 키에 창백한 피부를 가진 걸로 보아, 비디오게임에 엄청난 시간을 투자하는 것처럼 보였다. (아니나 다를까, 그는 비디오게임 디자이너가 되기 위해 학교에서 캐릭터 모델링을 공부하고 있다고 했다.) 그가 스케치북 몇 장을 넘기는 동안, 나는 그림을 유심히 살펴봤다. 솜씨는 제법 훌륭하지만 H. V. 카터에 비할 바는 아니었다. 그러나 그의 그림에는, 뭐랄까 나름의 관점이 있었다. 예컨대 한 그림에서, 그는 개별적인 신체 부위들을 모두 재조립하여 하나의 완전한 해부학적 형태를 구성했다.

나는 그에게 찬사를 보냈지만, 그는 고개를 들고 머리를 절레절레 흔들며 애절한 눈빛으로 이렇게 말했다. "동물원에서 그림 그리는 게 훨씬 더 쉬웠어요."

미술학도들의 방문을 감독하는 UCSF의 직원은 앤디라는 여자였다. 종전에 여러 번 본 적이 있지만 이야기를 나눈 것은 그때가 처음이었다. 그녀는 실습용 시신과 비품을 주문하는 것에서부터 수업 스케줄 짜기와 실습실 청소에 이르기까지 모든 일을 자기가 담당한다고 설명했다. 바로 그때 실습실 벽에 걸린 전화기에서 벨이 울리기 시작했다. "오, 나는 전화 응대도 해야 해요." 그녀는 이렇게 말하며 전화기가 있는 쪽으로 달려갔다.

앤디는 1분 후 돌아왔고, 나는 그녀에게 데이너의 수업을 듣고 해부학에 대해 상상했던 것 이상으로 많은 것을 배웠다고 말했다. "해부

---

◆  돌출부에 대한 자세한 설명은 이 책 6장 참조.

학 실습을 그리워할 거예요." 나는 이렇게 고백했다.

앤디는 고개를 끄덕였다. 내 말이 뭘 의미하는지 정확히 안다는 듯, 작고 두꺼운 무테안경 뒤에서 그녀의 눈동자가 반짝였다.

실습실을 떠나기 전, 나는 문틀을 움켜쥔 상태로 몸을 비틀어 실습실을 마지막으로 휘둘러봤다. 눈부신 전등빛, 잘 닦인 리놀륨, 지독한 포름알데히드 냄새 때문에 그런지 도서관보다는 실습실—인체를 해부할 뿐만 아니라, '해부학적 발견'의 정신이 보존되어 있는 곳—에 더 가까워 보였다. 그리고 맨 뒷구석에, 까만 코트 차림의 왜소한 남자가 서 있는 것을 쉽게 상상할 수 있었다. 헨리 그레이! 그는 늘 그곳에서 묵묵히 해부에 열중하고 있었다.

파내서스 스트리트를 건너 특별 소장품실로 들어가《벤저민 콜린스 브로디 전집》I권을 다시 펼치니, 브로디 박사는 자신의 연설을 마무리하고 있다. 그는 H. V. 카터와 동료 수상자들에게 이렇게 말한다. "치열한 경쟁을 뚫고 매년 다른 강사들이 수여하는 우등상을 차지하게 된 제군들에게, 나는 진심으로 축하한다는 말을 하고 싶소. 우등상은 여러분 자신을 위한 것이기도 하지만, 다른 학생들을 위한 것이기도 하오. 왜냐하면 본보기만큼 좋은 교훈은 없기 때문이오. 여러분 중에서 동급생들에게 귀감이 되지 않은 사람은 단 한 명도 없을 것이오."

이 대목에서, 나는 성 조지 병원 강당에서 우레와 같이 터져나오는 발수갈채를 상상한다.

브로디 박사는 다시 잠잠해지기를 기다린다. 그런 다음 (수 세기를 거쳐 내게 전해지는) 매우 낭랑하고 지혜로운 음성으로 이렇게 당부한다. "평생 동안 외길을 걸으며, 의사가 되더라도 배우는 학생의 자세를 잊

지 마시오. 지식에는 끝이 없으므로, 가장 경험이 풍부한 사람이라도 아
직 배울 게 많다는 점을 깨닫게 될 것이오."

# 6

———

그로부터 12일 후, 나는 해부학 실습실을 다시 방문한다. 오늘은 두 번째 강좌의 첫 날—즉 새로운 해부학 강좌의 첫 번째 실습 시간—인데, 전 강좌와 판이하게 다르다. 1교시(오전 9시 정각에 시작됨), 강사(데이너, 딜론, 섹스턴은 더 이상 존재하지 않음), 수강생의 수(겨우 26명임), 심지어 학생들의 모습과 태도가 현저하게 다르다. 다들 체격이 건장하고, 주저하는 기색이 전혀 없고, 인체 구조에 집중하는 품이 영락없는 물리치료학 전공자들이다. 그러나 무엇보다도 가장 두드러지는 점은 실습용 시신이 매우 신선하다(사후 6개월)는 것이다. 사실, '사후 6개월'이라면 의과대학용 시신 중에서 가장 신선하므로, 향후 수업을 진행하는 데 이상적이다. 강좌의 핵심은 신경근해부학neuromuscular anatomy이다. '신체는 어떻게 움직이는가'와 '감각—특히 통증—은 어떻게 전달되고 느껴지는가'에 초점을 맞춘다. 나는 강좌를 총괄하는 킴 토프Kim Topp 박사의 허락을 받아, 세 시간짜리 실습과 (일주일에 세 번 진행되는) 한 시간짜리 강의에 참석하게 된다. 토프 박사에게 나를 추천한 사람은 데이너였다.

이번 수업은 첫 번째 실습 시간일 뿐만 아니라 UCSF 물리치료학 석사과정의 첫 번째 수업이므로, 학생들이 낯설어하는 시간임에 틀림없다. 그럼에도 불구하고 내가 그들과 확연히 구별되는 건 초록색 수술복을 입었기 때문이다. 토프 박사는 물리치료학과 학생들에게 흰색 실습복을 입으라고 요구하는데, 그 때문에 그들은 (약대생들보다도 더) 초보 약사에 가까워 보인다. 이따금씩 다른 실습복을 의무적으로 착용해야 하는데, 내가 알기로 시신 연구와 (학생들 자신을 대상으로 한) 생체 연구를 병행할 때는 남녀를 불문하고 수영복을 입어야 한다.

"이제 시작인가요?" 나와 같은 팀에 소속된 네 명 중 한 명인 크리스틴이 나지막하게 말한다.

수강생들은 몇 분 동안 할당된 해부대 주위에 둘러서서 토프 박사의 지시 사항을 기다린다. 그녀가 실습실 주변을 천천히 한 바퀴 도는 동안, 아무도 선뜻 나서려 하지 않는다.

1분이 더 흐른 뒤에야, 나는 토프 박사가 수강생 전원에게 보내는 메시지를 이해한다. '강의계획서를 미리 읽었을 테니, 지금 즉시 실습을 시작하라'는 거였다. "맞아요, 그런 것 같군요." 나는 크리스틴에게 속삭이듯 응답한다. "여길 봐요. 메스에 날을 장착하는 방법을 알려줄 테니."

우리 팀의 다른 구성원들은 켈리, 샤이엔, 그리고 몇 안 되는 남학생 중 한 명인 샘이다. 그리고 여섯 번째 구성원은 예순두 살짜리 여성인데, 실습실의 측벽에 게시된 '사인 목록'에 따르면 뇌졸중으로 사망했다. 그녀의 몸에 있는 흉터는 목과 안쪽 허벅지에 난 조그만 자상cuts

이 전부다. 장의사가 그 구멍들을 통해 주요 혈관에 방부액을 주입함으로써 순환계를 마지막으로 공회전시켰다. 시신은 지난 6개월 동안 방부제의 힘을 빌려 암흑 속에서 보존되다가 오늘 아침 마침내 광명을 되찾았다.

시신의 피부는 촉촉하고 탄력 있게 느껴지며, 싸늘함에도 불구하고 습윤 용액(믿기 힘들겠지만, 그 주성분은 섬유유연제인 다우니Downy와 똑같다) 덕분에 놀라우리만치 생생하다. 맑은 액체에 흠뻑 젖어 있는 시신은 마치 비닐 땀복 속에서 땀을 엄청 흘린 사람처럼 보인다. 냄새 하나만으로 볼 때 방부액이 지나치게 많았던 것으로 판단되지만, 풍기는 냄새가 —한때 그랬던 것과 달리—역겹지는 않다. 시신이 해체되고 있다는 기미는 전혀 감지되지 않는다.

머리는 거즈로 감싸인 채 투명한 비닐에 덮여 있다. 사지도 마찬가지이지만, 발목과 팔목이 결박되어 있다는 점이 특이하다. 크리스틴은 발목과 팔목의 노끈을 끊고, 나와 합세하여 두 팔을 각각 좌우로 잡아당긴다. "좋아, 이제 형편이 한결 나아졌군." 크리스틴은 이렇게 중얼거리는데, 나는 그녀에게 백 퍼센트 공감한다. 손발이 결박된 시신은 '몸값이 너무 늦게 지불된 납치 사건'의 희생자처럼 보였기 때문이다.

켈리는 어디선가 정사각형 모양의 두꺼운 거즈를 가져와 짐짓 진지하게 시신의 생식기를 덮는다. 샘이 실습지침서를 큰 소리로 읽기 시작한다. 이번 주 주요 과제는 상체의 근육을 연구하는 것이지만, 우리는 그에 앞서서 상반신의 피부와 피하지방을 벗겨내야 한다. 1단계 미션, 흉부의 피부를 제거하라!

선두주자로 나선 크리스틴은 시신의 오른편에 자리를 잡고, 복장뼈의 꼭대기에서부터 견봉돌기acromion process(어깨뼈scapula와 빗장뼈와 만나는 작은 돌출부)까지 가로로 절개한다. (이 책 5장에서 미술학도들이 말한 인체의 '돌출부'—이것을 전문용어로 돌기process라고 부른다—들은 제각기 고유한 이름을 갖고 있다. 견봉돌기는 수많은 돌기들 중 하나다.) 크리스틴이 한마디 말도 없이 메스를 샘에게 넘겨주고, 샘은 시신의 왼쪽에서 그녀와 정반대 방향으로 가로로 절개한다. 샘이 메스를 되돌려주자 크리스틴은 흉부에서부터 배꼽까지 정중앙선을 따라 수직으로 메스를 긋고, 샤이엔은 바통을 이어받아 배꼽에서부터 복부의 오른쪽 외각까지 절개한다. 그다음은 내 차례인데, 이건 나에게 중요한 이정표다. 왜냐하면 난생처음 사람의 몸에 칼을 대는 순간이기 때문이다.

그레이와 카터가 힘을 합쳐 《그레이 아나토미》 집필을 위해 수행한 해부 과정을 제대로 실감하고 싶었다. 며칠전 나는 토프 박사에게 "청강생으로서 구경만 할 게 아니라 해부학 실습에 참가해도 될까요?"라고 물었다. "음, 그러면 첫 경험이 되겠네요?" 그녀는 온화한 미소로 화답하며, "많은 학생들이 나에게 정반대의 요청을 하곤 해요. 해부학 실습을 면제해달라고 말이에요"라고 덧붙였다. 그녀는 대환영이라면서 "물리치료를 전공하는 학생들은 해부 기술에 따라 평점을 받으니까 당신 때문에 실습을 망치면 큰일이에요"라고 지적했다. 나는 학생들의 GPA를 갉아먹는 민폐를 끼치지 않겠노라고 굳게 맹세했다.

날 끝은 피부를 쉽게 파고들어가 시신의 복부를 가로지르는 동안 전혀 저항을 받지 않는다. 이건 뭐랄까, 마치 부드러운 가죽 조각을 써는 듯한 느낌이다. 너무 깊이 들어가 그 밑의 근육에 손상을 입힐지 모른다는 공포감이 밀려들지만, 나는 신중하게 편지지 한 장의 넓이와 두께만큼만 절개한다. 그와 동시에 복부에 그어진 선을 벗어나지 않으려고 노력한다. 이제 겨우 9시 10분이지만 크리스틴, 켈리, 샤이엔, 샘, 그

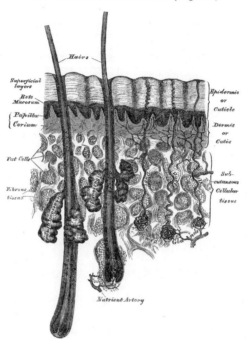

274.—A Sectional View of the Skin (magnified).

피부의 종단면도(확대됨).

리고 나는 이미 한 팀으로 똘똘 뭉쳤다.

　　이중 출입구 형태의 절개를 시행했으니, 이제 그 문을 열어 피부를 제거해야 한다. 우리는 두 명씩 짝을 지어 시신 좌우에 바짝 붙어 섰다. 한 명이 한쪽 모서리를 집게로 집어 들어올리는 동안, 다른 한 명은 그 밑의 근막fascia(연결조직)을 메스로 잘라낸다. 그 일을 깔끔하게 처리하기 위해서는 느리고 품이 많이 든다. 내 노하우를 공개하자면, 메스를 사용할 때는 '부드러운 비질' 동작이 최선이다. 마치 작은 낫을 휘두르는 것처럼 말이다. 또 한 가지 노하우는 실습지침서에서 무료로 제공받은 것인데, "피부를 몇 인치 접어 올린 다음, 열쇠 구멍—문자 그대로 열쇠 구멍을 의미한다──을 내고 손가락을 하나 끼우는 것"이다. 집게로 집는 것보다 손가락을 갈고리처럼 끼우는 게 훨씬 더 효과적이기 때문이다. 이때 잊히지 않는 것은 피부가 당겨지는 소리다. 선반에 달라붙은 오래된 투명 시트지를 뜯어낼 때 나는 소리를 연상시킨다. 피부가 벗겨지고 나면, 상반신에 남아 있는 것은 몽글몽글한 황갈색 지방막이다. 그것은 주걱으로 퍼 올려지지 않으므로, 메스로 자르거나 핀셋을 이용해 뽑아내야 한다. 우리는 지방과 함께 시신의 유방조직을 신중하게 제거한다.

물리치료학과 학생들의 실습실 분위기는 종종 쾌활하고 부산스러운 약대생들과 사뭇 다르다. 여기에는 잡담이나 웃음이 없다. 만약 비위가 약한 사람이 있다면, 그냥 마음속에 담아두는 게 상책이다. 그러나 여기저기서 훌쩍거리는 소리가 들리는가 하면 내가 속한 팀에서는 구성원 모두가──마치 사라 맥라클란Sarah McLachlan 노래를 무한 반복으로 듣기라도 하듯──눈물을 글썽인다. 이건 포름알데히드에 대한 고전적 반응이며, 시신에 가까이 있을수록 상황은 더욱 심각해진다.

상반신 앞면에서 피부와 지방이 제거되고 나니, 목에서부터 허리까지 근육이 노출된다. 이제 우리가 할 일은, 뒷면에서도 동일한 작업을 반복하는 것이다. 시신 자체의 무게가 족히 80킬로그램인 데다 미끄럽고 질척거리는 방부액 때문에 다루기가 쉽지 않다. 시신을 뒤집으려면 다섯 명이 모두 가담해야 한다. 거즈에 싸인 코가 뭉개지지 않도록, 우리는 이마에 나무판을 댄다.

우리는 이미 피부 벗겨내기 기법을 터득했지만, 상반신의 뒷면은 앞면보다 난이도가 더 높다. 왜냐하면 피하지방이 적은 데다 피부와 등 근육이 단단히 뒤얽혀 있기 때문이다. 그래서 피부는 '판판이'가 아니라 '조각조각' 벗겨진다. 그러나 90분에 걸친 사투 끝에 시신의 인상적인 '근육 조끼'를 드러내고 나니, 이제 우리가 할 일은 해부대를 깨끗이 청소하는 것밖에 없는 것 같다. 하지만 다소 언짢은 의문이 새로 제기된다. 켈리가 종이 수건 위에 잔뜩 쌓인 피부 조각들을 가리키며, "이 모든 피부들을 다 어떻게 처리해야 하죠?"라고 직설적으로 말한다.

간단한 해결책은 버리는 것인데, 나는 약대생 중 한 명(에도라는 청년)이 그런 일을 얼마나 곤혹스러워했는지 상기하지 않을 수 없다. 첫 번째 강좌 때 두 번째 실습이 끝난 후 에도는 나와 함께 건물을 나섰는데, 멘탈이 붕괴되어 있었다. "우리는 인체의 일부를 내던지고 있어요." 그가 말했다. "쓰레기통으로 말이에요." 그는 자기가 그런 일에 가담했다는 데 충격을 받은 것 같았다. "그렇게 하는 건 잘못이라는 느낌이 들어요. 우리도 언젠가 그런 일을 당할 거예요." 나는 그의 심정을 충분히 이해했다. 그러나 내가 그에게 말했듯, 우리는 그런 일을 다른 관점에서 바라볼 수도 있다. 즉 우리는 의도된 목적(학습)을 위해 사용함으로써 시신을 존중하는 것이며, 그 과정에서 나온 부산물과 유해를 적절히 처리하는 것은 의례ritual의 일부라고 할 수 있다.

나는 실습실 곳곳에 놓여 있는 빨간색 의료폐기물 용기를 가리키며 켈리에게 말한다. "우리는 모든 것들—피부, 지방을 비롯해 시신에서 나온 그 밖의 모든 부산물—을 저기에 집어넣잖아요." 의료폐기물은 당분간 보관되었다가 나중에 시신과 함께 화장된다. 매 학년 말이 되면, 학교에서는 시신을 제공한 분들에게 경의를 표하는 뜻에서 기념 행사를 거행한다.

켈리는 생각에 잠겨 고개를 끄덕인다. "내가 그 일을 맡을게요." 그녀를 제외한 팀원들이 남은 허드렛일을 분담하여 처리하고 나자, 곧 정오가 되어 첫 번째 실습이 종료된다.

물리치료학과는 규모가 워낙 작아, 나는 다음 날 아침 시작된 두 번째 실습 시간에 모든 학생들과 상견례를 마칠 수 있었다. 그들이 물리치료학 석사PT degree를 취득한 후 다양한 전문 분야로 진출할 것을 고려하고 있다는 점에 적이 놀랐다. 샘을 포함한 몇 명은 스포츠의학으로 진출하여, '경력을 위협하는 부상'에서 회복하는 운동선수들을 도와준다는 계획을 갖고 있다. 샤이엔을 포함한 몇 명은 장기적이고 점진적인 재활 치료를 요하는 사람들──이를테면 뇌졸중이나 척수손상 환자──을 위해 일하는 데 관심을 갖고 있다. 켈리를 포함한 몇 명은 수술 후 물리치료postsurgical PT를 전공하여, 유방절제술 등의 수술을 받은 환자(조직 및 근육 손실로 인해 기본적인 운동을 다시 배워야 하는 환자)들을 도와줄 계획이다. 한 여학생은 소아과 환자들을 위해 일하고 싶어 하며, 또 한 명의 여학생은 노인들을 위해 일하고 싶어 한다.

어떤 분야를 선택하든, 그들의 공통점은 '장차 근육과 관련된 일에 종사한다'는 것이다. 인체에는 약 650개의 근육이 있는데, 우리가 오늘 확인해야 하는 것은 겨우 15개다. 실습 대상은 등과 어깨의 주요 근육이다. 언뜻 들으면 빠르고 간단할 것 같지만 실상은 그렇지 않다. 문제를 까다롭게 만드는 것은 인체의 실제 근육 구조가 해부학 도감에 나오는 것과 크게 다르다는 점이다. 다시 말해서, 해부학 도감에는 각각의 근육들이 고맙게도 명암과 질감으로 구분되어 있다. 그러나 인체에서는 개별 근육들이 서로 가까이 위치하거나 감싸고 있는 경우가 많아, 하나의 근육이 끝나고 다른 근육이 시작되는 위치를 분간하기가 어렵다. 각각의 근육들을 확인하기 위해, 우리는 근육들 간의 이음새──이것을 근막면fascial plane이라고 부른다──를 찾아낸 다음 손가락으로 분리해야 한다.

우리 팀은 다른 팀들보다 운이 좋은 편이다. 왜냐하면 우리의 시신
은 뚜렷한 등세모근trapezius(승모근)◆을 갖고 있기 때문이다. 등세모근이
매우 크고 잘 발달되어 있어, 우리 다섯은 이 사람의 생업이 무엇이었을
지 궁금증을 품는다.

"아마 간호사였을 것 같아요." 크리스틴이 제안한다. "알다시피, 환
자들을 들어올려야 하잖아요."

"아니에요. 난 트럭 기사였을 것 같아요." 샤이엔이 파고Fargo 억양
으로 중얼거린다.

"맞아요, 트럭 기사였을 거예요." 켈리가 맞장구를 친다. "사인이
뇌졸중이라는 게 그걸 증명해요. 트럭 기사들은 패스트푸드를 너무 많
이 먹거든요." 모든 팀원들이 고개를 끄덕이지만, 나는 아무도 '물리치
료사'를 언급하지 않는다는 걸 의아하게 여기고 있다.

우리는 등세모근을 나침반 삼아(등세모근이 뒤통수뼈occipital bone에
부착된 부분이 북쪽이다) 방향을 잡을 수 있다. 우리는 동쪽과 서쪽에서 어
깨세모근deltoid muscle(삼각근)을 단박에 발견하는데, 위치로 보나 모양
으로 보나 양쪽 어깨 위에 늘어뜨려진 견장을 연상케 한다. 어깨세모
근 속에는 네 개의 회전근rotator cuff muscle이 있고, 바로 안쪽에 크고 작
은 마름모근rhomboideus muscle이 있다(이름이 이렇게 붙은 이유는 모양이 마
름모꼴이기 때문이다). 나는 이러한 근육 명칭들을 수년 전부터 알고 있지
만, 정식 용어가 아니라 체육관에서 사용하는 약식 용어—예컨대 어깨
세모근은 델츠delts, 등세모근은 트랩스traps—로 알고 있다. 내 사견이지

---

◆　목 꼭대기에서부터 등 한복판까지와, 양쪽 어깨 사이에 자리 잡은 다이아몬드 형태의 근육.

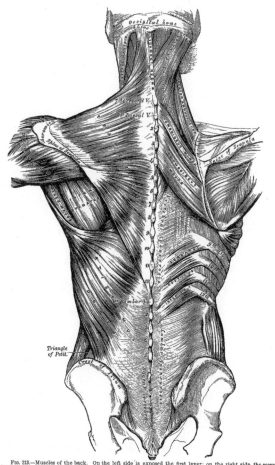

FIG. 213.—Muscles of the back.  On the left side is exposed the first layer; on the right side, the second layer and part of the third.

등의 근육들.
왼쪽은 첫 번째 층이 노출되었고,
오른쪽은 두 번째 층 전부와 세 번째 층의 일부가 노출되었다.

만, 우리는 실물로 보는 근육들을 존중할 필요가 있다. 예컨대 넓은등근 latissimus dorsi(광배근)♦을 라츠lats라고 부르는 것은 올바르지 않은 듯하다. (보디빌더들에게 독특한 삼각형 실루엣을 제공하는 것은 바로 이 근육—사실은 단일 근육—이다.) 명색이 해부학 실습실인 만큼, 여기서는 넓은등근을 완전한 공식 명칭으로 부르는 게 도리라고 생각한다.

　　등의 근육조직은 네 개의 층으로 이루어져 있다. 우리는 시신의 좌반신을 그대로 놔둔 채 우반신을 신중하게 해부하여 '중간 근육층'을 노출시키고, 다시 그 일부를 해부하여 '깊은 근육층'을 노출시킨다. 그리하여 우리는 한 시간 이내에 인체의 핵심에 도달한다. 그것은 척주 양쪽의 홈에 자리 잡은 기다란 수직 근육—이름하여 척주세움근erector spinae muscle(척주기립근)이다. 척주세움근은 핵심적인 '좋은 자세 근육'으로, 허리를 곧추세움으로써 강인한 인상을 주는 데 필수적이다. 나는 메모지를 꺼내 관찰한 내용을 적지만, 근육을 기술하기보다는 그림으로써 '등의 지도'를 개략적으로 작성하고 싶은 충동을 느낀다. 사실 나의 스케치는 한밤중에 반쯤 잠든 상태에서 낙서한 것처럼 보인다. 비몽사몽간 끄적임이라고나 할까! 그러나 집에 돌아와 욕실의 거울에 비친 내 등—나는 웃통을 벗어젖히고 한 손에는 스케치, 다른 손에는 손거울을 들고 있다—과 비교해보니, 나의 피부밑에도 동일한 형상이 숨어 있다.

　　'대략 난감이구나,' 나는 생각한다. '내가 예순두 살짜리 여자 트럭 기사와 똑같은 등을 갖고 있다니.'

　　내가 이런 짓을 하는 게 우스꽝스럽다는 느낌이 살짝 들지만, 다른 한편으로는 쿨하다는 생각이 든다. 거울의 각도를 바꿔 나의 허리를 들

---

♦　등의 아랫부분에서 시작하여 겨드랑이로 이어지는, 크고 넓은 근육.

여다보는 동안, 문득 30년 전 내 모습이 떠오른다. 열다섯 살의 나는 스포캔 집 지하층에 있는 침실에 있다. 누이들 욕실에서 빌려온 파란색 플라스틱 손거울을 이용하여, 욕실 문에 걸린 전신거울에 비친 나의 라츠를 들여다보려고 안간힘을 쓰고 있다. 내 앞의 욕실 바닥에는 다음과 같은 물건들이 흩어져 있다. 최근 부모님에게서 크리스마스 선물로 받은 운동기구 세트, 운동기구 세트에 딸린 범용 보디빌딩 매뉴얼, 어머니의 재봉대에서 가져온 치수 측정용 줄자, 역도를 시작한 이후 트레이닝 일지로도 사용되는 일기장.

나는 5개월 전 신입생 체력단련 프로그램에서 역도를 처음 알게 되었다. 놀랍게도, 나는 내가 다른 소년들보다 선천적으로 튼튼하게 타고났다는 사실을 알고 역도를 계속했다. 내가 만능 스포츠맨이 된 직접적인 계기는 아마도 역도였던 것 같다. 나는 '몸무게 40킬로그램짜리 약골'은 아니었지만, 그렇다고 해서 키가 월등히 크거나 자신만만하거나 왕따에서 열외된 것도 아니었다. 근육을 키우는 것은 특정한 소년들을 제압하는 방법이었고, 그 당시의 심정을 솔직히 말한다면 특정한 아이들의 눈길을 끄는 방법이기도 했다.

나는 역기의 혜택을 보고 있다는 점을 이미 알고 있었던 것 같다. 그 증거는 바로 내 일기장에 있었는데, 나는 일기를 쓰면서 각종 치수 (흉부, 두갈래근biceps, 장딴지calves, 심지어 목)를 꾸준히 기록했다. 내 일기장은 지금도 제자리에 그대로 놓여 있으며, 오래되어 둘둘 말린 메모지를 펼쳐보면 운동한 날짜와 서명이 적혀 있다. 비록 지난 5년 동안 내 일기장을 단 한 번도 들여다보지 않았지만, 마지막으로 들춰본 이후 나의 반응은 변하지 않았다. 만약 누군가가 내 일기장을 읽는다면, 나는 몹시 당황스러울 것이다. '제발 불살라버려라.' 나는 내 자신에게 말한다. '일

기장이 들어 있는 상자 전체를 통째로, 지금 당장.' 그러나 나는 알고 있
다, H. V. 카터가 그랬던 것처럼, 나 역시 노인이 되어서도 일기장과 이
별하지 않을 것으로 예상된다.

일기장을 한 번도 써보지 않은 누군가에게 가장 이해하기 힘든 것
은 바로 이 부분일 것이다. 우리는 왜 '당황스러움의 원천'을 간직할까?
오랫동안 일기를 쓴 카터의 입장에서도, 이 부분을 설명하기는 쉽지 않
을 것이다. 애착attachment이라는 설명은 전혀 논리적이지 않으며, 감상
성sentimentality 역시 유일한 모티브가 될 수 없다. 일기는 자기 자신의 연
장extension of oneself이라고 할 수 있는데, 우리는 그것을 의인화하게 된
다. 하루의 삶이 아무리 생경해도, 일기장은 모든 단어와 모든 고통(또는
즐거움)을 흡수하며, 텅 빈 페이지들은 더 많은 고백을 유도한다. 금박을
입히고 가죽으로 장정된 일기장이 됐든, 노트북에 설치된 단순한 일기
장 파일이 됐든, 일기장을 파괴한다는 것은 점점 더 가당치 않은 생각이
된다. 그건 자기 몸에서 살점을 베어내는 것이나 마찬가지다.

그러나 지금까지 설명한 것은 절반의 진실에 불과하다. 나머지 절
반의 진실은 '지금 일기장에 써놓으면, 당신의 희망 중 일부가 훗날 언
젠가 읽히게 된다'는 것이다. 아무리 낯간지러워도, 당신은 '특별한 누
군가'를 위해 일기를 쓰는 것이다. 그는 '완벽한 독자'로서, 당신의 문
장을 폭풍 흡입하고 이해할 수 있는 사람—바로 당신의 미래 자아future
self인 것이다.

1851년 1월 3일 일기에 "오늘 난생처음으로 면도를 했다!!!!!!"라
고 썼을 때, 열아홉 살의 청년 카터는 평소에 간간이 사용하던 느낌표
를 무려 여섯 개씩이나 찍었다(나도 그 비슷한 일을 했다). 일기 쓰는 데 무
슨 규칙이 있는 건 아니지만, 일기를 쓰는 사람들이라면 누구나 그런 사

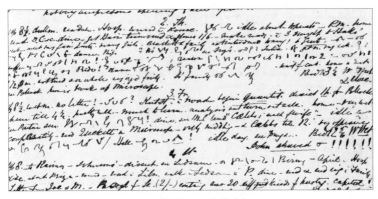

1851년 1월 H.V.의 일기장.

건―즉 새로운 경험이나 출발점―을 기록하는 법을 안다. 카터가 경험한 '난생처음' 중 일부, 예컨대 강의 시간에 잠이 들거나 설상가상으로 코를 곤 경우에는 비참했다. (그는 "내 인생에 그런 적이 단 한 번도 없었다! 치욕스럽다!"라고 적었다.) 어떤 '난생처음', 예컨대 동료 학생들 앞에서 처음 연설을 하거나 '최초의 조산술midwifery 사례'에 호출될 때는 전혀 고통스럽지 않고 흥미로웠다. ("분만은 매우 쉬웠음. 세 시간 걸렸음. 불안하지 않았음.") 한 소녀와 최초의 비밀 만남을 가졌을 때는 달콤했고, 앨버트 공의 주관하에 거행된 세계 최초의 만국박람회―대영박람회Great Exhibition―개회식에서는 역사의 증인이 되었다. 대영박람회 개회식은 키너턴 스트리트에서 별로 멀리 떨어지지 않은, 수정궁Cristal Palace의 드높은 유리 아치 아래서 열렸다.

모든 일기 작가의 삶에서 한 해의 첫날은 대축제일high holy day이다. 일기 쓰기 습관을 반성하고 다짐하고 재다짐하는 날이다. 아니나 다를까, 과성취overachievement와 꼼꼼함micromanagement의 대명사인 H. V. 카터는 이 부문에서 대부분의 일기 작가들을 크게 앞질렀다. 그는 전해를 월별로 나눠 가장 좋았던 날과 나빴던 날을 선정하고, 그날들을 특징적으로 요약하는 것은 기본이고 관련된 날들을 서로 비교했다.

예컨대 1851년 1월 1일 수요일의 경우, 그는 "아침에 병원에 잠시 들렀고, 오후에는 최근 연속으로 발표된 《데이비드 코퍼필드David Copperfield》를 여러 장章 읽은 후 교회에 갔고, 교회에 다녀와 몇 장을 더 읽었다"라고 적었다. 그저 이 정도였다. 그러고는 (마치 태만한 날 하품을 하듯) 이렇게 마무리했다. "신년의 첫날 치고 별로 상스럽지 않았다." 그러나 이게 전부라고 생각하면 오해다. 사실 그날, 카터는 비밀을 지켜주는 이에게도 비밀로 하는 뭔가를 시작했다. 그건 내가 아주 우연히 발견한 사실이었다.

런던의 웰컴 도서관에서 보내온 커다란 봉투를 뜯는 순간, 가장 먼저 떠오른 생각은 '오, 이건 아니야. 뭔가 잘못된 게로군'이었다. 내가 주문했던 문서는 복사하는 과정에서 크기가 축소된 게 틀림없어 보였다. 도서관 직원들이 그걸 눈치채지 못한 이유가 뭘까? H. V. 카터의 친필은 크기가 너무 작아서 거의 읽을 수가 없었다. 심지어 면밀히 살펴보니 내용이 전혀 딴판이었다. 다른 사람이 주문한 문서가 실수로 내게 우송되었는지도 모르겠다는 생각이 들 정도로.

보관 문서 목록에 내가 주문한 5819번 문서는 "비국교도Dissenter—그는 공식적인 영국 국교회Church of England, 즉 성공회Anglican Church 신자가 아니었다—로서의 종교생활에 관한 카터의 생각"이라고 적혀 있었다. 원본 문서는 겨우 50페이지인 데다 여백이 많아, 나는 마이크로필름 출력이 아닌 복사를 요청했었다. 그러나 내가 받아 든 것은 당초 예상했던 종교적 글이 아니었다. 그건 또 다른 일기, 즉 일종의 보조 일기였다. 카터는 1851년 1월 1일 자정이 되자마자 보조 일기를 쓰기 시작했던 것이다.

그러나 그는 그것을 일기장이라고 부르지 않고 "성찰록Reflectioins"이라는 이름을 붙였다. "성찰록"은 더욱 명상적이고 철학적인 기분을 자아내려고 생각해낸 이름인 듯하다. 그러나 그 이름은 당초 의도했던 것보다 훨씬 더 적절한 것으로 밝혀지게 된다.

카터는 "성찰록"에서 깜짝 변신을 시도한다. 그는 2인칭 시점에서—마치 거울에 비친 상이 자신을 바라보며 엄하게 꾸짖는 것처럼—전혀 다른 말투로 자신을 서술한다.

"당신은 탁월한 능력의 소유자다." 보조 일기는 이렇게 시작된다. "당신은 그걸 근거로 자신이 일반인보다 우월하다고 자부하는 모양인데, 거기까지는 인정한다. 그런데 그 능력을 지금껏 어떻게 사용했지?" 다음으로, 거울 속 그는 비도덕적 행동—거친 언사, 습관적 거짓말, 자제심 상실—과 1850년 1월 1일 빛을 발했던 불굴의 의지가 용두사미가 되었던 점을 맹비난한다. 카터의 자기비판은 평상시보다 가혹할 뿐만 아니라 훨씬 더 솔직하다. "당신의 마음은," 그는 이렇게 썼다. "관능적인 환상에 늘 오염되어 있다, 특히 밤중에. 그리고 존 소여의 딸 메리와 주고받는 수작질은 학생으로서 부적절하다. 당신은 자신은 물론 그녀와 그녀의 부모를 기만하고 있다. 무엇보다 나쁜 것은 '적절한 결말'을 염두에 두고 있지 않다는 것이다."

"뭐, 메리 소여라고? 정말?" 나는 위의 구절을 처음 읽었을 때 이렇게 중얼거렸다. "나는 두 청춘 남녀가 종종 체스를 두는 관계일 뿐이라고 생각했었는데."

그가 내적 갈등을 겪고 있었음에도 불구하고, 나는 희열감euphoria

을 느꼈다. 다른 세기에 살았던 사람과의 라포르rapport♦가 갑자기 급변하며 한층 더 심오해짐을 느꼈다. 나를 신임한 그가 경계를 완전히 푸는 것 같았다.

사실, 이런 친밀한 관계가 일기장 몇 페이지를 넘기는 동안 형성된 것은 아니었다. 나는 이미 수백 페이지에 달하는 카터의 일기를 읽느라 무수한 시간을 투자했다. 암호해독 전문가를 방불케 하는 스티브의 도움에 힘입어, 다음과 같은 'H.V.만의 문법'을 알게 되었다. 첫째, 'H'는 경우에 따라 휴잇Hewett 또는 호킨스Hawkins 또는 할랜드Harland를 의미한다. 둘째, 독일어 문자 'ß'는 'ss'를 의미한다. 셋째, 'y'로 끝나는 단어는 거의 모두 쉼표 없이 다음 단어로 넘어간다.

나는 카터가 어느 날 아침 서펜타인Serpentine(하이드 파크 인근에 있는 굴곡진 인공 호수)에서 수영할 때 그와 함께했으며, 그 이후 그가 서펜타인에 몸을 담글 때마다 늘 동행했다. 그가 외과의사 보조로 첫 번째 환자를 치료하러 갈 땐 사륜마차에 동승했다. (그때만 해도, 그는 거의 한 마디도 하지 않았다.) H.V.가 따분한 아침(그는 이런 아침을 "dull m"이라고 불렀다)을 견디고 또 견딜 때, 나는 그의 곁에서 그를 묵묵히 지켜봤다. 그러나 나는 한 가지 면에서 그를 오해했음을 깨달았다. 나는 '화면 가득 채우기' 모드에서 그의 일기를 읽는 데 익숙해져 있었다. 복사된 일기장을 읽고 나서야 비로소 일기장(18.5×11.5 센티미터)과 친필의 실제 크기를 알게 되었다. 아이고! 카터는 '개미 필법'을 구사하는 사람이었다. 일기장 한 페이지에 무려 50줄을 깨알같이 적어 넣을 수 있었던 것이다.

카터는 2주에 한 번씩 "성찰록"을 작성했으며 이후 4년 동안 그 일

---

♦   두 사람 사이의 공감적인 인간관계.

을 계속하게 된다. 그가 매일 쓰는 일기장과 달리, "성찰록"은 자기 수양self-discipline의 수단이 아니었다. 그보다는 차라리, ("성찰록"에 적혀 있는 바와 같이) 형식에 얽매이지 않고 숙고적인 장문의 글을 적었기 때문에 종종 일기장보다는 회고록처럼 읽힌다. 그의 내러티브를 이끈 것은 종교임이 분명하지만, 그는 자신의 교파(기독교에는 수많은 교파가 있다)를 전혀 언급하지 않으며, 특정 교파의 교리를 옹호하기 위해(또는 강력한 영국 국교회를 맹렬히 비난하기 위해) 활을 겨누지도 않는다. 그의 화살은 늘 자기 자신을 향한다. "성찰록"에서 카터는 엄격한 기독교도적 생활을 영위하려는 열망을 품고 자신의 도덕적 실패를 꾸짖기 위해 노력한 과정을 연대기적으로 서술한다. 매일 쓰는 일기장에서 예배 참석(때로는 일주일에 세 번씩이나)과 같은 디테일을 언급한 것과 달리, "성찰록"에서는 좀 더 깊이 파고들어가, 내면에서 불을 뿜는 "관능성(엄청난 골칫거리)과 종교(중요한 주제) 간의 전투" 장면을 털어놓는다.

그가 생각하는 종교의 진정한 의미는 신에 대한 확고부동한 믿음이었다. 그러나 사실, 그는 신앙을 '삶의 주제'로 다루지 않고 '익혀야 할 기술'로 취급했다. 그는 학술상을 타려고 경쟁하듯 신앙을 집요하게 추구했으며, 그 '상'을 꼭 타고 싶어 했다. "신앙은 당신의 일상적인 공부와 똑같다." 거울 속 그는 이렇게 말한다. "다른 게 한 가지 있다면, 훨씬 더 많은 인내가 필요하다는 것이다." 그는 교회에서 목사의 설교를 메모해뒀다가, 그날 밤 집에 돌아가 정서했다. 어머니가 보낸 종교적 소책자들을 정독하고, 자신의 위대한 순심純心을 마음 깊이 새기곤 했다. 나아가, 그는 성서를 진지하게 연구했고, 정확한 지식을 얻기 위해 여러 텍스트들을 서로 비교했다. 카터의 노력이 지닌 결정적인 약점은 바로 여기서 비롯되었다.— 그는 '신앙에 이르는 방법'을 알려고 노력했는데,

그것은 '사랑에 이르는 방법'을 생각하는 것만큼이나 불가능했다. 왜냐하면 신앙과 사랑은 앎이나 생각의 대상이 아니기 때문이다.

신의 존재를 느끼려고 열심히 노력할수록, 신을 찾는 것은 점점 더 어려워졌다. 1851년 7월의 어느 날 저녁, 그는 이렇게 썼다. "성령이 당신을 일깨웠다고 생각할 만한 근거가 충분하다. 그러나 맙소사, 놀랍고 걱정스러운 퇴보backsliding가 일어났다." 거울 속 그는 지난 12일 동안 저지른 추잡한 죄악들을 일일이 열거하며, "당신의 마음속에는 신에 대한 생각이 부재한다"고 선언했다. 그리고 모든 책임이 전적으로 카터에게 있다고 책망했다.

카터는 뭔가에 대한 믿음—'믿음은 존재한다'는 믿음과, '다른 사람들이 신을 믿는다'는 것에 대한 믿음—을 정말로 갖고 있었지만, 그보다 더 많은 의심을 갖고 있다는 게 문제였다. 그가 "성찰록"에 그려놓은 복잡한 표만큼 그 사실을 명확히 나타낸 것은 없을 것이다. 그는 그 표에서, 자신의 내적 갈등을 일목요연하게 나열하고 '독실한 기독교인이 되는 것'의 장단점을 저울질했다. 먼저, 1열에 신앙생활의 유리한 점을 13가지 나열한 다음, 2열에는 그것을 상쇄하는 불리한 점을 13가지 나열했다. 예컨대, 1열 8행에 "마음의 평온함"을 적었다면, 2열 8행에는 "빈번한 정신적 갈등"을 적었다.

그 표를 처음 봤을 때 나는 크게 흥미를 느꼈다. 그것은 1851년 10월에 작성된 것으로, 한 페이지를 가볍게 넘어 두 번째 페이지까지 가득 메우고 있었다. 표 맨 위에 되는 대로 갈겨쓴 제목이 나를 미소 짓게 했다. "미래에 기독교도적 삶을 영위하기로 결심하며: 찬성론/반대론, 장점/단점, 용기/실망의 대차대조표—세속적 관점에서."

내가 보기에 그것은 "세속적인 대차대조표"가 아니었다. 그와 반대로, 그것은 "귀엽고 순진한 청년의 습작"처럼 보였고, 카터가 매일 쓰는 일기에서 본 적이 있는 유사한 표(서신왕래 원장: 받은 편지와 보낸 편지를 꼼꼼히 대응시킨 표)를 떠올리게 했다. 그러나 그 내용을 곰곰이 생각하면 할수록, 내 가슴은 더욱 미어터질 것 같았다. '진정한 기독교인이 될 것인가, 말 것인가'라는 그의 첫 번째 고민은, '비국교도라는 신분의 부정적 영향'이라는 두 번째 고민과 밀접하게 연관되어 있었기 때문이다. '비국교도'라는 용어는 모든 비성공회 교파non-Anglcan denomination에 적용되었지만, 그 당시 다른 종파에 속한다는 것은 무시와 경멸의 대상이 된다는 것을 의미했다. 예컨대 기독교 중에서 가장 극단적이고 보수적이라고 간주되는 종파—예를 들면 복음주의Evangelicalism—가 그러했다. 자신의 구체적인 신앙이 무엇이든 간에, 카터는 자신을 소수파의 일부—다른 말로 하면 종교적 아웃사이더—로 간주했던 게 분명하다. 만약 소수파임이 공식적으로 확인된다면, 그는 "야유와 조롱", "박해(노골적일 수도 있고 은밀한 수도 있음)", "지속적인 모욕", "무관심과 왕따"의 대상이 되고, 개인적인 수준에서는 우울증을 겪을 터였다.

　그에게 공포의 그림자가 드리워진 것을 알고, 나는 큰 동정심을 느꼈다. 더욱이 나는 '빅토리아 시대의 고통받던 기독교인'—나보다 25살 젊은 동시에 155살 더 많은 남자—과 나를 동일시했다. 그를 괴롭혔던 의문은, 청년 시절 나를 곤경에 몰아넣었던 의문과 본질적으로 똑같았다. 커밍아웃을 해야 할까?(그의 입장에서 말한다면, 비국교도임을 공개적으로 선언해야 할까?) 나는 "성찰록"의 두 페이지에 시선을 고정한 채, 그를 위해 '내가 스무 살 나이에 간절히 원했던 것'을 기원했다. 그것은 완벽함이었다. 그의 앞에 누군가가 나타나 완벽함을 말해줌으로써 만물의 이치—모든 것에 대한 답변—를 깨닫는 것. 그런 일은 없었지만, 나는 천

만다행이라고 생각했다. 나와 마찬가지로, 그에게도 '혼신을 다할 분야'
가 있었기 때문이다.

　카터의 고립을 더욱 심화시킨 것은 자신의 갈등을 헨리 그레이와
같은 친구들에게 이야기할 수 없다는 점이었다. 그는 병원에서 자신의
입지가 위태로워질 것을 우려했다. (헨리 그레이는 왕실 시종의 아들이었으
니 영국 국교회의 독실한 신도였을 것이다.) 그는 존 소여와 그 가족에게도 비
밀을 털어놓을 수 없었다. (소여 박사는 신앙심이 깊지 않았고, 카터의 일기장
에 따르면 그의 아내와 딸들은 비국교도 중에서도 매우 극단적이고 보수적인 교파
에 속했던 것 같지만 방심할 수 없었다.) 그리고 교구의 형제자매들에게도 자
신의 의구심을 함부로 발설할 수 없었다. 그랬다가는 무신론자로 낙인
찍힐 게 뻔했기 때문이다.

　돌이켜보면―그렇다고 해서 H. V. 카터가 처한 상황의 매서움을
완화한 것은 아니지만―H. V. 카터의 '지극히 개인적인 갈등'은 중기
빅토리아 시대에 일어난 '커다란 갈등'의 반영이었던 것 같다. 그 당시
종교적 신념은 새로운 과학, 특히 찰스 다윈Charles Darwin이 새로 제기한
진화론의 도전에 직면하고 있었다. 그러나 그와 동시에, 어떤 신앙인들
은 과학―그리고 과학자―에 눈을 돌려, 과학과 종교의 중재 방안을 모
색하고 있었다. 예컨대 카터는 윌리엄 페일리William Paley, 1743~1805의 열
렬한 애독자였다. 페일리는 영국의 과학자이자 신학자로, "신의 존재에
대한 증거는 육신에서 발견될 수 있다"고 주장했다.

　페일리는 주로 18세기 후반에 활동했지만, 그의 말은 19세기
에 큰 반향을 일으켰다. 그리고 사실, 오늘날 반反진화운동antievolution
movement을 옹호하는 지적설계론intelligent design에도 그의 잔재가 남아
있다. 그러나 페일리를 언급할 때는 이 점을 명심해야 한다. 그의 글은

찰스 다윈이 태어나기도 전에 쓰였으므로, 다윈의 이론에 대응하여 작성된 것이 아니었다.

가장 유명하고 영향력 있는《자연신학 – 신의 존재와 속성에 대한 증거들Natural Theology; or, Evidences of the Existence and Attributes of the Deity》에서, 페일리는 오늘날 유명해진 시계공 메타포를 소개했다. "만약 평생 동안 시계를 구경해본 적이 없다면, 땅바닥에 떨어진 시계를 발견하여 면밀히 검토해보라. 그러면 다음과 같은 필연적 결론에 도달하게 될 것이다." 페일리는 이렇게 썼다. "그 시계는 분명 시계공에 의해 만들어졌을 것이며, 역사상 어떤 시기와 어떤 장소에 그걸 발명한 장인이 존재했을 것이다." 그는 이렇게 주장했다. "우리는 더욱 복잡한 구조—식물, 동물, 인간—에 대해서도 똑같은 결론에 도달할 수밖에 없다. 긴단히 말해서, '지적인 시계공'이 시계를 만들 수 있는 것처럼, '지적인 설계자'만이 그런 것들을 만들 수 있었을 것이다. 그 설계자는 인격체였음에 틀림없으며, 그 인격체는 바로 신이다."

자연은 신의 존재에 대한 증거들을 여러 가지 제공하지만, 페일리는 한 가지 결정적인 증거를 제시한다. "나로 말하자면, 인간의 해부학에 입각하고 있다." 자기 주장의 정당성을 입증하는 데 있어서, 페일리는 '인간은 신의 형상을 본떠 창조되었다'는 성서의 두루뭉술한 가르침을 뛰어넘는다. 페일리는 '신앙의 해부학적 여행기anatomical travelogue of faith'를 들이대며, 신체 부위들이 설계와 의도 면에서 매우 완벽하다는 점을 감안할 때, 신의 손길이 미친 게 분명하다고 지적한다. "머리의 회전축, 엉덩관절hip-joint(고관절) 소켓 내부의 인대, 눈의 도르래근육trochlear muscle, 창자와 창자간막mesentery(장간막)의 이음새, …" 마치 매의 눈으로 피부를 관통하여 모든 증거를 낱낱이 들여다보는 듯하다.

설교와 해부학 강의가 반씩 섞인 페일리의 《자연신학》은 마치 카터를 위해 특별히 쓰여진 것 같다. 물론 카터도 이 점을 잘 알고 있었다. 또한 《자연신학》은 카터 일기장의 '아리송한 구절'을 이해하는 데 필요한 열쇠를 포함하고 있다. 그 구절에는 젊은 H.V.를 이해하는 비결이 담겨 있다.

문제의 구절은 첫 번째 일기장 앞부분에 나온다. 1849년 1월 7일 일요일, 열일곱 살의 카터는 교회에 두 번 출석했으며, 페일리의 《자연신학》을 읽으며 시간을 보냈다고 썼다. 그는 한 페이지를 좌우로 갈라, 왼쪽 면에 "그 책에서 새로운 아이디어를 얻었음"이라고 적고 관심 있는 부분에 밑줄을 그었다. 그리고 바로 오른쪽에는 전도서—구약성서에서 가장 따분한 부분—의 구절을 인용했다. "지혜가 많으면 번뇌도 많으니 지식을 더하는 자는 근심을 더하느니라."♦ 나는 이 부분을 이렇게 이해했다. 한 가지 생각이 왼쪽 면에 쓰이고 다른 생각이 바로 오른쪽에 쓰였다면, 왼쪽은 장점이고 오른쪽은 단점에 해당한다. 그러나 나는 급궁금해졌다. 왜 그랬을까? 그 유명한 《자연신학》의 명구를 읽고 엇갈리는 생각이 떠오른 이유가 뭘까?

페일리와 마찬가지로, 카터는 '사람 안의 신'을 볼 수 있었다. 그러나 카터의 말마따나 그러기에는 어려운 점이 많았다. 그는 처음부터 인체의 해부학에 너무 빠삭했기 때문에, 인체의 불완전성과 인체 설계의 결점(예컨대, 음식물과 공기가 하나의 통로를 공유하므로, 질식이 초래될 수 있다)을 그냥 지나칠 수가 없었다. 그러므로 H. V. 카터의 입장에서 볼 때, 인체는 '믿음과 지식의 상충'을 상징하는 대표적 사례였다. '카터 안의 기

---

♦   《구약성서》, 〈전도서〉, 1장 18절(개역개정성경).

독교인'은 '페일리가 볼 수 있는 것'을 볼 수 있었다. 그러나 그는 해부학자였으므로 페일리보다 인체를 훨씬 더 많이 알고 있었다.

# 7

---

3주차 해부학 실습이 끝난 후, 나는 해부학 시범 조교로 발탁되었다.

내가 맡은 임무는 헨리 그레이가 성 조지 병원에서 수행했던 것(해부학 시범자는 그레이가 성 조지 병원에서 수행했던 많은 역할 중 하나였다)과 상당히 다르다. 그는 학생들 앞에 놓인 시신의 뒤에 서서, 강사가 기술하는 신체 부위를 학생들에게 보여주었다. 그와 대조적으로, 내가 보여주는 것은 나 자신의 신체 부위다.

나는 셔츠를 벗고, 소위 해부학적 자세anatomical position를 취한다. 두 발을 모으고 똑바로 선 상태에서 양팔을 몸에 붙이고, 손바닥을 앞으로 하고, 눈은 지평선(이 경우에는, 실습실 창 너머 정북쪽에 보이는 골든게이트 브리지)을 향한다. 모든 의학 과목에서 사용되는 해부학적 자세란 모든 인체 구조의 위치를 참고할 수 있는 표준 자세를 말한다. 이 자세에서, 피검자는 관찰자들의 관찰 대상이 된다.

여덟 명의 물리치료학과 학생들은 내 주변에 빙 둘러서서 토프 박사의 지시에 따라 상반신 표면해부학surface anatomy의 '랜드마크 뼈bony landmark' 50개를 찾아내야 한다. 어떤 랜드마크 뼈—이를테면 빗장뼈몸통shaft of clavicle이나 어깨뼈가시spine of the scapula(어깨뼈의 날카로운 가장자리)—는 명확히 보이지만, 대부분은 손으로 만져봐야 알 수 있다. 관찰자들은 장갑을 벗고 나의 '피부 바로 밑에 있는 것'을 맨손으로 만져보아야 할 것이다. 대부분의 피검자들에게 해당되는 사항이지만, 당장 찾을 수 있는 것 중 하나는 C7 가시돌기spinous process—일상적인 용어로 번역하면 7번 목뼈cervical vertebra(경추)의 돌출부—이다. C7 가시돌기는 뒷목을 주무를 때 느껴지는 매듭 중에서 가장 튀어나온 것이다. 물리치료사들에게 C7 가시돌기는 나머지 32개의 척추뼈 위치를 파악하기 위한 출발점이다. C7의 위로는 C6~C1이 있고, 아래로는 12개의 가슴뼈thoracic vertebra, 5개의 허리뼈lumbar vertebra, 5개의 엉치뼈sacral vertebra, 그리고 마지막으로 3~4개의 꼬리뼈coccygeal vertebra가 있다.

랜드마크가 운전자들이 길을 찾을 때 유용하듯—예컨대 극장을 지나 두 번째 교차로에서 우회전할 때, 또는 밀리스 디너Millie's Diner를 바라보며 직진할 때—인체를 관찰할 때 대상을 훨씬 더 쉽게 찾도록 도와준다. 임상적으로 가장 중요한 랜드마크 중 하나는 복장뼈각sternal angle(복장뼈의 자루와 몸통이 연결되는 부위)이다. 만약 누군가와 이야기를 하는 도중 "나 말인가요?"라고 반문한 적이 있다면, 당신은 아마도 복장뼈각을 가리켰을 것이다. 복장뼈각의 정확한 위치를 알고 싶으면, 먼저 손가락으로 목구멍 맨 아래 홈을 살며시 눌러보라. 그곳을 목정맥구멍패임jugular notch(경정맥공절흔)이라고 하는데, 손가락 끝이 거기에 꼭 들어맞을 것이다. 거기서 복장뼈를 따라 4~5센티미터쯤 내려가면 최초의 미세한 돌출부(또는 능선)가 나타나는데, 그게 바로 복장뼈각이다.

복장뼈각 바로 뒤에서는 동일한 수평면을 따라 대동맥궁aortic arch이 아치를 형성하기 시작하고, 기관trachea이 기관지bronchus로 분지하며, 더욱 깊은 곳에는 4번과 5번 가슴뼈가 자리 잡고 있다.

복장뼈각은 다른 랜드마크들의 랜드마크로, 갈비뼈(늑골)의 정확한 위치를 확인하는 데 필수불가결하다. 갈비뼈는 양쪽에 12개씩 있는데, 첫 번째 갈비뼈는 빗장뼈 밑에 파묻혀 있어 만져지지 않는다. 그에 반해 두 번째 갈비뼈는 복장뼈각의 좌우에 위치하지만, 돌출부가 미묘해서 감지하기 어렵다. 거기서부터 아래로 내려가면 좌우로 3번~10번 갈비뼈가 자리 잡고 있는데, 모두 작은 연골부를 경유하여 복장뼈에 연결되어 있다. 마지막 두 쌍(11번과 12번)의 갈비뼈는 독특하게도, 상반신을 에워싸는 듯하다가 중간에서 어설프게 끝난다. 그래서 뜬갈비뼈floating rib(부유늑골)라는 이름이 붙었으며, 그 끄트머리는 허리둘레선 위에서 만져질 수 있다.

촉진palpation을 쉬지 않고 여덟 번 반복한다고 생각해보라, 그러면 오늘 아침 실습 조교로 징발된 나의 기분이 어떤지 헤아릴 수 있을 것이다. 솔직히 말해서, 나의 흉곽은 체지방이 별로 없기 때문에 갈비뼈를 세는 데 안성맞춤이다. 내 동맥은 만지기 쉽고, 정맥은 보기 쉽다. 학생들이 내게 말하기를, 두갈래근고랑bicipital groove(결간구)이 매우 잘 규정되어 있고 두갈래근도 감동적이라고 한다. 그러나 그것도 잠깐. 열렬한 찬사는 점차 '신랄한 진실'에 굴복하게 된다. 나의 몸이 '중년화中年化의 시초'로 간주되고 있는 것이다.

나의 양쪽 어깨뼈는 두드러지게 익상화winged 되었는데, 그건 앞톱니근serratus anterior muscle(전방거근)이 약화되고 있다는 징후로 볼 수 있다. 나의 빗장뼈는 균형이 맞지 않는데, 이는 지난 20여 년간 운동 가방

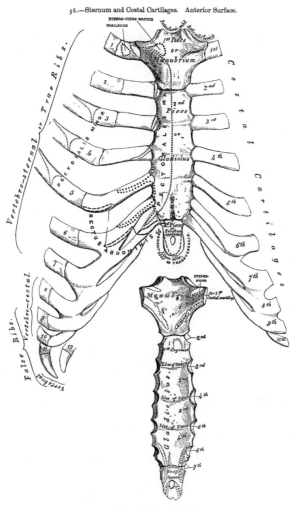

56.—Sternum and Costal Cartilages.   Anterior Surface.

57.—Posterior Surface of Sternum.

복장뼈와 갈비연골. 앞면.
복장뼈의 뒷면.

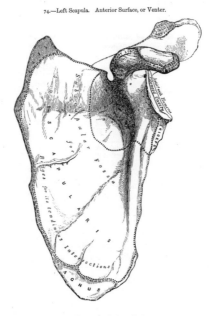

74.—Left Scapula.  Anterior Surface, or Venter.

왼쪽 어깨뼈. 뒷면.

을 왼쪽 어깨에 메고 다녔기 때문인 것으로 보인다. 나의 오른쪽 어깨관절에서는 돌아갈 때마다 삐거덕 소리가 나는데, 이는 관절염 초기 증상일 가능성이 높다. 이러한 사실이 밝혀지자 수강생들이 일제히 수군거리기 시작하고, 나는 졸지에 오늘 아침의 '별난 인기 스타'가 된다. "애들아 이리와. 어깨관절에서 삐거덕 소리가 나는 사람을 봐!"

오늘 실습시간에 하지lower limb—예를 들면 고관절, 무릎, 족궁arch—를 공부하지 않는 게 천만다행이다. 나는 수년간에 걸친 달리기와 과도한 운동 탓에 하지에 심각한 문제를 갖고 있기 때문이다. 나머지 시간 동안, 토프 박사는 관찰 대상을 '생체'에서 '시신'으로 교체한다.

우리는 지금부터 무딘박리blunt dissection를 수행해야 하는데, 그 주안점은 여행 경로getting-there가 아니라 목적지destination 자체에 있다. 나에게 필요한 것은 커다란 메스 날, 심호흡, 그리고 매우 깊숙한 절개이다. 소요되는 시간은 1분, 어쩌면 그 미만일 수도 있다. 이 특별한 해부를 위해 내가 하는 일은 팔꿈치 안쪽에서 주름을 가로질러 일직선으로 절개한 다음, 양쪽 말단에서 작은 수직 절개perpendicular incision를 하여 피부를 접어 올리는 것이다(크리스틴, 샘, 켈리, 샤이엔은 좌우에서 숨을 죽이고 눈알만 말똥거리고 있다). 그리고…

"와우!"

우리 다섯은 탄성을 지르는 혼성 5중창단이지만, 레퍼토리는 단 하나밖에 없다. 우리는 그 노래를 다시 한번 부른다.—"와우!"

점토색 피부 틈으로 반짝이는 상아색 뼈가 들여다보인다. 그게 바로 우리의 목석지—우리 트럭 기사의 팔꿈치관설elbow joint(수관절)—이다. 나는 근막을 손가락으로 밀어 관절낭joint capsule을 완전히 드러낸 다음, 종잇장 같은 보호막을 잘라낸다.

시신이 아무리 오래됐더라도, 관절은 여전히 아름다움을 유지하고 있다. 그것은 부드럽고 반짝거리며, 아직도 윤활액synovial fluid(활액)♦으로 가득 차 있다. 《그레이 아나토미》에서, 헨리 그레이는 윤활액을 "달걀 흰자처럼 점성과 광채가 있고, 옅은 소금물 맛이 난다"고 기술한다. 이 대목은 아리송한 의문을 품게 한다.—그가 실제로 윤활액 한 방울을 혀에 대봤을까? 진짜로?

팀원들이 돌아가며 관절을 조금 더 파헤쳐 세 개의 '교합된articulated 뼈'를 드러내는 동안, 나는 한 걸음 뒤로 물러서 있다. '교합'이란 서로 만나는 것을 의미하며, 팔꿈치관절에서 만나는 세 개의 뼈는 위

---

♦ 관절을 매끄럽게 유지해주는 물질.

팔upper arm을 이루는 위팔뼈humerus(상완골)와 아래팔forearm을 이루는 노뼈radius(요골) 및 자뼈ulna(척골)다. 골격계의 모든 관절들이 그렇듯, 팔꿈치관절은 부위 자체가 아니라 부위들이 만나는 '장소'다. 그러나 단순한 경첩—예컨대 중수지관절knuckle joint의 경첩—과 달리, 팔꿈치관절은 셋으로 나뉜 삼지 교차three-way intersection다. 여기서 노뼈와 자뼈가 교합하며, 이 두 개의 뼈는 각각(때로는 동시에) 위팔뼈와 교합한다.

관절에 동력을 공급하는 것은 통상적으로 근육과 신경이다. 근육과 신경은 켈리의 몫인데, 그녀가 시신의 팔을 내전pronation시키자 우리 모두 어안이 벙벙해진다. 내전이란 아래팔을 회전시켜, 위를 바라보던 손바닥을 아래로 향하게 하는 운동을 말한다. 우리는 하루 종일 단 한 번도 의식하지 않고 내전 운동을 수도 없이 한다. 손목시계를 들여다보려고 손을 뒤집을 때를 생각해보라. 그러나 그런 단순한 운동의 내적 메커니즘을 살펴본다는 것은 매우 심오한 일이다. 켈리가 시신의 팔을 다시 내전시킨다. 한 번의 완벽한 운동에서 노뼈의 머리가 위팔뼈 위에서 회전하는 반면, 노뼈의 몸통은 자뼈 위에서 회전한다. 한편 켈리가 시신의 팔을 외전supination(내전의 정반대 운동)시키자, 노뼈와 자뼈의 상대적 위치가 우아하게 원상을 회복하며 손바닥이 다시 위를 향한다. 그런 '삶의 모습'이 시신에 잠시 머무는 장면을 보는 동안, '이 시신은 전혀 시체 같지 않다'는 경이로움이 나를 사로잡는다.

우리 모두는 번갈아 가며 (두갈래근 운동biceps curl♦의 변형된 형태로) 시신의 팔을 구부리고 회전시킨다. 우리는 한 단계 더 들어간다. 뼈가 회전하고 미끄러지는 동안 '장갑 낀 손가락'을 팔꿈치관절에 집어넣어,

---

♦   속칭 '알통'이라 불리는 위팔두갈래근biceps brachii을 키우기 위한 운동.

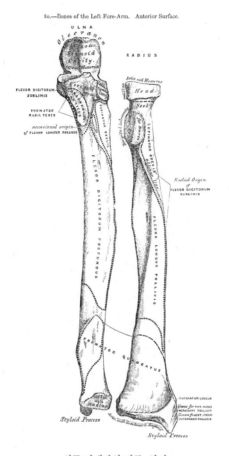

80.—Bones of the Left Fore-Arm. Anterior Surface.

왼쪽 아래팔의 뼈들. 앞면.

내부에서만 감지될 수 있는 '원천적 운동'을 느끼려고 애쓴다.

우리가 흥분했다는 낌새를 눈치챈 토프 박사가 우리 해부대로 다가온다. "나는 허구한 날 시신을 봐왔는데도," 그녀는 내게 기대며 말한다. "아직도 경이롭게 보인다니까요."

주위를 둘러보니, 모든 해부대에서 입을 떡 벌리고 있는 학생들의 모습이 눈에 띈다. 셀레스트가 속한 팀에서는 어깨관절(견관절)을 노출시킨 채, 한 명씩 돌아가며 절구공이ball-and-socket 모양의 관절을 유심히 관찰하고 있다. 아래 한 해부대에서는 팔목을 휘돌림circumduction(순환 운동)시키고 있고, 위 두 해부대에서는 반대쪽 아래팔을 내전시키고 있다. 학생들은 이 해부대 저 해부대를 돌아다니며 관절을 관찰하고 움직여보고 느끼고 있다. 해부학 실습실에 있는 모든 사람이 산 자와 죽은 자 공히 해부학의 시범 조교 노릇을 하고 있다.

만약 강의실에서 시범을 보이고 있지 않았다면, 그는 해부학 실습실에서 해부를 하고 있었을 것이다. 그리고 만약 실습실에 있지 않았다면, (수술실이 됐든 영안실이 됐든) 병원에 있었거나 (런던병리학회나 왕립의학협회나 헌터협회Hunterian Society나 성 조지 병원 이사회의 구성원으로서) 회의에 참석하고 있었을 것이다. 눈코 뜰 새가 없었던 1852년 10월 초, 헨리 그레이는 자택 연구실에 머물렀을 가능성이 높다. 그렇다고 해서 '괜히 바쁜 척한다'며 눈살을 찌푸릴 필요는 없다. 지라에 관한 논문을 완성하느라 여념이 없는 때였으니 말이다. 그것은 그가 2년 이상 몰두해왔던 프로젝트로, 마감 기한이 2주도 채 남아있지 않았다.

그레이는 애슐리 쿠퍼 상Astley Cooper Prize에 응모할 예정이었다. 그상은 한 사망자의 특이한 사후 요청에 기반한 명망 높은 상이다. 애슐리 쿠퍼Astley Cooper, 1768~1841 경의 유언장에 따르면, 심사위원회는 3년마다 한 번씩 '미리 지정된 해부학적 부위'에 대한 독창적 논문 원고를 접수한다. 그런데 쿠퍼 경이 제시한 목록에 적혀 있는 '1852 애슐리 쿠퍼상' 주제는 바로 지라였다. 3년마다 수여되는 상의 상금은 300파운드로 제법 짭짤했다. (상금은 거액의 유산에서 충당되었으니 공수표가 될 염려도 없었다.) 영광의 수상자는 이듬해 7월에 발표될 예정이었다.

쿠퍼 경은 영국에서 크게 존경받았던 해부학자 겸 외과의사 겸 교수였다. 헨리 그레이와 헨리 반다이크 카터가 어렸을 때 이미 세상을 떠났지만, 어떤 의미에서 그는 그레이와 카터를 연결해준 인물이었다. 만약 쿠퍼 경의 상이 없었다면, 그레이가 1850년 6월 화가를 수소문하지 않았을 것이다. 그랬다면 카터가 실력을 발휘할 기회를 얻지 못했을 테니, 두 사람이 친구가 되는 일은 없었을 것이다.

나의 사견이지만, '둘이 만나 아무것도 하지 않을 수 있는 능력'보다 우정을 잘 측정할 수 있는 척도는 없다. 카터의 일기가 증명하듯, 두 사람은 그 점에서 거의 찰떡궁합이었다. 두 사람은 조용한 오후에 종종 시간을 함께 보냈고, 어떤 날은 그레이가 카터를 부추겨 '전혀 있을 성싶지 않은 행동'—병원 문밖으로 나가 그냥 걷기  을 유발했다. 발길 가는 대로 걷다 첼시Chelsea에 도착하자, 두 사람은 템스강에서 한가로이 보트를 타며 한나절을 보냈다. 달리 말해서, 카터는 수업을 빼먹고 농땡이를 친 것이었다. 그는 평소에 게으름을 경멸했고, 시간을 헛되이 보낼 때마다 자신을 책망했다. 그러나 그레이와 함께 게으름을 떤 시간을 '낭비된 시간'으로 기술한 적이 단 한 번도 없었다. 그 점에서는 그레이도 마찬가지여서, 그는 H. V. 카터에게서 동류의식을 느꼈다.

두 사람은 나이·종교·가문의 차이에도 불구하고, 의학과 과학에 대한 남다른 관심은 물론 해부학에 대한 (거의 섬뜩할 만큼) 열정을 공유하고 있었다. 예컨대 그레이는 1년간(1848~1849) 복무한 검시관 역할을 그 후에도 비공식적으로 계속 수행했다. 카터는 부검 참관인으로 배석했고, 그의 일기장에서 확인한 바에 의하면 종종 그레이의 검시를 보조했다. 두 사람 모두에게, 부검이란 '뭐가 잘못됐나?'라는 수수께끼가 내재된 해부였다. 더욱이 검시는 예기치 않은 해부학적 보물을 간직하고 있었으니, 그 내용인즉 간혹 놀라운 기형(세 개 있어야 할 동맥판막aortic valve 내 반달판 semilunar valve cusp이 네 개로 구성되어 있음)이 발견된다는 것이다.

카터의 해부에 대한 열정은 여름방학 때 고향에 돌아갔을 때도 여전했다. 형제끼리 물고기를 잡거나 누이와 함께 산책하며 사람 구경—그즈음 스카버러 해변에는 피서객(일시적인 행락객)들이 득실거렸다—을 하는 것 말고, 해부하는 데도 많은 시간을 할애했다. 물론 시신을 해부한 것은 아니고, 개구리나 물고기와 같은 토종 동물들을 대상으로 삼았다. 한 번은 거의 미친듯한 마라톤 해부를 수행했다. 달팽이 여섯 마리를 연속 해부할 요량으로 여섯 마리를 잡아서 따로 보관했다. 한 가지 덧붙이자면, 그는 일기장에 장난꾸러기 말투로 "달팽이는 쉽게 죽지 않는다!"라고 썼다. 카터의 끊임없는 해부는 외견상 거의 코미디처럼 보였지만(그의 부모는 그의 소일거리를 어떻게 생각했을까?), 그의 의도는 자못 진지했다. 사실, 그는 비교해부학을 독학하고 있었던 것이다. 비교해부학이란 생물 구조의 유사점과 차이점을 연구하는 학문을 말한다.

카터는 1850년 여름방학이 끝나자마자 런던으로 돌아가 헨리 그레이와 연락을 취했다. 둘 간의 긴밀한 연락은 향후 몇 년 동안 일상적인 일이 되었다. 내 느낌이지만, 잠시 떨어져 있은 후에 친구를 다시 만났으니 얼마나 반가웠겠는가! 그건 정신없이 돌아가는 런던 생활에 복귀하기 위한 필수 절차였으리라. 그레이는 상냥한 형 같은 존재로, 신경이 날카롭고 걱정 많은 카터에게 든든한 버팀목이 되었을 게 분명하다. 또한 그는 카터의 재능을 늘 존중하고 격려해줬다.

카터는 두 차례에 걸쳐 지라 프로젝트에 크게 기여했다. 처음에 23점의 그림과 데생을 제공한 데 이어, 1852년 4월 한 차례 더 그림을 제공했다. 두 번째 그림의 핵심은 동물의 지라였으며, 작업은 성 조지 병원에서 3.25킬로미터 떨어진 왕립외과대학에서 주로 진행되었다. 카터는 그 학교에 소장된 광범위한 컬렉션을 이용하여 그림을 그렸는데, 장담하건대 이 과정에서 그의 비교해부학적 지식이 유용하게 사용되었을 것이다. 왜냐하면 그레이는 (자신도 인정한 바와 같이) 동물의 해부학에 대한 경험이 별로 없었기 때문이다. 기존의 예와 달랐던 점은 6월 말경 납품이 완료되자 소정의 대가를 주고받았다는 것이다. 대동맥판막에서 네 번째 반달판을 발견한 것보다 더 반가운 일이 있었으니, H. V 카터가 의학 삽화가 자격으로 전문적인 활동을 개시한 것과 헨리 그레이가 든든한 버팀목 역할을 해준다는 것이다.

사실, 그레이로 말할 것 같으면 무려 다음과 같은 호칭을 사용하는 인물이었다. "헨리 그레이, F.R.S."

그레이가 F.R.S.(왕립학회 회원)라는 세 글자짜리 호칭을 얻은 것은 불과 몇 주 전이었다. 그는 1852년 6월 3일 왕립학회 회원으로 선출되었는데, 겨우 스물다섯 살 나이에 그런 영예를 얻은 사람은 그레이가 유일하다. 그는 많은 회원들의 지지를 받았지만, 가장 강력한 추천장은 뭐니 뭐니 해도 자기 자신의 논문이었다. 그가 쓴 두 편의 과학 논문—인간의 눈 발달을 상술한 독창적 논문과 지라에 관한 논문—이 회원 총회에서 낭독된 다음 집단 토론에 회부되었는데, 두 번 모두 그를 흥분시키는 경험이었음에 틀림없다. 두 논문은 학회의 명망 높은 저널 《철학회보Philosophical Transactions》에 게재되도록 승인받았다. 그레이는 회원으로 선출된 직후 왕립학회에서 100파운드의 연구비를 지원받아 지라 연구를 완성하는 데 사용할 수 있었다. 그가 카터에게 삽화 대금 조로 지불한 대가도 그 연구비로 충당된 것으로 보인다.

카터 역시 그즈음 인상적인 호칭을 하나 얻었다. 스물한 번째 생일날 직전인 5월 21일, 그는 여러 분야에 걸친 시험을 통과하여 M.R.C.S.Member of the Royal College of Surgeon(왕립외과협회 회원)가 되었다. 이로써 "헨리 반다이크 카터, M.R.C.S."는 개업 외과의practice surgery로 공인받았지만, 완전한 자격을 갖춘 의사가 되려면 약제상 면허를 받아야 했다. 약제상 시험은 같은 해 10월에 치러질 예정이었다.

그해 초 소여 박사 문하에서 견습생 과정을 마친 카터는 소여의 집에서 나와 새로운 주소로 이사했다. 때마침 미술을 공부하러 런던에 온 동생 조 카터가 합류했다. 그는 H.V.의 실력이 믿을 만하다고 판단했는지 형을 졸라 어퍼 에버리 스트리트Upper Ebury Street에 있는 아파트에 얹혀 살기로 했다. 카터는 훨씬 더 헨리 그레이의 집 가까운 곳에 살게 되었지만, '한가했던 좋은 날'은 다 지나갔다. 카터는 공부와 시험 준비 때문에, 그레이는 전문적 의무와 애슐리 쿠퍼 상의 임박한 마감 시한 때문에 시간이 너무 쪼들렸다.

"그레이를 만났다." 마침내 그날이 오자, 카터는 1852년 10월 13일 일기장에 담담하게 썼다. "그는 자신의 논문을 방금 완성했다." 만약 카터의 글에서 피곤함이 읽힌다면, 거기에는 그럴 만한 이유가 있다. 그는 엿새 전 일기에, "관문을 통과했다"고 썼는데, 그건 약제상 면허를 취득함으로써 공식적인 훈련 과정을 완료했다는 뜻이었다. 그리고 6일 후, 그는 런던 생활을 잠시 접어놓고 영국을 떠나게 된다.

1852년 10월, "19일(화) 런던에서 마지막 날. 오늘 여권과 표를 받았다. 밤늦게 귀가하여 여행용 가방 두 개―그중 하나는 로이 여사Mrs. Loy에게 빌린 것이다―에 필요한 물건들을 황급히 담느라, 미처 챙기지 못한 중요한 물건들이 많다. 성경책도 그중 하나다, 아이고 맙소사."

로이 여사가 누구냐고? 카터의 하숙집 여주인이다.

카터는 왜 급히 길을 떠났을까? 그리고 행선지가 어디였을까? 음, 카터는 이번에도 설명을 하지 않는다. 그는 그럴 필요성을 느끼지 않았는데, 그건 일기 작가가 누리는 특권 중 하나다. 그러나 고맙게도, 편지 작가에게는 동일한 규칙이 적용되지 않는다. 그도 그럴 것이, 편지는 작가에게 내러티브를 요구하며, 때때로 독자에게 자세한 설명을 제공하기 때문이다. 그래서 나는 '카터 관련 문건'으로 되돌아가, H.V.가 (19개월 늦게 태어난) 누이 릴리에게 보낸 편지 116통 중에서 3통의 열람을 신청했다. 그 세 통의 편지에는 "파리" 소인이 찍혀 있다. 나는 이번에는 스캔을 요청했는데, 초조히 기다리다 며칠 내에 온라인으로 결과물을 배달받았다. 153년 전의 릴리 카터와 마찬가지로, 나는 H.V.에게서 온 편지를 설레는 마음으로 열어본다.

사랑하는 누이에게,

런던을 떠난 이후 처음으로, 조용한 저녁 시간을 맞이하고 있다. 나는 이 기회를 이용하여 (이건 원래 프랑스식 표현인데, 그들이 영어를 할 줄 안다면 이렇게 말할 테지), 너의 호기심을 어느 정도 충족함과 동시에 불안감을 잠재우려고 한다.

그러나 그는 말문을 열기 전에 단서를 붙인다.

사랑하는 릴리야, 내가 보고 들은 것을 상세히 설명할 거라고 기대하지 말아라. 일련의 공포감과 기이함도 마찬가지다. 내가 이 편지를 쓰는 이유는, 내가 목격한 사실과 관찰한 장면들을 간단명료하게 이야기하기 위해서란다. 그럼 이제부터 시작하겠다.

1852년 10월 23일
파리 센 가, 호텔 드 센de Seine.

다행스럽게도, 카터는 당초 계획을 밀어붙이지 않고 증기선과 철도를 이용하여 파리에 도착하기까지의 과정을 쾌활하고 디테일하게 서술한다. 파리에 도착한 첫날 밤, 그는 여행길에서 만난 두 명의 동료들과 함께 시내로 몰려가 멋진 시간을 보냈다. "우리는 아주 근사한 카페에서 프랑스식으로 저녁 식사를 했지. 모든 것들이 네가 지금껏 구경해 보지 못한 스타일로 장식되고 서빙되었어." 그런 다음, 셋이서 팔레 루아알Palais Royal◆을 거니는 과정을 (숨쉴 틈을 전혀 주지 않는) 하나의 긴 문장으로 서술한다. "장엄한 건물들이 널따란 공간을 메우고 있는데, 그 한가운데에는 광장과 분수와 정원이 있고, 화려한 상점들이 빙 둘러서 있고, 콜로네이드colonnade◆◆와 아케이드◆◆◆들이 휘황찬란하게 빛나고, 명랑하게 재잘거리는 프랑스 사람들이 우글거리더군. 이 모든 것들이 어우러져 멋진 앙상블을 연출했는데, 장담컨대 런던은 물론 세계 어디에서도 볼 수 없는 장관이었어." 나는 이제야 숨쉴 기회를 잡는다. "우

---

◆    프랑스 파리의 리볼리 거리를 사이에 두고 루브르 궁전 북쪽에 인접한 건물. 원래는 루이 13세의 재상 리슐리외의 저택이었는데 그가 죽은 후 왕가에 기증되면서 '왕궁'을 뜻하는 팔레 루아알이라고 불리게 되었다.

◆◆   지붕을 떠받치도록 일렬로 세운 돌기둥.

◆◆◆  아치가 이어진 회랑.

리는 모두 마법에 걸렸었단다."

그는 디테일에 완전히 취한 듯하다. 그가 웅장한 집들이 늘어선 가로수길을 기술하는 대목과 다음 날 여행할 루브르에 대한 정보를 공유하는 대목 사이에서, 나는 그와 똑같은 나이에 파리를 처음 방문했다가 '파리에 오기를 정말 잘했다'고 생각했던 일을 떠올린다. 파리의 가로수길과 루브르는 비록 유일한 이유는 아닐망정, 누군가로 하여금 여행가방을 꾸리도록 하기에 충분하다. 그러나 카터가 파리에 간 이유는 그것뿐만이 아닌 것으로 밝혀진다. 그는 몇 장의 추천서와 하나의 원대한 목적을 품고 파리를 방문했는데, 그의 목적이란 간결했다. 공부를 방금 마친 청년은 그곳에서 공부를 계속하고 싶었던 것이다.

두 번째 편지에서 명백해진 바와 같이, 그가 파리에 간 이유는 유명한 자애병원La Charité Hospital 부설 의학교의 겨울 학기에 등록하고 개학식에 참가하는 것이었다. 카터는 익숙한 일상생활을 이미 재개한 상태였다. "나는 아침마다 규칙적으로 대형 병원 중 한 군데를 방문한다. 그곳의 내과의사와 외과의사들은 오전 8시쯤 출근하기 시작한다. 학생들은 0교시 강의—여기서는 임상 강의clinique라고 부른다—를 듣고, 우유판매점Laiterie으로 가서 아침 식사를 한다(학생들은 식욕이 왕성하다). 정오가 되면, 나는 강의실과 해부실에서 수업에 몰두한다." 이에 더하여, 그는 파리의 유명한 어린이병원Hôpital des Enfants에서 정기적으로 회진을 하고 강의에 참석한다.

솔직히 말해서, 나는 "카터의 프랑스 여행은 매우 영리한 활동으로, 그의 이력서에 금박을 입히기 위한 방법(두말할 것도 없이 프랑스어 실력 향상)이었다"고 말하고 싶은 마음이 굴뚝 같다. 그러나 나는 그렇게 어리석지 않다. 나는 그의 미래를 면밀히 살피다. 이윽고 그가 매일 쓰는 일기에서 '프랑스에서 뭔가 다른 일—누이와 절대로 공유하지 않는 무엇—이 일어나고 있다'는 징후를 포착했다.

그는 성경책을 놓고 올 수는 있었지만, 사탄이 따라오는 것을 막을 수는 없었다. 그것은 마치 폭풍처럼 방향을 바꿨다. 카터가 겪는 영혼의 위기는 신앙에 대한 회의—파리에 머무는 동안 효과적으로 침묵을 지키고 있는 "성찰록"에 대한 반항심—에서 자신의 전문가적 전망에 대한 압도적인 불안감으로 돌변했다. 이제 의사 자격증도 땄으니 학생에서 개업의로 변신해야 하지만, 그의 눈앞에 보이는 것이라고는 어려움밖에 없었다. 그런 어려움을 직시하는 대신, 그는 자신의 미래로부터 도피하여 파리에 머물고 있다. 1853년 1월 1일 일기에 쓴 것처럼, "성 조지 병원에서 웬만큼 성공했고 화려한 학업 성적을 거뒀지만, 그건 다 끝난 일이다. 그 당시 나의 유일한 목표는 지식 추구였지만, 지금은 생계유지를 생각할 수밖에 없다."

카터는 신규 졸업생의 흔한 딜레마에 직면한 게 아니라, '생계를 꾸림과 동시에 향학열을 포기해야 한다'는 갈등에 빠져 있는 것 같다. "과학 사랑과 고도의 전문성을 요하는 분야에 대한 사랑"은 여전히 확고하지만, 그는 "돈 벌 궁리만 하는 '생계형 의사'에 대해서는 하등의 관심이 없다"고 토로한다. 약제상을 겸영兼營하고 도제를 거느린 일반의—존 소여—는 그의 롤모델이 아니다. 동시에 카터는 자신이 "더 큰일을 도모하고 위험을 감수할 만한 자신감과 열정이 부족하다"고 느낀다. 이는 헨리 그레이와 같은 혁신가가 될 수 없음을 의미한다.

"이러다가는 꼼짝없이 소인배가 될 것이다." 그는 자신에게 말한다. "그러나 나의 드높은 야망이 그런 초라한 몰골을 용납하지 않는다는 게 문제다. (…) 나는 이럴 수도 저럴 수도 없는 상황에 놓여 있다. 이건 독이다." 독은 심신을 마비시킨다.

그러나 카터는 '가능한 탈출 계획'을 염두에 두고 있었다. 파리를 향해 떠나기 직전, 그는 하나의 시나리오를 신중히 검토하고 또 검토했다. 그 내용인즉, 소형 화물선을 타고 영국과 인도 사이를 왕래하는 외과의사가 되는 거였다. 인도는 영국의 주요 상품 시장이 되어 있었고, 수백 개의 업체들이 '완벽한 참모진을 갖춘 선박'을 운영하고 있었다. 사실, 성 조지 병원의 외과의사 중 한 명이 카터에게 일반 승무원♦을 보유한 증기선 회사General Screw Steamship Company에 외과의사 자리를 알아봐주겠다고 약속한 적이 있었다. 그런 자리는 런던이나 스카버러로 돌아가 병원 간판을 거는 것보다 훨씬 더 흥미로워 보였음에 틀림없다.

더욱 모험적인 삶을 영위한다는 생각이 스물한 살짜리 청년에게 어필했을 것이라는 추론은 그가 남긴 커다란 단서에 의해 강화된다. 그 단서는, 그가 파리에서 구입하여 쓰기 시작한 새 일기장의 첫 페이지에 나온다. 거기에는 아무런 글씨도 적혀 있지 않고 어떤 사람의 이름이 적힌 우아한 명함만 한 장 붙어 있다.

---

**J. BELLOT, LIEUTENANT DE VAISSEAU**
J. 벨로 대위.

---

벨로라는 프랑스군 대위의 정체는 카터가 릴리에게 처음 쓴 편지를 읽을 때까지 오리무중이었다. 파리에 도착한 첫날 밤, 카터와 함께 시내로 나간 두 사람 중 한 명이 바로 그 사람이었다. 그는 벨로를 일컬

---

♦　배나 항공기에서 장교나 간부들을 제외한 승무원.

어 "영국인인 듯한 젊은 해군 장교"라고 말했다. 나중에 밝혀진 사실이지만, 벨로는 영국인이 아니었다. 그러나 그건 중요한 사항이 아니었다. 와인 여러 잔을 곁들여 저녁 식사를 한 후, 세 사람은 북극 탐험의 최신 소식을 이야기하기 시작했다. H.V.는 릴리에게 이렇게 설명했다. "나는 최근 북극 탐험에 동행한 프랑스인 장교를 극찬했어." 벨로의 모험담은 영국의 모든 신문들을 도배하고 있었다. 그는 프랭클린Sir John Franklin 경 수색작업에 지원함으로써 영국인들에게 영웅이 되어 있었는데, 프랭클린 경은 유명한 영국의 탐험가 겸 선장으로서 북극 지역에서 행방불명된 사람이었다.

릴리에게 쓴 편지에 의하면, 카터는 용감한 프랑스인 장교를 입에 침이 마르도록 칭찬하다 일행의 제지를 받고 멈췄다고 한다.—"그렇게 대놓고 칭찬하면 본인이 민망하잖아. 이 사람이 바로 조지프 르네 벨로 Joseph René Bellot라고!" 벨로(카터는 그를 "신문에 나오는 벨로"라고 불렀다)는 지나치게 겸손한 사람이라 아무도 그가 영웅임을 눈치채지 못하고 있었다. 카터는 그를 우연히 만난 거였다.

다음 날 아침, 카터와 벨로는 아침을 함께 먹은 다음 하루 종일 튈르리 궁전, 콩코르드 광장 등 명소를 쏘다니다 헤어졌다. 벨로는 갈 곳이 따로 있었기 때문이다. 젊은 모험가는 카터에게 지워지지 않는 기억과 명함 한 장을 남겼고, 카터는 그 명함을 새해 첫날 일기를 시작하는 데 사용했다. 명함에 적힌 이름은 결과적으로 그의 인생 이야기의 다음 단계—헨리 반다이크 카터의 생애 2권—를 표시하는 제명題名으로 사용되어, 앞으로 벌어질 일들을 강하게 암시했다.

# 화가

사람은 표면상으로만 사람이다.
피부를 벗기고 해부하면,
순식간에 기계장치가 된다.

───────────

폴 발레리Paul Valéry, 1871~1945

# 8

---

먼 훗날 나는 신경이 이런 기능을 수행한다는 사실을 어디서 알게 되었는지 의아해할지도 모른다.

모닝커피를 마신 지 불과 한 시간 뒤, 나는 참수형을 방불케 하는 끔찍한 일을 거들고 있다. 우리는 시신을 해부대 위에 엎어놓고 가슴에 블록을 받쳐, 머리가 수그러지며 목이 뚜렷한 경사면을 형성하도록 만들었다. 이게 바로 채찍질손상whiplash 형국인데, 채찍질손상이란 '머리를 지탱하는 두껍고 강력한 근육'이 물리적 충격—이를테면 교통사고—을 받았을 때 목이 앞뒤로 채찍처럼 흔들리며 발생한 손상을 말한다. 나는 세 개의 주요 근육을 가로로 절개한다. 머리가장긴근longissimus capitis(머리최장근), 머리반가시근semispinalis capitis(머리반극형근), 머리널판근splenius capitis(머리판상근). 거의 '깡패' 수준인 켈리와 나는 다육질의 횡단면을 몇 분 동안 검토한 후 저돌적으로 전진한다. 우리의 궁극적인 목표는 C1인데, C1은 척주의 맨 꼭대기에 위치한 척추뼈로서 파국적인 목 손상이 일어나는 부위다. 이 깊이 박힌 척추뼈는 (세상을 어깨에 짊어졌다는 신화 속 인물의 이름을 따서) 아틀라스Atlas라고 불리며, 머리라는 구형체의 주춧돌 역할을 수행한다. 그곳에 도달하기 위해, 우리는 몇 개의 근육층을 더 통과해야 한다.

도중에 C4가 눈에 띄는데, 마치 불룩한 지갑 밑바닥에 깔린 지하철 토큰 같은 느낌을 준다. 그러나 그걸 만져보려고 멈추는 대신, 나는 메스를 북쪽으로 약 15센티미터 그어 올린다. 그러자 시신의 반대편에서 나를 바라보던 크리스틴이 머리뼈바닥base of the skull(두개저)을 가로질러 수평으로 절개함으로써 양쪽 귀의 뒷부분을 연결한다. 그녀의 절개선과 나의 절개선이 만나는 부분에서, 우리는 두피의 삼각피부판triangular flap을 벗겨낸다. 내 머리칼과 마찬가지로, 우리 트럭 기사의 머리칼은 (모든 시신들이 그렇듯) 이런 과제를 쉽게 수행하도록 아주 짧게 깎여 있다. 시신의 두피는 동물의 가죽처럼 거친 데다 뻣뻣한 털이 많아 까칠까칠하다.

그렇잖아도 불쾌한 날, 학교 행정실에서는 8월의 뜨거운 아침에 마침 냉방장치를 테스트하고 있다. 덕분에 해부학 실습이 진행되는 동안 모든 창문들이 닫혀 있다. 정적이 흐르는 답답한 실내 공기 속에서, 테스트 대상은 냉방장치가 아니라 우리의 인내심인 것 같다. 모두가 땀을 뻘뻘 흘리고 있어 영안실 같은 냄새가 난다. 나는 수술복 안쪽으로 코를 들이박아, 셔츠 앞면에 그려진 불쌍한 사내의 열렬한 팬이 된다. 겨울철에만 해부를 했던 수 세기 전 정책이 얼마나 지혜로웠는지를 절실히 깨닫는다.

나는 긍정적으로 생각하려고 몸부림치며, '이걸 고고학적 발굴이라고 생각하자'고 되뇐다. 사실, 정오의 태양 아래서 흙먼지 더미를 파

17.—Lateral View of Spine.

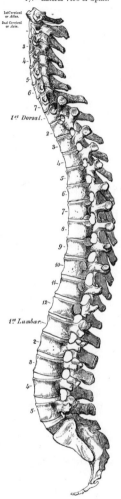

척주의 측면도.

헤치는 것보다 해부학 실습실에서 땀을 흠뻑 뒤집어쓰는 게 훨씬 더 불쾌할 것이다. 그러나 우리는 새로운 사실 한두 가지를 발견했다는 데서 위안을 느낀다.

"여기 C3가 있어요." 샤이엔이 크리스틴 어깨너머로 말한다.

"그리고 이건 C2예요."

우리는 바야흐로 뒤통수밑삼각suboccipital triangle(후두하삼각)으로 진입한다. 이 부분은 뇌의 맨뒤엽backmost lobe 아래에 있는 치밀한 근육 영역이다.

그때 누군가가 헛기침을 한다.

마치 검은고양이처럼, 토프 박사가 우리의 해부대 끝에 갑자기 나타나 이렇게 말한다. "오늘은 여러분의 날이에요." 우리는 그녀가 뭘 말하려는지 잘 안다. 해부학적 반전을 가진 돌발 퀴즈를 내려는 것이다. 물리치료학과 학생들을 대상으로 한 해부학 실습 시간에는, 그룹별로 30분 동안 "특정 운동의 기능적 해부학"에 대한 프레젠테이션을 수행해야 한다. 물론 주제를 제시하는 사람은 토프 박사다. 지난주에 그녀는 케이시가 속한 그룹에게 "양팔을 고정한 상태에서의 심호흡"을 분석하라는 과제를 부여했다. 그것은 마라톤 경기가 끝난 후의 전형적 자세로, 몸을 허리까지 굽힌 채 양손을 뻗어 무릎에 대는 자세를 말한다. 그 전주에는 로빈이 속한 그룹에게 "철십자iron cross 자세"를 분석하라는 과제를 부여했다. 철십자란 고정된 링 위에서 남성 기계체조 선수가 수행하는, 놀랄 만큼 강인한 근력을 요구하는 자세다. 그녀는 언젠가 "하품의 역학"을 분석하라는 과제를 낸 적도 있었다.

이번에 우리 팀에게 부여되는 과제는 뭘까? "오늘 여러분이 분석할 주제는…" 토프 박사는 잠시 뜸을 들인다. "팔굽혀펴기예요."

켈리, 크리스틴, 샤이엔, 샘이 고무장갑을 벗고 커다란 칠판 앞으로 다가선다. 네 학생의 열정이 팽팽한 균형을 이루는 동안, 청강생인 나는 전면에 나서지 않고 수강생들을 뒷받침하는 지원 세력으로만 활동할 예정이다. 나는 천을 끌어당겨 시신을 덮은 다음 지원 세력에 합류한다.

참관인 자격으로 다른 그룹들의 프레젠테이션 준비 과정을 미리 엿본 터이므로, 나는 우리 팀원들의 부담이 매우 많다는 점을 잘 알고 있다. 그들은 팔굽혀펴기에 사용되는 근육·신경·관절의 정확한 배치를 숙지해야 하는데, 이는 30분이라는 시간 제한을 감안할 때 결코 만만한 과제가 아니다. 시간 제한은 교육적 관점에서 볼 때 중요한 요인으로, 모든 물리치료학과 학생들에게 (새로운 환자를 진단할 때와 마찬가지로) 적절한 시간 배분과 순간적인 판단을 요구한다.

네 명의 팀원들은 할당받은 과제를 둘로 나누기로 결정한다. 켈리와 크리스틴은 팔굽혀펴기의 상향 운동—땅바닥을 밀어내는 운동—을, 샤이엔과 샘은 하향 운동을 담당하기로 했다. 이는 언뜻 탁월한 계획인 것 같지만 금세 그렇지 않은 것으로 판명된다. 왜냐하면 두 가지 운동은 서로 고립된 것이 아니라 겹치는 부분이 매우 많다는 사실을 깨달았기 때문이다. 그들은 곧 그 결정을 없었던 걸로 하고 전열을 재정비한다. 인체의 각 부분이 조화를 이뤄 운동을 만들어내듯이, 우리 팀원들 역시 일치단결하여 운동을 분석해야 한다.

그들은 하향식으로 —문자 그대로 꼭대기에서부터—접근한다. 팔굽혀펴기의 시작 자세에서 손목을 안정적으로 유지하려면, 네 개의 손목폄근carpal extensor muscle 및 손목굽힘근carpal flexor muscle과 세 개의 척수신경spinal nerve이 필요하다. 팔꿈치를 약간 굽힌 자세로 유지하려면, 근육(위팔세갈래근triceps brachii, 전방삼각근anterior deltoid, 앞톱니근serratus

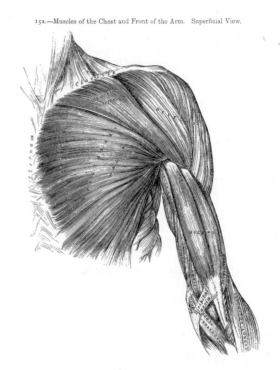

152.—Muscles of the Chest and Front of the Arm.   Superficial View.

가슴과 팔 앞면의 근육들. 피상적 영상.

anterior, 여러 개의 가슴근육)과 신경(C5~C8 및 T1의 척수신경은 물론, 노뼈신경 radial nerve · 겨드랑신경axillary nerve · 긴가슴신경long thoracic nerve)이 필요하다. 그리고 목을 안정적이고 수평적으로 유지하려면, 열 개의 신경과 근육이 추가로 필요하다.

정확히 18분 후, 칠판은 감금된 광인의 벽처럼 엉망진창이 된다.

그들은 필기와 실습을 병행하는데, 다음 단계에 집중하느라 몸을 낮춰 마룻바닥을 향하다 보니— '진짜로' 찰싹 달라붙어 있다—몸을 옴짝달싹할 수가 없다. 급기야 그들은 '어떤 등근육이 관여하고 어떤 등근육이 관여하지 않는지'에 대해 의견이 일치하지 않게 된다.

"내가 여러분을 위해 팔굽혀펴기를 해야 할까 봐요." 내가 자진해 나선다.

마치 구세주를 만난 것처럼, 네 명이 일제히 나를 바라본다.

팔굽혀펴기를 열 번 하고 나니 뭘 좀 알 것 같다. 어깨관절뿐만 아니라 넓은등근, 등세모근, 크고 작은 가슴근이 모두 작동하는 것을 느낄 수 있다. 세 번을 더하니 어깨뼈, 위팔뼈, 오목위팔관절glenohumeral joint이 작동 부위 목록에 추가된다.

"그리고 중력을 언급하는 것을 빼놓을 수 없죠!" 샘이 끼어드는데, 내가 알기로 그 어느 때보다도 열정적이다. 칠판에 마찰되는 백묵 소리에 맞춰, 팀원들은 근심스러운 얼굴에서 확신에 찬 얼굴로 변해 간다. 나는 그들이 프레젠테이션을 잘 마무리할 것을 믿어 의심치 않는다. 아니나 다를까, 그들은 주어진 임무를 성공리에 완수한다.

나는 편애를 혐오하지만, 그로부터 2주 후 해부학 실습실에서 내가 가장 좋아하는 프레젠테이션이 행해졌음을 인정하지 않을 수 없다. 그것은 에이드리언이 소속된 팀에서 분석한 "여왕의 손짓queen's wave"이다. 생기발랄한 여학생 네 명이 왕실 특유의 우아한 동작을 분석하는 장면을 본다는 것은 무한한 기쁨이다. 흰색 실습복과 말총머리가 왠지 매력을 더하는 것 같다. 또한 동작 자체도 매력적이어서, 손짓이라는 단어의 사전적 정의가 옹색하기 짝이 없다고 느껴질 정도다. 왜냐하면 여왕의 손짓이란 손가락을 건성으로 흔드는 게 아니라, 분위기를 휘어잡는 듯한 절도 있는 퍼포먼스이기 때문이다.

팀원들이 설명하는 바와 같이, 그런 섬세한 동작은 결코 간단하지 않다. 예컨대 하나의 동작에서 빗장뼈가 올라가고 어깨뼈가 회전하며 어깨가 벌어지는데, 이 세 가지 움직임이 합세하여 팔을 부드럽게 하늘로 치켜올려준다. 그와 동시에, 여왕은 손을 약간 동그랗게 모은 채 아래 팔을 살짝 바깥쪽으로 비튼다. (여왕은 손바닥이 아니라 손등으로 인사한다는 점을 상기하라.) 물론 근육과 신경의 상당한 상호작용 없이 손 인사를 한다는 것은 불가능하지만, 여왕의 손짓을 위풍당당하게 만드는 동작은 놀랍게도 손목뼈 부분에서 일어난다. 다시 말해서, "여왕의 손짓"의 핵심은 손목에 있다. 왜냐하면 손목은 시종일관 완벽하게 고정되어 있어야 하기 때문이다, 마치 왕권 안정을 상징하는 해부학적 전형인 것처럼. 평범한 "안부의 손짓"을 "여왕의 손짓"으로 바꾸는 부분은 바로 여기다.

조지프 벨로와의 우연한 만남이 파리 여행에 화려함을 더한 것처럼, 왕족과의 조우는 H. V. 카터의 뇌리에 지워지지 않는 기억을 남겼다. 귀향을 위해 짐을 꾸리기 이틀 전인 1853년 1월 30일 일요일, 카터는 (노트르담 대성당으로 향하는 나폴레옹 3세와 그의 약혼녀가 베푸는 대행진을 구경하기 위해) 거리에 늘어선 군중에 가담했다. 나폴레옹 보나파르트 Napoleon Bonaparte의 조카인 마흔네 살짜리 황제는 스페인 태생의 거의 스무 살 아래 미녀 유제니Eugénie를 신부로 맞았다.

"모든 장면은 흥미진진했다. 파리 시민들이 모두 거리로 쏟아져 나왔다." 카터는 일기장에 이렇게 썼다. 축제는 밤까지 계속되었다. 콩코르드 광장에서는 전등이 불을 뿜었고 파리 모든 곳이 휘황찬란하게 빛나, 빛의 도시(파리의 별칭)는 과거 어느 때보다도 반짝이는 도시가 되었다. 그러나 그의 마음속에서 가장 환하게 불타고 있는 것은, 뭐니 뭐니 해도 아침 일찍 일별한 황후 유제니의 자태였다. "오똑한 코, 작은 턱, 약간 동그란 윗입술." 그는 화가의 눈으로 자세히 묘사했다. 그러나 군중들에게 인사하는 그녀의 모습에서 카터가 본 것은, 스물여섯 살짜리 여성의 사랑스러운 얼굴이 아니었다. 그가 본 것은 전혀 딴판의, 체념한 듯 담담한 표정이었다.

런던의 집에 돌아온 직후, 카터는 기억을 되살려 유제니의 초상화를 그렸다. 그러나 일에는 순서가 있는 법. 으레 그러했듯, 그는 헨리 그레이와 연락을 취함으로써 런던 생활에 복귀했다는 흔적을 남겼다. 두 사람은 영안실에서 만나 이런저런 이야기를 주고받았다. 카터의 일기장에 의하면 카터의 주제는 '파리에서의 모험'이었고, 그레이의 주제는 '왕족들과의 만남'이었다. 그레이를 최근 방문한 굵직한 전문가는 캐사르 호킨스Caesar Hawkins 박사였는데, 그는 성 조지 병원 내부에서 (군림해서가 아니라 의료진에게 두루 존경을 받기 때문에) "황제"—이름에 '카이사르Caesar'가 들어 있다는 점도 무시할 수 없다—로 알려진 인물이었다. 호킨스는 그레이에게 "자네의 철저한 해부는 영국의 자랑거리야"라고 극찬한 적이 있었다. (호킨스는 그런 말을 공공연히 할 만한 자격이 충분했는데, 그 이유는 성 조지 병원의 외과과장이기 때문만이 아니라, 최근 왕립외과대학 학장 자리에서 물러난 사람으로서 언젠가 빅토리아 여왕의 주치의가 될 실력자였기 때문이다.) 호킨스가 그레이에게 찬사를 퍼부은 지는 2년이 지났지만, 카터의 일기에 아직도 그런 내용이 적혀 있다는 것은 그레이에 대한 신임이 여전히 두텁다는 것을 뜻한다.

또한 그레이는 해부학 박물관장으로 임명되었는데, 카터가 보기에 그것은 승진으로 볼 만한 가치가 충분했다. "그레이는 큐레이터의 적임자로 자신의 기량을 한껏 뽐낼 수 있다." 그는 그날 저녁 일기에 이렇게 썼다. "그가 부럽다." 그렇다고 해서, 카터가 자기 연민에 빠져 있었다고 오해하면 곤란하다. 그러기는커녕 그는 현실에 안주하지 않고 자신만의 운명을 개척하기 위해 단호한 조치를 취하고 있었다. 증기선 회사에서 연락이 오기를 기다리는 동안, 그는 작품 활동에 에너지를 퍼붓기로 결심했다. 그의 첫 번째 목표는 해부학적 그림 및 스케치의 포트폴리오—그는 이것을 '모음집'이라고 불렀다—를 만드는 것이었다. 그는 학생 시절에 자신을 화가로 고용해달라고 어딘가에 선전할 시간도 의향도 없었으며, 재정적으로 궁핍하지도 않았다. 간혹 그레이나 다른 교수진을 통해 일거리를 얻기도 했지만, 능동적으로 나서지 않고 거의 항상 무보수로 일했다. 그러나 이제는 그런 방침을 바꿔야 했다.

과거 어느 때보다도 마음이 불안한 카터는 쉽사리 결정을 내릴 수 없었다. 그는 인생에서 몇 안 되는 멘토 중 한 명인 프레스콧 휴잇에게 조언을 요청했다. 그가 휴잇 박사에게 던진 질문은 경제성('해부학 삽화가로 일한다면 돈을 벌 수 있을 것인가')이 아니라 적절성('해부학 삽화가로 활동하는 것이 옳은가')이었던 것 같다.

적절성의 측면에서 보면, 대답은 '아니올시다'일 것 같았다. 혹시 그가 다른 화가의 영역을 침범할 가능성이 있지 않았을까? 내 짐작이지만, 그런 염려는 H. V. 카터의 성장 배경에서 비롯된 것이다. 당시 명성을 얻은 현역 화가의 자녀가 자기 힘으로 명성을 얻거나 자리를 잡는다는 것은 거짓말이었다. 그는 아버지의 이름을 등에 업고 다른 화가의 생계를 위협할 수도 있었고, 그렇게 함으로써 딜레탕트dilettante◆로 간주될 수도 있었다.

휴잇 박사는 "그림이란 완벽하게 정당한 예술 활동일세"라고 말해

---

◆　전문가적인 의식이 없고 단지 애호가 입장에서 예술 활동을 하는 사람. 이탈리아어의 'dilettare(즐기다)'가 어원이다.

줌으로써 카터의 염려를 속 시원히 해소했다. "이보게 젊은이, 부디 자
네의 재능을 활용하게!" 용기백배한 카터는 경주마처럼 출발선을 박차
고 내달리기 시작했다.

사실, 그는 출발구barrier에서 나오자마자 넘어졌다. 첫날부터 일자
리 기회가 무산되어 실망과 좌절에 빠진 것이다. 그러나 그는 훌훌 털고
일어나 곧바로 만회했다. 파리에서 돌아온 지 2주가 채 안 된 두 번째
날, 세 명의 의사들에게 자신의 포트폴리오를 보여주고 일거리를 받기
로 약속했다.

"나는 이제부터," 그날 밤 일기에는 활기찬 기색이 역력하다. "의
학 화가로서 규칙적으로 일할 수 있게 되었다. 바라건대, 머지않아 후한
대접을 받을 것이다. D.V.♦♦" 카터가 자신감이 충만한 데는 그럴 만한
이유가 있다. 그는 자신의 최우선 사항top priority을 망각하지 말아야 한
다고 스스로 경계한다. "내 의학 공부의 주된 목표는 전문가로 활동하
는 것인데, 화가는 부수적인 지위에 머물러 있다." 그는 "프로 템포레Pro
tempore!"라고 덧붙이는데, 그 뜻은 "당분간만"이다.

런던에 돌아온 지 4주 후, 그는 일주일 동안 힐Heale 박사가 의뢰한
그림을 그려주고 첫 번째 수입을 올렸다. 금액은 4파운드 7실링이었는
데, 그 정도면 전업 화가로서 전혀 손색이 없어 보였다. 힐은 그레이와
마찬가지로 추가 일거리를 줬지만, 카터는 이미 몸이 근질근질해지고
있었다. "나는 붙박이 전일제 고용fixed and full employment의 유혹에 시달
리고 있다." 그러나 그는 어떤 일자리도 얻으려 하지 않았다.

그는 전일제 조수(대부분의 새내기 의사들이 거쳐야 하는 초보 과정의 일

---

♦♦   Deo Volente. '신의 뜻대로 되기를!'이란 뜻이다.

종) 자리를 두 번 제안받았지만 사양했다. 그중 하나는 아버지의 주선으로 스카버러의 개업의에게서 온 것으로, 아버지의 강권에 의한 게 불을 보듯 뻔했다. "아버지가 연결해준 제안을 어떻게 처리해야 할지 모르겠다." 그는 이렇게 쓰며 잠시 머뭇거리지만, 다시 한번 모질게 마음먹는다. "나에겐 그보다 더 고상한 자리가 어울린다." 물론, 나는 그가 아직도 커다란 꿈을 품고 있음을 잘 안다. 그는 증기선에 오를 희망을 버리지 않고 있다.

3월 초 어느 날, 카터는 승무원 팀을 보유한 증기선 회사의 런던 지사를 방문한다. 아직 차례가 되지 않았다는 회사 측의 설명을 듣는다. 그의 이름은 1852년 10월 이후 인터뷰 대상자 명단에 올라 있었다. 혈기왕성한 젊은이에게, 그런 상황만큼 참기 어려운 것은 없다. 몇 주 동안 간신히 참은 후, 카터는 증기선 회사 사장 앞으로 편지를 보내 "승무원 팀에 합류하고 싶은 열망"을 토로한다. 그는 그 편지를 3월 19일에 발송했는데, 공교롭게도 그날은 저명한 의학 저널 〈랜싯〉에 광고를 게재한 날짜와 정확히 일치한다.

그 광고는 '은쟁반에 새겨진 명함'으로, 런던 의료계 전체에 카터의 이름을 손쉽게 알리는 방법이었다. 그는 단어 하나하나를 신중히 선정하고, 오탈자를 찾기 위해 교정을 보고, 광고가 나왔을 때는 가위로 말끔하게 오려 일기장에 붙였다. 1853년 3월 19일은 그에게 온갖 환상적인 가능성—광고에 대한 반응이 물밀 듯 쏟아지고, 증기선 회사에서 고무적인 답장이 온 데 이어 인터뷰를 거쳐 일자리 제의가 들어오고, 인도로 첫 여행을 떠나는 등—이 눈앞에 펼쳐진 흥분된 날이었다. 그의 미래는 밝아 보였다. 그러나 일기장 한 페이지를 넘기자마자 먹구름이 밀려왔다. 증기선 회사에서 카터에게 "젊고 경험이 일천하다"는 이유를 내

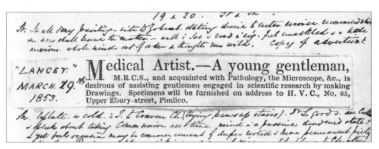

〈랜싯〉에 게재한 광고문안. "의학 화가 — 젊은 신사.
M.R.C.S., 병리학과 현미경 등에 능통함, 삽화를 그림으로써 과학 연구에 종사하는 신사
를 돕기 원함. 모음집을 감상하려면 다음 주소로 일차 왕림하기 바람.
핌리코 어퍼 에버리 스트리트 85번지, H.V.C."

세워, 선박의 외과의사 후보로 부적절하다고 통보해온다. 더욱 실망스
러운 것은 〈랜싯〉을 읽은 과학자들이 감감 무소식이라는 것이다. 도대
체 그 이유가 뭘까? 광고가 너무 고상해서?

카터는 포기하지 않고 초점을 바꿔, 왕립외과대학이 주관하는 '인
간 및 비교해부학 장학생'에 시선을 집중한다. 그것은 매년 6월에 치러
지는 치열한 자격시험에 합격한 사람에게 수여되는, 말하자면 2년짜리
인턴 과정이다. 그 시험에 응시하려면 최소한 두 달 동안은 준비가 필요
했다.

이미 개업 외과의 면허를 취득한 그에게, 인상적인 학술상이나 자
격증은 불필요했다. 사실, 그는 파리에서 새로운 자격증을 여섯 개나 취
득하고 돌아온 터였고, 파리의 병원에서 이러이러한 전문 활동을 수행
했다고 과시할 수 있었다. 그리고 왕립외과대학의 장학생으로 선발된
다고 해서, 증기선 회사가 그에게 요구했던 실무 경험을 쌓을 수 있는
것도 아니었다. 심지어 그런 장학생으로 선발되는 것은 그에게 한 발 후
퇴나 별다를 게 없었다. 그런 쓸데없는 시험에 그가 시선을 돌린 이유가

뭘까? 나는 이런저런 생각을 하던 중, 가장 납득할 만하다고 여겨지는 설명이 떠올랐다. 1852년 6월, M.R.C.S.로 선발되기 불과 몇 주 전에 카터는 그 장학생 시험에서 (간발의 차로) 2등을 차지했었다. 그런데 1등에게만 모든 혜택이 주어질 뿐, 2등에게는 장학금은커녕 자격증도 수여되지 않았다. 그는 이번에야말로 기필코 구겨진 자존심을 만회하고 왕관을 차지하고 싶었던 것 같다.

합격자 발표일은 6월 14일이었다. "나는 왕립외과대학의 해부학 장학생으로 선발되었다!" 그는 흥분한 나머지 정확한 전공 명(인체 및 비교해부학)을 생략했다.

그 소식을 두 번째로 들은 사람은 헨리 그레이였다. 그레이는 진료실로 찾아간 카터에게 소식을 전해 듣고 기뻐할 뿐만 아니라 크게 격려해줬는데, 이는 카터가 왕립외과대학의 트리엔날레 상Triennial Prize(3년에 한 번씩 수여하는 상)에 도전할 기회를 얻었다는 것을 시사한다. 그레이 자신은 4년 전 '인간의 시신경에 관한 연구'로 그 상을 수상한 적이 있었다. "자네는 연구실과 도서관에 수시로 드나들 수 있어. 이번 기회에 독립적인 연구를 해보지 그래?"

"글쎄요, 생각해볼게요." 카터는 썩 내키지 않는 눈치인데, 그 심정을 이해할 만하다. 트리엔날레 상은 굵직한 프로젝트로서 석사 학위 논문에 상당하는 노력을 요하는데, 그는 발등에 떨어진 M.B.Medicinae Baccalaureus(의학사) 학위 때문에 이미 할 일이 많다. (그는 M.B.를 획득한 다음, 마지막 자격증인 M.D.Medicinae Doctor(의학박사)를 획득하기 위해 열심히 노력해야 한다.) 내 생각이지만, 카터는 카터답게 실전 첫날에 살아남을 궁리를 한 데 반해, 그레이는 그레이답게 몇 년 앞을 내다보고 있었던 것이다.

카터가 인턴 과정을 시작한 지 여러 날이 지난 후, 두 사람은 동일한 화제로 이야기를 나눈다. 그리고 이번에는 숨었던 이유가 훨씬 더 뚜렷해진다. 아마도 그레이는 트리엔날레 상이 카터의 성에 차지 않는다고 여기고, '그가 자기와 마찬가지로 (꾸준히 지향할 만한) 확고한 목표를 필요로 한다'고 생각한 모양이다. 그레이는 자신의 우려를 사려 깊고 고무적인 방법으로 표명하지만, 카터는 여전히 관망 모드wait-and-see mode를 유지한다.

사실, 그레이의 생각이 맞는 것처럼 보인다. 카터는 그레이를 만나기 전 6일 동안 약간의 해부 외에는 아무것도 하지 않았고, 자신의 지도교수로 지정된 퀘케트Queckett 씨조차 아직 만나지 않았다. 그러나 그가 도저히 피할 수 없었던 사람들이 있었으니, 그중 한 명은 실베스터Sylvester라는 이름의 '도저히 봐줄 수 없는 친구'였다. 그는 전년도 장학생 시험에서 1등을 차지한 수재로, 카터의 선임자가 되자마자 갑질을 일삼은 모양이다. 그는 카터를 가리키며 "성급하고 악의적이다"라고 험담을 하는가 하면, "시험에서 나타난 너의 해부 솜씨는 다른 수험생보다 열등했어"라고 대놓고 말했다.

설상가상으로, 카터는 "캐사르 호킨스 박사를 비롯한 성 조지 병원의 상급자들이 '사실상 경쟁 관계에 있는 학교의 장학생이 되었다'며 나를 못마땅히 여긴다"는 생각에 사로잡혀 있었다. 그러나 릴리의 말마따나 그건 전혀 얼토당토않은 생각으로, 카터가 신경증적 예의감neurotic sense of propriety에 압도되는 또 다른 사례였다. 그에게 늘 조언을 제공하는 헨리 그레이도 릴리와 똑같은 방식으로 그를 안심시켰다.

그레이는 '폭풍우 속의 피난항'과 같은 존재로, 늘 거기에 존재하며 폭풍우가 있든 없든 카터의 힘을 북돋았다. 그는 모든 것들을 (결코 쉽지

않음에도 불구하고) 해결 가능한 것처럼 보이게 만듦으로써 상대방으로
하여금 열심히 노력하도록 자극했다. 그러나 카터처럼 감수성이 예민
한 사람에게, 일상적인 롤모델과 귀감paragon 사이에는 분명한 차이가
있다. 그리고 1853년 7월 25일, 헨리 그레이는 그 선을 넘은 것 같다. 그
날 저녁, 카터는 친구에 대해 이렇게 쓴다. "그레이가 애슐리 쿠퍼 상을
탔다. 그것도 쟁쟁한 경쟁자들을 물리치고." 그는 약간 믿을 수 없다는
듯한 인상을 풍긴다. 마치 '그레이가 어떻게 그 상을 탔을까'라고 생각
하는 것처럼. 그러나 이내 경탄해 마지않는다. "총명한 친구 같으니라
고."

300파운드의 상금과 함께, 그레이는 그보다 훨씬 더 엄청난 보상
을 받게 된다. 그가 제출한 지라에 관한 논문이 런던에 있는 한 출판사
의 관심을 끌어, 이듬해 단행본으로 출간될 계획이기 때문이다. 물론,
카터는 그레이의 승리를 약소하나마 공유한다. 왜냐하면 그 프로젝트
를 위해 삽화를 그린 사람이 바로 카터이기 때문이다.

안타깝게도, 카터는 그레이로부터 직접 그 희소식을 듣지 못한 것
같다. 왜냐하면 그의 일기에 "그레이는 중병에 걸려 먼 시골에 머물고
있다"라고 적혀 있기 때문이다." 카터는 병명과 증세를 구체적으로 언
급하지 않는다. 내가 성 조지 병원의 행정 기록을 검토한 바에 따르면,
그레이는 큐레이터 보직에 대해 휴가원을 제출할 정도로 병세가 심각
했다. 더욱이 그는 건강을 회복할 때까지 애슐리 쿠퍼 상의 수상식을 연
기해달라고 요청하기도 했다.

그로부터 2주가 채 지나지 않아, 카터는 인생에 있어서 또 하나의
닻을 잃는다. 그 내용인즉, 자신의 친동생이자 룸메이트인 조가 갑자기
병석에 누워, 숙부·숙모·할아버지가 있는 헐로 요양차 런던을 떠난 것

이다. 그는 그날 밤 일기에 이렇게 적는다. "적이 놀랐다, 콜레라 증상이라니."

그즈음 열여덟 살이 된 조는 H.V.가 파리에서 돌아오자마자 다시 합류하여 미술 공부를 계속했고, 둘은 비용을 분담했다. H.V.는 1853년 2월 릴리에게 보낸 편지에서 "조와 나는 아주 잘 지내고 있어"라고 말했지만, 그 후 페달을 거꾸로 밟았다. "그러나 거친 말씨가 조에게 피치♦처럼 달라붙어 있어서 아마도 내 신경을 너무 거슬리게 하는 것 같아."

'아마도'라고? 릴리는 그 말을 듣고 피식 웃었음에 틀림없다. 성격상 상극인 H.V.와 조는 (서로 사랑하는 형제 사이에서만 가능한 방법으로) 서로에게 짜증을 냈다. 조는 영혼이 자유롭고 재미를 추구하는 스타일로, 뼛속까지 무신론자인 것처럼 보였다. 적어도 형의 관점에서 볼 때, 조의 마음속에는 거의 항상 여자가 도사리고 있었다. H.V.가 언젠가 릴리에게 농담 반 진담 반으로 이야기한 것처럼, "젊은 여자에 대한 조의 사랑은 그 어느 때보다도 강렬하지만, 나는 걔가 정작 자기 아내를 얼마나 챙겨줄지 궁금해 죽겠어."

조가 간혹 극심한 짜증을 유발한다는 점을 잘 알고 있었지만, H.V.는 그에게서 엄청난 화가적 잠재력을 발견했다. 둘은 종종 미술관과 박물관을 함께 방문하여, 왕족 컬렉션 중에서 훌륭한 작품들에 관한 느낌을 공유했다. 그중에는 티치아노Tiziano, 터너Turner, 그리고 H.V.와 이름이 같은 반 다이크Van Dyck 그림도 포함되어 있었다. 한술 더 떠서 그들의 아버지가 즉흥적인 미술 강의를 좋아했던 것처럼, H.V.는 (인간 해부학에 대한 확고한 이해가 미술 교육에 필수적이라는 믿음으로) 동생에게 해

---

♦   석유, 석탄에서 얻는 검고 끈적한 물질.

부학 강의를 하는 걸 당연시했다. 언젠가 강의를 베푼 직후, 카터는 릴리에게 심드렁하게 말했다. "조는 훌륭한 해부학자가 되기는 글렀어." 그러나 자기 동생이 언젠가 위대한 화가가 될 것임을 믿어 의심치 않는 것처럼 보였다.

그런 동생이 떠나고 나자, H.V.는 그를 몹시 그리워했다.

"조가 없으니 매우 허전하다." 그는 10일 후 텅 빈 아파트에 혼자 머물며 이렇게 적는다.

9월 말이 되자, 헨리 그레이는 런던으로 돌아와 옛 모습을 회복했다. 그리고 며칠 후 카터에게 새로운 도전을 제기하는데, 그 내용인즉 종전에 시도해본 적이 없는 크고 복잡한 그림 두 점을 그려달라는 것이었다. 그레이는 성 조지 병원에서 실용해부학을 두 학기째 강의하고 있었는데, 그가 카터에게 의뢰한 것은 강의실에서 사용할 대형 흉부 그림이었다.

카터는 그레이의 의뢰를 수락했지만 개인적 망설임이 없는 건 아니었다. 그즈음, 그는 허전함은커녕 정반대의 문제에 직면하고 있었다. "나는 스케줄이 너무 많다"고 일기장에 썼지만, 그건 완곡한 표현이었다. 외과대학에서 수백 개의 표본들을 병에 다시 담고, 퀘케트 교수의 조직학 강의를 보조해야 한다. 게다가 그는 시간을 쪼개 M.B. 취득을 위한 공부를 병행해야 했다. 그는 바빠도 너무 바빴다. 그는 바쁠 때—좀 더 정확히 말하면, 불행함을 느낄 겨를이 없을 때—진정한 행복을 느끼는 사람이었다. 그러나 그림을 완성하기도 전에 줄줄이 밀려들어오는 새로운 요구 사항에 치일 지경이었다. 첫째, 그의 숙부가 느닷없이 런던을 방문하여 충실한 조카와 집주인 노릇을 해주기를 바랐다. 둘째, 실베스터가 무기한 휴가를 내는 바람에, 두 사람 몫을 동시에 수행해야 했다. 셋째, 다른 교수가 자기 대신 해부를 해달라고 지시했는데, 그 첫 번째 과제가 엄청나게 큰 바다코끼리였다. 바깥세상에서 조지프 벨로에 관한 충격적인 소식이 도착했을 때, 그는 고개를 들 시간조차 없었다.

"나의 슬픈 의무는 (…) 그가 세상을 떠났다는 소식을 여러분에게 전해드리는 것입니다." 10월 11일 화요일 자 런던에서 발행된 〈더 타임스〉의 부고 기사는 이렇게 시작된다.

마치 개인적으로 애도를 표하는 편지처럼 읽히지만, 그것은 사실 노스웨스트 패시지Northwest Passage에 있는 비치섬Beechey Island에 정박한 영국 군함 노스 스타North Star에서 보내온 급전을 그대로 옮긴 것이다. 스물일곱 살의 프랑스 출신 장교는, 존 프랭클린 경◆을 찾는 새로운 영국 탐험대의 일원으로 북극에 다시 파견되었다. 그런데 지휘관의 보고서에 따르면, 상황이 크게 악화되었다. 즉 벨로 중위는 두 명의 선원들과 함께 위험천만한 빙하를 건너던 중, 웰링턴 채널Wellington Channel의 깊은 물속에 빠져 익사하고 말았다. 그의 시신은 발견되지 않았다.

급전은 하루 전 런던에 도착했지만, 그 비극은 이미 8주 전에 일어났다. 그러나 벨로의 사망은 카터와 상당수의 런던 시민들이 신문 기사를 읽는 동안 공식화되었다.

벨로 중위는 영국과 프랑스에서 애도되어, 역사적으로 반목했던 두 나라를 다소나마 통합하는 기능을 수행했다. 나폴레옹 3세는 이례적으로 벨로의 가족에게 연금을 지급했고, 영국에서는 템스강 근처에 (프랭클린을 찾는 과정에서 프랑스인이 수행한 역할을 기리는) 오벨리스크를 세

---

◆ 프랭클린과 탐험대원들의 시체는 1984년 발견되어 발굴되었는데, 북극의 얼음 속에 완벽한 미라 형태로 보존되어 있었다. 법의학 검사 결과, 그들은 저체온증이 아니라 납 중독으로 사망한 것으로 밝혀졌다. 오랜 여행을 위해 준비한 통조림에 사용된 금속 중 납이 원인이었다. _원주.

우기 위해 기금이 조성되었다. 〈더 타임스〉는 부고 기사에 이어, 일련의 특집 기사를 통해 용감무쌍한 극지 탐험가의 활약상을 소개했다. H. V. 카터도 〈더 타임스〉에 투고한 기사에서, 파리에서 우연히 만난 벨로를 애정 어린 마음으로 회고했다. 그러나 벨로의 죽음이 카터에게 미친 영향을 완전히 이해하려면, 카터의 일기—엄밀히 말하면 '일기들'—를 들춰볼 필요가 있다.

　카터는 "불쌍한 벨로의 죽음"에 관한 소식을 10월 11일의 '매일 쓰는 일기'와 "성찰록"에 모두—그것도 거의 같은 구절을 사용하여—적었다. 내 생각에, 이런 드문 중복redundancy은 결코 실수가 아니다. 그도 그럴 것이, 벨로의 죽음은 카터의 심신에 큰 타격을 입혔을 테니 두 가지 측면을 모두 다루지 않을 수 없었을 것이다. 매일 쓰는 일기의 경우, 카터는 뜻밖에도 동문서답non sequitur처럼 읽히는 구절을 추가했다.— "나의 키는 5피트 11.5인치(182센티미터)이고, 몸무게는 10.25스톤◆(65킬로그램)임." 그 구절에 대한 나의 첫 번째 반응은 '대단히 고마워요, H. V.!'였다. 그것은 그가 최초로 공개한 자신의 신체 치수였다. 나는 그 이전까지 젊은 시절의 카터에 대한 사진이나 초상화를 본 적이 없었으므로, 드디어 그의 모습을 상상하기 시작할 수 있었다. 얼마나 호리호리한 청년이었는지! 그의 키는 나보다 4인치(10센티미터) 컸지만, 몸무게는 10파운드(4.5킬로그램) 가벼웠다. 그리고 스물다섯 살인 헨리 그레이보다 훨씬 더 컸다. 두 사람이 나란히 섰다면 얼마나 이상했을까! 한 헨리는 키가 크고 야위었는데, 다른 헨리는 땅딸막하고 가무잡잡하고 땅 신령 같았을 테니 말이다.

---

◆　무게 단위. 14파운드에 해당함.

　장담하건대, 카터는 역사가들에게 호의를 베풀기 위해 자신의 치수를 공개한 건 아닐 것이다. 나는 그가 자신의 신체적 자아corporeal self를 찬찬히 살펴보고 있었음을 알게 되었다. 그날 저녁 일기를 쓸 때, 벨로의 사망이라는 냉혹한 현실에 큰 충격을 받은 나머지, 우리가 큰 교통사고를 당한 직후와 비슷한 식으로 반응했을 것이다. 즉 당신이라면 사고 직후 승용차에서 빠져나와, 그런 식의 정신적 점검mental pat-down을 함으로써 당신이 아직 살아 있음을 확인할 것이다. 그는 감정이 고조된 상태여서 자신이 일기장에 무엇을 쓰는지조차 완전히 인식하지 못하고 있었을 게 분명하다. 그는 키와 몸무게 다음에 폐활량("한 번 들이마실 때마다 240센티미터, 정상임")까지도 적었는데, 그 점을 감안하면 어쩌면 그날 신체검사를 받았는지도 모른다. 사실이 어떻든 간에, 나는 이 마지막 디테일(폐활량)을 늘 시적poetic이라고 추론한다. 왜냐하면 호흡이 짧아진다는 것은 인생이 짧아진다는 것을 의미하기 때문이다.

　'죽음의 망령이 카터를 겁먹게 했다'는 사실은 나를 깜짝 놀라게 했다. 해부학도로서, 카터는 다년간 시체를 다뤄왔고, 그의 머리칼과 손과 의복에는 일상적으로 죽음의 냄새가 배어 있었다. 훈련받는 외과의사로서, 그는 수많은 비극적 죽음을 봤고, 감염병이나 수술이 불가능한 질병, 치료가 불가능한 부상이 흔한 시대에 살았다. 그러나 내가 생각하기에, 그는 청춘의 즐거움blitheness of youth을 만끽했고, '성년기로 이행하지 않는 불사신'이라는 자신감을 갖고 있었다. 벨로가 죽었을 때, 카터는 자신의 목덜미에서 차가운 숨결cold breath을 느꼈고—그리고 "인식했고"—이제 그 자신감은 흔들리지 않았다. 예컨대 어느 날 밤의 일기에서, 그는 한 지인이 발진티푸스typhus fever를 심하게 앓는다고 적으며, 패닉에 휩싸인 것처럼 보였다. "또 다른 지인이 이미 발진티푸스로 사망했다. 이건 두려운 경고다! 내가 온전하다고 느껴지는 이유는 뭘까?"

이런 난처한 상황에서 일련의 크고 작은 실족을 경험하는 가운데, 그의 마음속에서는 모든 사건들이 지나치게 증폭되었다. 예컨대 카터는 어느날 그레이와의 약속을 깜빡 잊었다. "약속을 지키지 못하다니, 내가 자랑하던 시계추 같은 정확성에 금이 갔다." 그러나 뒤이어 훨씬 더 큰 실수를 저질렀으니, 11월 중순에 치러진 M.B. 시험을 완전히 망친 것이다. 그건 대형 사고였다. 그 사건이 일어난 후, 그는 일기장에 이렇게 썼다. "마지막으로 겨냥한 최고의 학문적 탁월함을 성취하지 못하다니, 내 공부의 역사에서 꼭 기억해둬야 할 한 주간이다." 카터의 일기에 따르면, 헨리 그레이는 다른 친구나 동료들과 달리 "약속 불이행"을 아예 화제에 올리지도 않는 너그러움을 보였다.

카터의 상황은 매우 빠르게 변해갔다. 나는 '빛의 도시'의 장엄한 조명 속에서 환하게 빛나던 그의 얼굴을 아직도 상상할 수 있다. 그러나 그로부터 한 시즌도 채 지나지 않아, 카터는 완전히 다른 사람이 되어 있었다. 그해 마지막 일기 중 하나에 따르면, 그는 더욱 성숙했지만 우울증에 휩싸여 있었다. 1853년 12월 13일 화요일, 그는 왕립외과대학 해부실에 혼자 앉아 있었다.

"퀘케트 씨의 친절 덕분에, (필수적인 시설이라고는 거의 찾아볼 수 없었던) 이 방에는 이렇게 야심한 시간을 밝혀주는 등불이 설치되어 있다." 자신의 달라진 관점에 어울리는 메타포처럼, 등불은 종전에 그가 눈치채지 못했던 방의 어두운 측면을 드러내고 있다. "벽난로 선반은 절망스러울 정도로 어수선하지만, 머리 위 커다란 들보는 '하늘에 가깝다'는 느낌을 준다. 하늘에 가깝다는 것은 어떤 의미에서 전혀 나쁘지 않다. 가장 좋은 의미에서, 우리는 최소한 아티카Attica—시인들의 거처—에 머물고 있는 게 틀림없다."

"아! 그러나 방부제를 주입하기 위해 방부제 탱크에 가까이 다가갈 때, 탱크에 배어 있는 비시적 냄새unpoetical odour가 우리의 환상을 산산이 깨뜨린다."

선반 위에 놓인 뒤틀린 태아와 동물의 표본을 응시하며, 카터는 그 내면에 깃들인 불길함에 가까운 징조를 보고 있다. "거대한 기형으로 가득 찬 삭막한 표본병들을 보라. 어떤 것은 우리의 최선이자 최초의 상태—유아기—를 흉내내며 조롱한다. 신체 부위가 없는 유아(그리고 그 모든 것이 담겨 있는 병)와 침팬지 새끼들은 '어떤 사람의 자손'과 매우 비슷하므로, 우리로 하여금 인간의 본성을 의심하게 한다." 이것은 의심할 것 없이 (당시 부상하고 있던) 진화 이론을 암시한다.

"해부실에는 온갖 자연물이 우글거린다." 카터는 냉소적으로 덧붙인다. "의대생은 (뼈로 이루어진) 야생동물의 관리인, 바로 아담이다!"

# 9

—————

만약 뼈가 바위처럼 딱딱하고, 불활성이고, 원시인들이 사용하던 석기처럼 생겼다고 생각한다면, 단단히 실수한 것이다. 살아 있는 사람의 몸속에 존재하는 '진짜 뼈'는 신경섬유와 혈관이 가득 찬 역동적 조직이다. 그러므로 손상되면 아프고, 부러지면 피를 흘리며, 지속적으로 파괴되고 구축된다. 그리고 벽화의 색조로 인기를 끄는 본 화이트bone white♦라는 색깔이 있지만, 그건 살아 있는 뼈의 색깔이 아니다. 그보다는 차라리 창백한 장미pale rose를 연상하라.

가장 단순한 의미에서, 뼈는 골격계의 일부로서 우리의 형태를 유지해준다. 그러나 뼈는 필수적인 구조를 보호하는 우리cage, 박스, 그릇이기도 하며, 새로운 적혈구의 인큐베이터로 작용하기도 한다. 우리는 어른 때 뼈 개수보다 100개나 더 많은 뼈를 갖고 태어나지만, 생애 초기

————

♦　회색이나 옅은 다갈색을 띠는 흰색.

에 대부분의 뼈들(이를테면 두개골의 뼈들)이 융합되며 극소수(다리이음뼈 pelvic girdle의 뼈들)는 사춘기 즈음에 융합된다.

어른의 뼈대에는 정확히 206개의 뼈가 존재하며, 치아보다 작은 뼈inner ear bone(속귀뼈)에서부터 앞팔forearm보다 큰 뼈(우리 몸에서 가장 길고 크고 무거운 뼈는 넙다리뼈다)에 이르기까지 크기가 다양하다. 마찬가지로, 뼈의 이름은 시시한 것(이마뼈frontal bone, 코뼈nasal bone)에서부터 놀랍도록 기발한 것에 이르기까지 천차만별이다. 예컨대 볼기뼈hip bone를 의미하는 관골innominate을 문자 그대로 해석하면 무명無名인데, 헨리 그레이는《그레이 아나토미》에서 "기존의 사물과 닮은 점이 전혀 없어서 그렇게 부른다"라고 설명한다. 많은 뼈 이름이 그리스어나 라틴어를 어원으로 하며, 문자적 의미를 추적하기도 전에 뜻이 단박에 떠오른다. 나는 손목뼈carpal bone(수근골)들의 이름(손배뼈scaphoid, 반달뼈lunate, 세모뼈triquetrum, 콩알뼈pisiform, 작은마름뼈trapezoid, 큰마름뼈trapezium, 알머리뼈capitate, 갈고리뼈hamate)을 처음 들었을 때 태양계 전체의 행성들을 떠올렸는데, 그건 전혀 근거 없는 생각이 아니었다. 실제로 반달뼈는 달과 비슷하게 생겼다고 해서 그런 이름을 얻었다.

연약하든, 탈구되었든, 골절되었든, 으스러졌든, 관절염에 걸렸든, 절단되었든, 뼈는 평균적인 물리치료사의 일상생활에서 매우 중요한 부분이다. 결과적으로, 뼈에 초점을 맞추는 골학osteology은 물리치료학과 학생을 위한 해부학 과정, 특히 강의에서 큰 비중을 차지한다. 우리는 실습실에서 해부하다가 늘 '뼈 있는 데'까지 내려가지만, 반드시 그럴 필요는 없다. 왜냐하면 우리의 주된 목표는 (뼈가 병들었거나 다쳤을 때 손상이 지속될 수 있는) 근육, 조직, 힘줄, 인대를 맥락에 따라 검토하는 것이기 때문이다. 종강을 겨우 2주 앞둔 이 시점에서, 우리는 뼈대의 많은

84.—Bones of the Left Hand.   Dorsal Surface.

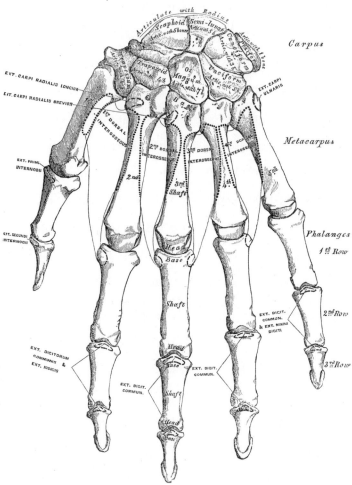

왼손의 뼈들. 뒷면.

부분을 알게 되었다. 그러나 오늘은 27개의 뼈를 더 드러내야 하는데, 그것들을 죄다 추적해도 시신의 손바닥을 벗어나지 못한다. 그도 그럴 것이, 모두 다 손을 구성하는 뼈이기 때문이다.

만약 누군가가 실습실 문틈으로 들여다본다면, 우리를 세상에서 가장 진지한 네일 아티스트로 오해하기 십상이다. 각 해부대마다 두 명의 학생이 시신의 한쪽 손을 맡아, 작은 피부 조각을 절단하여 족집게로 집어내고 있다. 나는 레이첼과 짝을 이루었고, 해부대의 반대편에서는 베키와 제니가 팀을 이루어 왼손을 맡고 있다. 우리가 담당한 손은 남성의 것인데 커다랗고 살집이 많다.

나는 자칭 '산타그루즈의 서핑녀'인 리즈의 대타로 나섰는데, 그녀는 바로 어제 학교를 중퇴했다. 나는 문득 '내가 리즈보다 더 리즈답게 행동하는 게 아닐까?'라는 생각이 든다. 레이첼에 의하면, 리즈는 이 해부학 실습 수업을 일컬어 "너무 과학스럽다"고 했단다. 내가 과학 마니아여서 그런지, 레이첼은 새 파트너를 맞이한 것을 무척 반기는 듯하다. 그녀는 오늘 아침 메스에 날을 새로 장착함으로써 나를 환영했다.

어떤 사람은 피부 제거를 구닥다리 작업으로 여길지 모른다. 그러나 천만의 말씀이다. 피부를 제거하는 작업 자체는 지루하지만, 다른 한편으로 경이로움을 만끽할 수 있는 기회를 제공한다. 우리 신체의 내부와 외부 세계가 접촉하는 지점인 피부는 인체에서 가장 큰 기관으로서 '무엇을 싸고 있는지'에 따라 극적으로 달라진다. 예컨대 당신의 손등을 생각해보라. 손등의 피부는 느슨하고 유연하여 주먹을 꽉 쥘 수 있게 해준다. 그와 반대로, 당신은 손가락을 펼 때 뒷면dorsal surface에 '눈꺼풀처럼 얇은 피부 주름'을 만들 수 있다. 앞면palmar surface(손바닥 면)의 어디에서도 그런 주름을 만들 수는 없는데, 그 이유는 손바닥의 피부는 두

꺼울 뿐만 아니라 바로 밑의 근막fascia과 단단히 엮여 있기 때문이다. 근막에 고정된 손바닥 살은 물체를 쥘 때 미끄러지지 않게 해준다. 살이 근막에 고정되어 있는 것은 발바닥도 마찬가지여서, 느슨한 발등의 피부와 달리 발바닥의 피부는 미끄러지지 않는다.

일단 시신의 손등에서 피부를 제거한 후, 레이첼과 나는 팔을 비틂으로써 손바닥이 위를 향하게 하려고 한다. 그러나 우리의 뜻대로 잘 되지 않는다. 사후경축rigor mortis과 방부 처리 탓에 사지가 뻣뻣해져, 우리는 이러다 앞팔의 뼈가 부러질지 모른다고 우려한다. 그런 끔찍한 골절—상상하건대, 그랬다가는 많은 벌점을 받을 게 분명하다—을 원하지 않으므로, 우리 둘은 너무 세게 비틀지 않으려고 노력한다. 우리는 시신의 팔을 살며시 누르며 작업이 가능한 위치로 서서히 옮겨, 손끝이 해부대의 가장자리를 살짝 벗어나게 한다. 내가 팔을 꼭 잡고 있는 동안, 레이첼은 손바닥의 피부를 벗긴다. 손등의 피부를 벗기는 것보다 훨씬 더 느리지만, 수다를 떠는 데는 도움이 된다. 이런저런 이야기를 나누다 보니, 레이첼과 나 사이에는 뜻밖의 공통점이 하나 있다. 그건 만학도라는 것이다. 그러나 서른네 살인 레이첼은 장거리 달리기에 열심이며, 나이보다 열 살은 더 젊어보인다. 다만 그녀는 덩치가 너무 작아, 시신의 손을 다루기 위해 계단식 걸상을 사용해야 한다.

레이첼이 손바닥의 가운데 주름—손금 보는 사람들은 이것을 수명 선lifeline이라고 부른다—에 도달하자, 우리는 임무를 교대한다. 그녀는 자기 이야기를 계속한다. 도심의 한 세무회계 사무소에서 일하던 공인회계사CPA였는데 진로를 완전히 바꿨노라고. 그녀의 말을 듣는 동안, 내 마음속에는 두 개의 선택지가 떠오른다. 레이첼이 자신의 일에 너무 능통하여 도전 의식을 상실했든지, 아니면 일이 적성에 안 맞아 진로를 바꿨든지. "별로 뛰어난 회계사는 아니었어요." 그녀가 이렇게 말하며 나의 어줍잖은 추리에 종지부를 찍는다.

나는 손바닥의 피부를 다 벗긴 후 손가락으로 넘어간다. 내 생각에, 손가락에서 제거하기 가장 어려운 부분은 '지문을 포함하는 피부'인 것 같다. 손가락 끝부분에 마치 에폭시 수지(접착제의 일종)로 부착되어 있는 것처럼 보인다. 마치 '시신의 신원을 나타낸다'는 임무를 포기하지 않으려는 듯 끝까지 버티다, 결국 메스에 굴복하고 만다.

피부가 벗겨진 손은 안락한 핑크빛 근막이 카펫처럼 깔려 있어 핸섬한 표본이 되었다. 나는 탐침의 뒷부분을 이용해, '엄지손가락 아래쪽 동그란 부분'에 둥지를 튼 '근육 트리오'를 분리한다. 이곳은 손바닥에서 가장 토실토실한 부분으로, 엄지두덩thenar eminence으로 알려져 있다. 손금 분야에서는 금성구Mount of Venus로 불린다. 두 개의 근육은 위에, 다른 하나는 바로 그 밑에 있는데, 밑의 것은 인체를 통틀어 가장 중요한 근육 중 하나다. 이름하여 엄지맞섬근opponens pollicis(무지대립근)으로, 나머지 네 손가락과 마주보는 엄지손가락opposable thumb의 움직임을 가능케 하기 때문이다. 엄지맞섬근은 작은 깃털 모양의 독특한 해부학적 특징을 갖고 있으며, 우리의 영장류 조상에게 도구를 다루고 환경을 (다른 포유동물이 범접할 수 없는 방식으로) 조작하도록 허용했다.

엄지맞섬근은 나를 멈추게 하지만—나는 '이 가느다란 근육 하나가 호모 사피엔스의 진보를 도왔구나'라고 생각한다—아주 잠깐일 뿐이다. 나는 이윽고 메스를 갖다댄다.

엄지맞섬근을 반으로 가르니, 그것을 활성화시키는 미세한 신경—정중신경median nerve에서 갈라져나온 작은 가지—을 더 잘 확인할 수 있다. 시간만 충분하다면, 레이첼과 나는 정중신경을 시작점point of origin까지 추적할 기세다. 그것은 손바닥에서 팔을 따라 올라가, 목 속 깊은 곳에 자리 잡고 있다. 그러나 오늘, 우리는 눈물을 머금고 작은 부분—엄지맞섬근으로 뻗어나온 신경가지—에 집중한다. 수부외과hand surgery 의사들은 그것을 종종 "백만불짜리 신경"이라고 부르지만, 그 신경에 매겨진 값은 '상금'보다 '벌금'에 더 가깝다. 만약 수술—이를테면 손목굴증후군 수술carpal tunnel release—을 하는 도중에 이 신경이 우발적으로 절단된다면, 환자는 더 이상 '기능적인 엄지맞섬근'을 가질 수 없다. 이 경우 백만 달러라는 금액은 의료 과실 합의금을 산정하는 출발점이 될 가능성이 높다. (참고로, 이 신경을 우발적으로 손상시키는 쪽은 의사가 아니라, 베이글을 썰거나 굴 껍질을 까던 환자인 경우가 훨씬 더 많다.)

손은 '신경의 지뢰밭'이므로, 레이첼은 제대로 된 시야를 확보하기 위해 조명 장치의 각도를 조절한다. 또한 손에는 정맥과 동맥과 충양근 lumbricales(네 개의 손가락을 펴거나 뻗도록 도와주는 구불구불한 근육. 여기서 충양蟲樣은 벌레처럼 생겼다는 뜻이다)이 가득하다. 모든 근육들과 마찬가지로, 충양근 역시 힘줄(근육과 뼈를 연결하여 운동을 가능하게 하는 섬유질 조직. 마리오네트를 조종하는 줄을 생각하면 된다)이 없다면 무용지물이다. 장담하건대, 우리가 발견한 것 중에서 가장 놀라운 것은 각각의 손가락을 따라 올라가는 길고 가느다란 힘줄쌍雙이다. 그것들은 연약한 갈대처럼 보이지만, 평생 동안—아니 그 이후에도—버틸 수 있을 만큼 질기다. 그것들은 심지어 지금까지도 작동하고 있다. 레이첼과 나는 시신의 집게손가락을 구부렸다 폈다 하면서, 하나의 힘줄이 다른 힘줄 위에서 미끄러지는 것을 관찰한다.

그중에서 제일 위에 자리 잡은 힘줄의 이름은 다른 힘줄들과 마찬가지로 관련된 근육—앞팔의 한참 윗부분에 위치한 얕은손가락굽힘근

159.—Muscles of the Left Hand.   Palmar Surface.

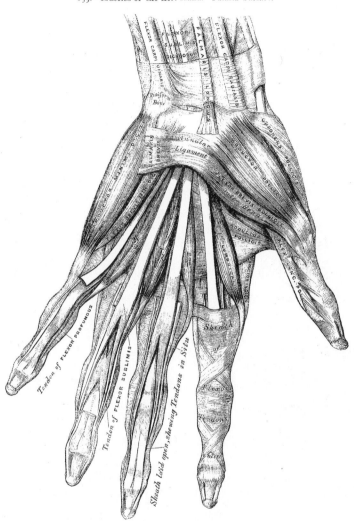

원손의 근육들. 손바닥 면.

flexor digitorum superficialis(표재지굴근)—의 이름에서 유래한다. 이 근육은 구식 이름도 갖고 있는데, 나는 개인적으로 그 이름을 더 선호한다. 그 것은 숭고한손가락굽힘근flexor digitorum sublimis으로, 무려 5세기 동안 사용되었으며 《그레이 아나토미》에도 포함되었다. '얕은superficialis'이 아니라 왜 '숭고한sublimis'이냐고? 글쎄 소문에 의하면, 그 근육이 손가 락들에게 힘줄을 보내주는데, 그 손가락들 중에는 낭만파 시인들이 가 장 중요하다고 여기는 넷째 손가락—이름하여 반지손가락ring finger— 이 포함되어 있기 때문이라고 한다. 독자들이 잘 아는 바와 같이, 결혼 은 '숭고한 행복'으로 이어진다. 아닐 수도 있지만.

레이첼은 나와 함께 근막의 마지막 조각을 벗기며 자신의 인생 스 토리 중 나머지 부분을 털어놓는다. 그녀는 결혼을 했단다. 남편과 함께 오클랜드 언덕의 자택에서 반려견 두 마리와 함께 살고 있다니, 멋진 인 생이다. "그러나 나는 전혀 행복하지 않았어요." 그녀는 회계사라는 직 업을 혐오했고, '숫자'보다는 '사람'과 함께 진실되게 일하고 싶었다. 그 런데 몇 년 전 교통사고 후유증으로 고생하던 중, 한 멋진 물리치료사가 나타나 건강을 회복하게 도와주었다. 그게 인연이 되어 궁극적으로 지 금의 길로 접어들게 되었다. 그러나 저런! 물리치료사가 말해주지 않은 게 하나 있었으니, 물리치료사가 되려면 얼마나 많은 공부가 필요한가 지에 대해서다. 레이첼은 중간고사 성적이 별로 좋지 않았고, 지금은 다 가오는 기말고사 때문에 엄청난 스트레스를 받고 있다고 고백한다. 하 지만 그녀는 결코 포기하지 않는다. "나는 뼈들에 관해 하나씩 알아가 고 있어요." 이렇게 말하는 그녀의 모습이, 마치 복잡한 숫자를 맞추려 고 벼르는 회계사처럼 보인다.

"음, 그렇게 될 수 있도록 함께 노력하기로 해요."

나는 비교용으로 사용하기 위해, 실습실 전체에 전시되어 있는 다섯 개의 뼈대를 눈여겨본다. 나는 그중 하나를 우리 해부대로 가져오며, '나는 이런 것들이 좋아'라고 생각한다. 마치 칼더의 모빌Calder mobile처럼, 뼈들끼리 요리조리 잘도 엮여 있다. 뼈대가 움직일 때 뼈들이 맞부딪치며 달가닥 소리를 내는 걸 보면, 오늘날 흔히 볼 수 있는 '새하얗고 반짝이는 플라스틱 클론(모조품)'이 아니라 '리얼 맥코이(진짜 뼈)'다. 각각의 뼈대들은 크기, 색깔, 표면의 미묘한 자국이 독특하고 다르며, 한때 실존했던 인물의 영구적인 각인이 아로새겨져 있다.

"나는 주변에서 볼 수 있는 엄청난 사실—또는 사실들—을 글로 쓰거나 출판하고, 흥미진진한 사실들을 지켜보고, 비상飛上을 시도하는 꿈을 늘 꾸고 있는 것 같다." H. V. 카터의 1854년 3월 18일 일기는 이렇게 시작된다. "그럼에도 불구하고, 현재 높이 날고 있는 사람들이 초창기에 경험한 시험 비행 및 단기 비행을 전혀 도외시하고 있다."

내가 아는 한, 카터는 바로 거기서 멈출 수도 있었다. 그가 사용한 단어들—침울함과 장난기, 풍부한 감정과 고뇌가 공존한다—은 인생의 구체적인 현실을 잘 기술하고 있다. 그렇기에 나는 그의 글을 읽을 때마다 수긍하는 의미에서 문자 그대로 고개를 끄덕이는 나를 발견하곤 한다. 그렇다. 그건 내가 알고 있는 카터의 진면목이다. 일기 작가와 독자를 가로막았던 장벽이 무너지면서 나는 그가 자신을 바라보는 것만큼이나 명징하게 그를 바라볼 수 있다. 왕립외과대학의 도서관에 앉은 그는 연구실의 고리타분한 분위기에서 벗어나, 몇 분 동안 짬을 내어 글쓰기와 심사숙고를 하고 있는 듯하다. 그는 서가 사이의 열린 창가에 앉아 신선한 공기를 들이마시며 공원을 산책하는 사람들, 이리저리 날아다니는 새들, 최근 방문한 모某 박사를 실어나르는 마차들을 내다본다. 카터는 펜을 다시 잉크에 담근다.

그날 일기에 따르면, 그는 지난 9개월 동안 왕립외과대학에 머무르며 런던 의학계의 기라성 같은 전문가들을 수도 없이 만났다. 그들의 저술은 도서관의 서가를 빼곡히 채우고 있었지만, 그들과의 만남이 그의 희망에 늘 부응한 건 아니었다. 우리는 책이나 출판된 강의록 등을 통해 저자의 사람됨을 알았다고 생각할 수도 있다. 그러나 그 사람을 직접 만나 이야기를 듣거나 대화를 나누거나 관찰해보면, 저자에 관한 기존의 의견이 다소간 흔들리는 경우가 다반사다. 요컨대, "나는 다음과 같은 결론에 도달했다.—어떤 사람에 대해 더 많이 알면 알수록, 그에 대한 호의적인 의견을 유지하거나 그에게 암묵적으로 의존하기가 더욱 더 어렵다."

그날은 '카터가 곧이곧대로 말하는 몇 안 되는 날' 중 하나로 보이는데, 그는 그런 날 나이에 걸맞지 않은 통찰력을 보여주곤 한다. 그 짧은 일기의 마지막 줄은 아름답기까지 하다. "모든 사실에는 일반적으로 두 사람이 관여한다. 한 사람은 부분적 사실을 발견하고, 다른 사람은 그것을 완성하고 수정한다." 이 문장은 격언집에 수록해도 전혀 손색이 없을 만한 간결성을 지니고 있으며, '나(독자)와 카터(일기 작가)'의 경우와 마찬가지로 '두 명의 헨리'에게 쉽게 적용될 수 있다. 그러나 간혹, 나는 그가 적나라하게 드러내는 사실 때문에 당황하곤 한다. 예컨대 그는 이 문장을 적은 지 3개월 후, 헨리 그레이가 방금 출판한 지라에 관한 책에서 고통스러운 사실을 발견한다. 그는 이 페이지 저 페이지에서 자신의 삽화를 발견하지만, 화가인 자신의 이름을 전혀 찾아볼 수 없다. "그레이가 쓴 지라에 관한 책을 보았다." 충격을 받은 그는 일기장에 이

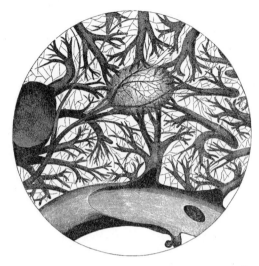

헨리 그레이의 《지라의 구조와 용도에 대하여On the Structure and Use of the Spleen》에 수록된 카터의 삽화.

렇게 쓴다. "자기 입으로 먼저 약속했지만, 내가 기여했다는 흔적을 전혀 남기지 않았다. 이럴 수가…." 큰 충격은 아니지만 꽤 실망한 것 같은데, 능히 그럴 만하다. 그 책의 서문에서, 그레이는 다양한 방법으로 도와준 성 조지 병원 동료들의 이름을 하나하나 거명하며 고마움을 표시했다. 마치 다정한 친구를 거론하는 듯 온화한 말씨였기에, 명단에서 누락된 카터의 충격은 더욱 컸을 것이다. 아무리 그렇더라도, 카터의 유감은 한 문장 이상 지속되지 않는 듯했다. 그는 즉시 그레이의 책을 "매우 훌륭하다"고 칭찬한다. 그리고 문제는 그것으로 일단락된다. 그는 그 문제로 인해 그레이와 단 한 번도 대립하지 않으며, 그레이 역시 그 이야기를 일절 꺼내지 않는다.

그 당시 일어난 사건을 정확히 이해하지 못한 상황에서, 나는 출판업자를 비난하고 싶은 심정이었다. 어쩌면 지면이 부족해서 (물론 그레이의 승락을 받지 않고) 서문에서 한 단락이 누락되었을 수 있다. 나로서는 그게 가장 만족스러운 해석이다. 그러나 카터는 상황을 전혀 다르게 해석했음이 분명하다. 그의 해석에는 세계관의 유의미한 변화가 반영되었을 것이다. 요컨대 그는 자신의 처지를 담담히 받아들였다. 자기 이름이 서문에서 누락된 것은 그레이의 뜻이 아니라 신의 뜻이라고 말이다.

그의 생각에 영향을 미친 것은 섭리Providence인데, 섭리란 나 자신의 성장에도 영향을 미친 기독교 개념이었다. 그러나 엄격한 복음주의자인 카터와 달리, 가톨릭에서는 섭리의 첫 글자 'P'를 소문자로 쓴다. '대문자'와 '소문자'의 차이에는 신의 역사役使를 바라보는 방법(세계관)의 차이가 개재한다. 나는 섭리를 늘 '가장 넓은 의미'로 이해하고 있는데, 그 내용인즉 신은 모든 피조물에 대해 마스터플랜을 갖고 있으며, 개별적인 행동과 사건들은 우리의 이해를 뛰어넘는다는 것이다. 설사 불가해inexplicable하더라도, 세상만사는 섭리적providential—즉 신의 의도대로 되는 것—이다.

그와 대조적으로, 카터는 신을 '세상만사를 좌지우지하는 운영자'로 간주했다. 즉 신은 개인의 행동 하나하나에 대해 호불호를 분명히 드러내며, (하늘에서 개인을 겨냥하여 발사하는 번갯불 같은) 섭리 행위를 통해 인간사에 수시로 개입한다고 생각했다. 케임브리지의 역사가 보이드 힐턴Boyd Hilton이 지적한 바와 같이, 그것은 빅토리아 시대 복음주의의 근본적 신념이었다. "신은 선행과 악행에 대한 보상·처벌 체계를 통해 역사한다." 힐튼은 이렇게 말한다. "다시 말해서, 인간이 받는 고통은 '특별한 악행'의 논리적 결과다. 이 원칙은 개인의 경우에는 거의 항상, 공동체의 경우—이를테면 콜레라 유행—에는 간혹 적용된다. 따라서 섭리는 사람들을 미래의 선행으로 인도하고 계도할 수 있으며, 사람들은 자신들의 고통에 비추어 자신의 행동을 수시로 평가할 의무가 있다.

분명히 말하지만, '섭리'는 카터가 가볍게 들먹인 개념이 아니었다. 1853년 11월 M.B. 시험에서 낙방—그것은 난생처음 경험한 개인적 재앙이었다—하기 전에는 섭리라는 단어 자체가 그의 일기장에 거의 등장하지 않았다. 그로부터 일주일 후, 마음을 추스른 그는 "모든 사건의 배경에는 뭔가 섭리적인 게 있다"는 세계관을 갖게 된다. 그것은 그 자신이 낙방이라는 과정을 통해 내린 진단이었다. 그의 지적 능력에는 하자가 없었으므로—다시 말해서, 그는 시험에 통과할 만큼 명석했던 게 분명했으므로—비난받아야 하는 것은 그의 '능력'이 아니라 '행동'이었다. 나태한 공부 습관, 타인에 대한 질투, 종교적 태만함 등의 이유 때문에, 카터는 신이 개입할 빌미를 제공한 것이었다. 신은 시험을 통해, H.V.에게 명백한 메시지를 보낸 것이었다. 그러나 신의 채찍질은 젊은 카터에게 전화위복의 계기가 되었다. H. V. 카터는 실패를 통해 신의 존재를 느꼈고 결국 신앙심을 회복했으니 말이다.

자신이 발견한 사항을 섣부르게 발표하지 않는 과학자와 마찬가지로, 그는 자신의 획기적 변화에 대해 신중한 태도를 견지했다. "겉으로 드러나지는 않지만, 기독교 원리는 나의 인격—특히 신앙—에 약간의 영향을 미치기 시작하고 있다." 그는 1854년 5월 중순 "성찰록"에서 이렇게 털어놓고 다음과 같이 덧붙인다. "단순한 신앙은 되레 장애물이다." 그의 생각이 180도로 바뀌었다는 인상을 주는 충격적인 구절이다. 그 자신이 끈질기게 추구해왔던 목표가 그리 멀리 떨어져 있지 않은 것 같기 때문이다. 그러나 마음속 회의감이 유혹의 손길을 뻗치는 듯, 그는 이렇게 말한다. "신이 우리의 육신과 영혼을 속속들이 알고 영향력을 행사한다면 우리의 머리카락 수도 헤아릴까?"

지라에 관한 책에서 이름이 누락된 것은 M.B. 불합격에 이어 신이 카터에게 내린 두 번째 경고였다. "섭리는 변명의 여지가 없는 결함 inexcusable deficiency을 합리화하는 구실이 될 수 없으며, 자아 성찰의 추동력이 되어야 한다"는 의식이 강해져가는 가운데, 그는 좌절감을 극복하고 M.B. 시험에 재도전하는 데 매진한다.

그리고 그는 보상을 받는다. "신의 섭리에 힘입어 성공." 그는 1854년 11월 14일 일기에 이렇게 썼다. "M.B.—1급."

'브라보!' 그는 일기에 이렇게 덧붙일 수도 있었지만, 나중에 릴리에게 자랑하기 위해 흥분을 억제한다. "그 시험에 합격했다는 것은 엄청난 지식을 쌓았다는 것을 의미해. 요컨대 그 시험에 대해 말할 수 있는 것은 영국에서 가장 어려운 시험이라는 거야." 그러나 더욱 중요한 것은 신이 자신에게 부여한 더욱 커다란 시련을 통과했다고 느꼈다는 것이다. 잠시 후, 그는 젠체하는 태도로 이렇게 설명한다. "M.B.와 같은 학위는 삶의 전쟁터에서 사용하는 무기일 뿐이며, 어떤 사람들은 학위가 빈약해도 여러 개의 학위를 가진 사람들만큼 잘 싸울 수 있어. 그러나 여러 가지 이유로 전쟁이 곧 시작될 테니, 학위를 갖고 있으면 마음은 든든해."

불과 며칠 후 "성찰록"에서, 카터는 자신이 영적 성장 과정에서 하나의 이정표에 도달했다는 점을 강조한다. 그런데 명시적으로 언급하는 것보다는 은연중 암시가 더 많다. 그는 이 시점에서 "성찰록"을 조용히 덮는다. 기독교인의 삶을 영위할 것인지를 둘러싼 4년간의 긴 갈등은 신에게 유리한 쪽으로 조용히 결말이 났다. 이제부터 계속, 그는 종교적인 묵상을 '매일 쓰는 일기'에 적는다. 그러나 그렇다고 해서, 그의 신앙이 내적 평화inner peace 경지에 도달한 것은 아니다. 그와 정반대로 카터는 예전과 마찬가지로 극심한 번민에 시달리지만, 중요한 차이점이 하나 있다. 과거에는 신의 부재absence를 고민한 반면, 이제는 신의 존재presence를 고민한다. 그러나 슬프게도, 그는 신의 신호signal를 인식하는 기술이 부족하다. 입장을 바꿔놓고 생각해보라. 카터의 삶이 종종 그러했던 것처럼 당신의 삶이 '번개를 동반한 폭풍우'라면, 당신은 그 많은 번개 중 어떤 번개가 신의 섭리인지 분간할 수 있겠는가?

12월 초, 카터는 최근 일기에 등장하지 않았던 소여에게서 한 가지 제안을 받는다. 한때 자신의 견습생이었던 카터에게, 소여는 이틀 동안 자신의 빈자리를 메워달라고 부탁한다. 새파랗게 젊은 의사에게, 이것은 실무 경험을 쌓을 수 있는 좋은 기회일 뿐만 아니라 뜻밖의 찬사이기도 하다. 카터는 9월 초 일주일 내내 소여 박사의 자리를 지킨 적이 있었다. 카터는 그때 일반의로서 불의 심판trial by fire을 받은 셈이었는데, 좀 더 정확히 말해서 불길 속에서 벼랑 끝에 선 것이나 마찬가지였다. "지난번과 달리 이번에는 모든 것이 순조롭게 시작되었다." 카터는 그런 부탁을 받은 것만도 영광으로 생각했다(게다가 그는 대학에서 잠시 벗어날 기회가 생긴 것을 기뻐했다). 실제로 그는 소여 박사가 문을 나서는 것과 거의 때를 같이하여 곤경에 처했다. 그 곤경은 자기 자신에 관한 것이었다. "새파랗게 젊은 용모가 내게 좀 불리한 요인으로 작용하는 것 같다." 그는 이렇게 자평했는데, 나는 그 점을 충분히 납득한다. 사실, 환자들은 '삼촌 같은' 존 소여에게 익숙해 있는데, '조카 같은' 카터라니 —그건 좀 아닌 듯싶었다.

"그런데 당신 누구야?" 나는 고든 드러먼드Gordon Drummond 경이 카터에게 던진 첫 번째 질문을 상상할 수 있다. 그는 소여의 단골 고객인데, 스코틀랜드의 성직자 겸 저술가로서, 이름만 들어도 소화불량에 걸릴 지경이다.

그러나 카터에게 불리한 요인으로 작용한 것은 앳된 용모뿐만이 아니었다.

"호감을 주려고 너무 노력하다 보니, 환자들은 되레 긴장하여 경직된 태도를 보인다." 어느 날 저녁, 카터는 자신의 업무 수행 능력을 이렇게 분석했다. 심지어 격식 없는 환경에서도 사교성이 부족했는데, 하물며 격식을 차려야 하는 환경—고객을 응대하는 상황—임에랴. 카터는 허둥지둥하고 건망증을 보이는 자신을 발견했다. "나는 많은 질문 사항을 빠뜨리는데, 그중에는 증상을 신중히 평가하는 데 꼭 필요한 것도 부지기수다." 그는 이렇게 지적했다. 그러나 젊은 의사를 가장 불안해하게 만든 것은 처방전 쓰는 일이었다. 놀라운 일이지만 그는 실전 지식(점잖게 말하면 임상 지식)이 부족했으며, 간혹 환자가 병원 문을 나선 후에야 최선의 약물이나 용량이 떠올랐다.

"이번 주는 성공적인 진료로 마감되었다." 카터는 행복해 보였다. 부러진 다리를 고쳐주고 1파운드의 진료비를 받았으니 말이다. 그 환자는 이 병원 저 병원을 전전하다 카터에게까지 차례가 왔는데, 사람이 아니라 새—M.이라는 귀족 부인이 총애하는 멋쟁이새bullfinch—였다. 동물을 해부하는 데 일가견이 있는 것은 논외로 하고, 카터는 분해된 동물을 조립하는 데도 재능이 있었던 게 분명하다. 이건 최소한 그의 일기장에서 받은 인상이지만, 그의 일기를 읽다 보면 때로는 그가 (의사가 아니라) 수의사로 훈련받았다는 생각이 들기도 한다. 대학에서 바다코끼리에서부터 개, 말, 갑오징어에 이르기까지 그의 능숙한 메스질을 거치지 않은 동물이 없기 때문이다. 그는 어떤 때는 동물을 그리기도 했다. 1854년 여름, 그는 거대한 남아메리카산 개미핥기를 해부하고 그렸는

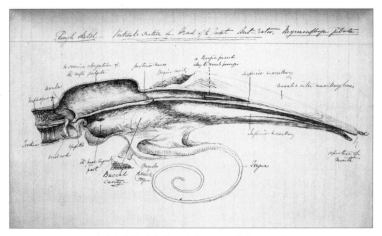

개미핥기의 개략적 스케치. H. V. 카터, 1854년.

데, 그는 그 동물이 리젠트 공원Regent's Park에서 (비록 잠깐 동안이었지만) 인기를 끌 때 실제로 구경하러 갔었다. 개미핥기를 해부하는 과제를 부여받은 카터는 극도로 지독한 냄새를 견디느라 설사와 두통에 시달렸다. 결국 상급자로부터 "그림 솜씨와 칭찬할 만한 근면성" 덕분에 높은 평가를 받았다. 그럼에도 불구하고, 영국을 통틀어 한 마리 남은 희귀 동물이었던 개미핥기가 그즈음 죽고 없었다는 점을 감안할 때, 동물 실험이 현실 세계에 과연 적합했는지 여부는 의아한 대목이다.

카터 자신도 자신의 일이 종종 비전적秘傳的임을 인식하고 있다. "나는 내 비기秘技◆를 꺼리지 않아." 그는 릴리에게 말한다. "사실, 그건 내 적성에 잘 맞아. 그게 내 실무 경험을 확장하거나, 더 많은 환자를 치료하는 데 도움이 된다고 말할 수는 없지만 말이야."

카터가 시달린 장학생을 둘러싼 극심한 갈등은 1855년 1월 1일부

---

◆    자신만이 보유한 희한한 재주.

터 시작되었다. 대학에 머물 날이 6개월이 채 남지 않은 상황에서, 그의
마음을 사로잡을 만한 유의미한 일은 별로 없었다. 퀘케트 씨는 병치레
가 잦아 종종 결근했다. 게다가 후임자가 최근 대학을 그만두고 일반 승
무원을 보유한 증기선 회사에 (좋은 대우를 받기로 하고) 외과의사로 취직
했다. "내가 한때 원하던 자리였는데." 후배의 소식을 듣고 상심했음에
도 불구하고 카터는 내색하지 않는다. 그 문제 말고도, 그에게는 크고
작은 근심거리들이 수두룩하다. 그는 2월 초 일기에 이렇게 쓴다. "가장
중요한 문제는 여전히 어디서 일할 것인가이다." '즐거운 동네 의사'의
꿈을 버리지 못했지만, 그의 마음은 의학 연구 분야에서 경력을 쌓는 쪽
으로 기울고 있다. 게다가 최근 구입한 고성능 현미경은 새로운 가능성
을 열었다. "인체해부학—'동물'이 아니라 '인체'임에 주목하라—에 관
한 한 어떤 분야에서든 능력을 발휘할 수 있을 만큼 자신감을 얻었고,
이제 기회를 기다리고 있다."

　스물네 살 생일 이튿날, 마침내 기회가 찾아왔다. "휴잇 교수로부
터 성 조지 병원 해부학 박물관을 담당하면서 해부학 시범자로 활동하
라는 제의(연봉은 50파운드였다)가 왔다. 친절하고 만족스러운 제안이
다." 만약 그 제의를 받아들인다면, 카터의 주업무는 박물관과 강의실
에서 헨리 그레이를 뒷받침하는 일이 될 터였다.

　"휴잇 교수의 제의는 매우 솔깃하고 여러 가지 면에서 볼 때 유리
한 점이 매우 많다." 그러나 고려할 세부 사항이 몇 가지 있다. 휴잇이
귀띔한 바에 따르면, 카터는 "정규 의료진의 일원으로 학과의 명성을
드높이기 위해 솔선수범해야 한다."—이를테면 굵직한 과학 논문을 출
판한다든지.

　"그런데 난감한 일이 있다. 그레이는 너무 많은 과제를 수행함으로

써 후임자들이 감히 넘볼 수 없는 선례를 남겼다." 카터는 그레이에 필적할 수 없을 것 같다고 지레 겁을 먹는다. 설상가상으로, 그는 주변 사람들이 자기에게 "카터, 저 사람을 좀 봐"라고 넌지시 암시하는 것을 이미 상상하고 있는데, 그 말인즉슨 '그레이가 달성한 업적을 바라보라'는 것이다. 그즈음 그레이는 출세가도를 달리고 있었다. 스물여덟 살 나이에 여러 편의 우수 논문을 출판한 저자, 저명한 해부학 강사, 박물관의 큐레이터였고, 최근에는 성 조지 병원과 성 제임스 진료소의 외과의사로 임명되었다.

물론 카터의 걱정은 헨리 그레이라는 걸출한 인물보다는 자격지심과 더 밀접하게 관련되어 있었다. 그는 이 한없이 작게 느껴진 기간 동안의 심정을 일기에 이렇게 적었다. "나는 탁월함의 사다리를 오르는 데 적합하지 않다는 느낌이 든다. 그건 다른 사람들의 몫이다."

그러나 휴잇 교수는 전혀 그렇게 생각하지 않는다. 그는 "제발 내 제의를 수락하라!"고 재촉하며, 심지어 그 일자리 제의가 신의 섭리일 수도 있다고 지적한다. "그가 나에게 주의를 환기시켰다." 카터는 이렇게 쓴다. "나는 매우 겸연쩍어했으며, 지금까지도 얼굴이 화끈거린다. 이게 정녕 신의 뜻이란 말인가?"

헨리 그레이도 카터의 용기를 북돋운다. "그레이와 대화를 나눈 결과 근심 걱정이 다소 누그러졌다." 그는 3일 동안 전전긍긍한 끝에 이렇게 적는다. 그러나 그레이를 다시 한 번 방문하여 격려를 받고 나서야 최종 결정을 내린다. "간단히 말해서, 그 제안을 수락하겠지만 불안감은 가시지 않을 듯하다."

카터는 우여곡절 끝에 학생에서 교원으로 산뜻하게 변신하지만, 새로 얻은 일자리는 '조용한 출발점'에서 시작된다. 겨울 학기가 시작될 때까지, 그는 '학생 없는 시범자'이기 때문이다. 헨리 그레이로부터 일련의 그림을 그려달라는 의뢰를 받을 때, 카터는 지체하지 않는다. 그림의 주제는 '현미경으로 들여다본 뼈조직'이다.

늘 그렇듯, 카터가 고뇌하지 않은 삶의 측면은 아마 그림 그리기밖에 없을 것이다. 그는 밤에 현미경을 들여다보며 작업하기 위해 램프 하나를 구입한다. 그러고는 몇 날 밤을 새워 총 40점의 삽화를 완성한다. "그레이가 나를 불렀다." 그는 10월 7일 일기에 이렇게 쓴다. "내가 현미경을 통해 그린 그림을 매우 좋아했다." 그림이 얼마나 마음에 들었던지, 그로부터 몇 주 후 그레이는 훨씬 더 큰 프로젝트를 갖고서 카터를 방문한다. 그러나 카터는 프로젝트의 방대함에 전혀 주눅들지 않는다. "오늘은 일기 쓸 거리가 별로 없다." 카터는 1855년 11월 25일 일기에 무덤덤하게 적는다. "그레이는 학생들을 위해 《해부학 편람Manual of Anatomy》을 편찬할 예정인데, 그 책에 들어갈 삽화를 그려달라고 부탁했다. 좋은 생각이다." (이 책은 나중에 《그레이 아나토미》로 유명해질 책이지만, 그건 까마득히 먼 훗날의 이야기다. 현 시점에서 카터는 이 책의 운명이 어떻게 될지 짐작조차 못하고 있다.) "구체적인 계획은 전혀 없다." 그는 이렇게 덧붙이며, 이 프로젝트에서 단순한 화가로 활동하지는 않을 거라고 여운을 남긴다. 그와 그레이는 대등한 공동 작업자collaborator로 해부를 함께 진행하게 될 것이다.

그로부터 2주 후, 카터는 그 주제를 다시 언급한다. 예의범절 분야에서 둘째 가라면 서러워할 카터임을 고려하더라도, 이번에는 이상하리만큼 깍듯한 말투를 사용한다. 일기를 쓴다기보다, 마치 신에게 (프로젝트를 승인해달라는) 청원서를 제출하는 것 같다. "교수진 중 한 명이 일자리를 제안했습니다. 그는 젊은 과학자로, 해부학 교육에 필요한 사례를 모두 제공하려 합니다. 그 일자리는 육신과 영혼에 모두 유익하며, 나의 능력을 유감없이 발휘하게 할 것입니다. 그림은 나의 주특기이자 최고의 재능입니다." 계약 조건은 아직 논의 중이었다. "그레이 씨는 공정하게 행동했습니다. 아마 향후 15개월 동안 150파운드를 받을 것입니다."

그러나 그는 제안을 아직 수락하지 않았는데, 그건 불안해서가 아니라, 매일 밤 신의 인도를 구하는 기도를 하며 응답을 기다렸기 때문이다. 그리고 크리스마스가 되기 전, 그는 이미 응답 받았음을 깨달았다. 생각해보니 그레이의 제안 자체가 응답이었던 것이다.

"《해부학 편람》에 들어갈 삽화를 그려달라는 제안을 다시 논의했다." H. V. 카터는 1855년 12월 22일 일기에 이렇게 썼다. "좋은 결실을 맺을 것 같다. 그레이는 상황 판단이 빠르고 사려 깊은 인물이다. 그의 제안은 신의 섭리인 듯하다."

# 10

---

헨리 그레이는 그것을 턱끝돌기mental process라고 불렀고, 현대 해부학자들은 턱끝융기mental protuberance라고 부른다.

어떻게 부르든 나로서는 혼란스럽기는 마찬가지다. 나를 헷갈리게 하는 주범은 '정신'을 뜻하는 멘탈mental이라는 단어다. "턱 맨 아래 있는 뼈 덩어리가 정신mind과 무슨 관계가 있다는 걸까?"

때마침 토프 박사가 우리 해부대를 지나가기에 나는 그녀에게 물었다. 그랬더니 그녀는 비주얼로 응답한다. "로댕의 〈생각하는 사람〉을 생각해봐요." 딴에는 뭔가 도움이 되기를 바라겠지만, 그녀의 대답은 나의 베개싸움pillow fight에 겨우 깃털 한 개를 첨가한 듯하다.

아무래도 안되겠다 싶은지, 그녀는 심사숙고의 고전적 자세—주먹으로 턱을 괸 자세—를 취한다. '아, 턱끝은 생각(즉, 정신)과 밀접한 관계가 있다는 이야기구나!' 그제서야 자욱한 안개가 확 걷히지만, 물론 그게 정답은 아니다.

"음, 어원적으로 말하자면 그게 아니에요." 그녀의 설명에 따르면, 턱끝융기에 쓰인 '멘탈mental'은 사실 턱을 뜻하는 라틴어 '멘툼mentum'에서 유래한다. '정신'을 뜻하는 영어 단어가 동음어同音語로 끼어드는 바람에 혼란이 가중된 것뿐이다. 생각다 못한 그녀는 우리의 기억을 돕기 위한 연상 수단으로, 로댕의 〈생각하는 사람〉을 끌어들인 것이다.

"이쯤 됐으면, 앞으로 절대로 까먹지 않을 거예요."

나는 토프 박사—나중에, 그녀는 우리에게 킴Kim이라고 불러도 좋다고 했다—의 이런 면을 좋아하게 되었다. 그녀는 연상기호와 어원 분석을 좋아하며, 학생들에게 정확한 해부학 용어를 기억시키기 위해서라면 수단과 방법을 가리지 않는다. 나는 그런 성격을 '헨리 그레이 같은 성격'이라고 부른다. 그레이는 자신이 쓴 교과서에서 종종 용어의 파생어나 번역어는 물론, 기억하기 좋은 시각적 설명을 제공하기 때문이다. 그러나 이 점에서 킴은 연상기호를 싫어하는 데이너와 대척점에 있다. "요즘 너무 많은 학생들이 연상기호를 지렛대나 지름길로 사용하는데, 연상기호는 진정한 이해를 가로막는 걸림돌이다"라는 것이 데이너의 지론이다. 그러나 연상기호가 기억에 유용하다는 점에 대해서는 데이너도 이의를 제기하지 않는다. 예컨대 "톰, 딕, 그리고 신경질적인 해리(Tom, Dick, And Nervous Harry)"라는 연상기호는 하퇴lower leg에서 만나는 한 줌의 해부학 용어(뒤정강근**T**ibialis posterior muscle, 긴발가락굽힘근flexor **D**igitorum longus muscle, 뒤정강동맥posterior tibial **A**rtery, 정강신경tibial **N**erve, 긴엄지발가락굽힘근flexor **H**allucis longus muscle)를 기억하는 데 도움이 된다.

일반적인 학생이라면 이 정도로 충분하지만, 명색이 해부학도라면 여기서 멈춰서는 안 된다. 우리는 시신에서 턱끝융기라는 구조를 확인하고, 그 기능과 시작점 등을 알아내야 한다. 내 경험에 비춰보면, 해부학 실습을 통해 제대로 된 지식을 습득하고 나면 연상기호라는 게 무의미하게 된다. 해부학 실습이 끝날 때마다, 나는 '직접 해부해보는 것보다 더 좋은 학습 방법은 없다'는 진리를 재확인하게 된다.

나는 네 명의 팀원들 중에서 1번 타자로 나서, 이마 꼭대기에서 후두융기Adam's Apple 바로 아래까지 얕게 절개한다. 어떤 의미에서, 이건 형제자매들이 공유하는 방 한가운데를 따라 가상선imaginary line을 긋는 것—베키와 제니가 한쪽을 차지하고, 레이첼과 내가 다른 쪽을 차지한다—과 비슷하지만, 지금 이 시점에서 그런 라이벌 의식 따위는 존재하지 않는다. 사실, 우리는 임박한 사건—시신의 얼굴을 분해함—의 강렬함에 이끌려, 무의식중에 너 나 할 것 없이 일심동체가 된다.

팀을 대표하여, 베키와 내가 메스를 잡는다. 우리 둘은 똑같은 장소(턱보조개cleft chin의 피부)에서 시작하여, 각각 반대 방향으로 절개한다. 그 밑에 있는 뼈가 바로 턱끝융기다. 양쪽 아래송곳니lower canine에서 1인치쯤 내려가면 아주 작은 구멍이 하나씩 있다. 그게 턱끝구멍mental foramen이며, 턱끝신경mental nerve이라는 미세한 신경이 그 구멍을 통과한다. 턱끝신경은 아래턱과 아랫입술에 분포하며, 치과 수술을 할 때 이 신경을 마취하면 국소 감각을 상실하게 된다. 베키와 나는 턱끝신경을 찾기 위해 각각 턱끝구멍을 파헤친다. 베키가 먼저 발견하고 나도 곧바로 찾아낸다. 그것은 미세한 구멍을 통과하는 작고 하얀 섬유로, 실 끼운 바늘을 연상시킨다.

우리의 다음 과제는 좀 더 섬세한데, 그 내용인즉 얼굴동맥facial artery을 노출시키는 것이다. 얼굴동맥이란 얼굴에 분포하는 주요 혈관이다. 헨리 그레이는 얼굴동맥을 가리켜 "목과 얼굴에 있는 혈관으로,

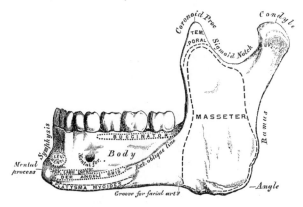

아래턱뼈inferior maxillary bone. 바깥 면 측면도.

엄청나게 길고 복잡하다"고 했는데, 길고 복잡함은 고스란히 해부자의
부담이 된다. 얼굴동맥은 목동맥carotid(경동맥)의 분지offshoot 중 하나로,
목에서 시작하여 아래턱뼈mandible(하악골) 위를 휘돌아 입술과 코에 가
지를 뻗은 다음, 눈구석canthus(안각)의 안쪽에서 끝을 맺는다. (안각의 어
원은 그리스어 '칸토스kanthos'로 문자 그대로 눈의 구석을 의미한다.) 베키와 나
모두에게, 굽이친 가지들을 해부하는 일은 상당한 시간과 주의가 요망
된다. 그러나 어렵사리 완료하고 나니, 우리 눈앞에 드러난 것은 '얽히
고설킨 혈관'뿐만이 아니다. 베키가 드러낸 혈관은 내가 드러낸 혈관의
거울상이다. 인체의 내적 대칭성을 뜻밖의 경이로운 데칼코마니 작품
으로 보여준다.

　다음으로, 우리는 각자 알아서 해부를 진행한다. 물리치료학과 학
생을 위한 해부학 실습 과정의 마지막 시간으로, 학생들에게는 기말시
험을 앞두고 어려운 부분들을 복습할 기회다. 레이첼과 제니는 시신의
발로 향하고, 베키는 팔신경얼기brachial plexus에 집중한다. 청강생인 나

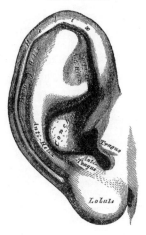

288.—The Pinna or Auricle.
Outer Surface.

귓바퀴.

로 말하자면, 이번 시간은 인체를 탐구할 마지막 기회다. 나는 TMJ(측두
하악관절temporalmandibular joint을 말하며, 간단히 턱관절이라고도 부른다)를 탐
구하기로 결정하는데, 나는 그동안 시간이 부족해 TMJ를 해부해보지
못했다.

나는 즉시 장애물 하나를 제거하는데, 그건 바로 귀다.

실습 매뉴얼에는 귀를 제거하는 방법이 나와 있지 않으므로, 나는
오로지 본능에 의지해 작업한다. 나는 두피에 붙어 있는 귓바퀴pinna를
잡아당기며 메스로 타원형을 그린다. 그러고는 마치 잡초의 뿌리를 자
르듯, 예리한 각도로 도려낸다. 이 방법은 곧 놀랍도록 효과적인 것으로
판명된다. 귓바퀴가 통째로 깔끔하게 들려나왔으니 말이다. 그러나 나
는 예기치 않은 딜레마에 봉착한다. "잘라낸 한쪽 귀를 어디에 쓰지?"

베키는 당장 쓰레기통에 버리라고 하지만, 그건 좀 성급해 보인다.

"누군가에게 갖다줄 수도 있어요." 제니가 얼굴을 찌푸리며 제안하는데, 빈센트 반 고흐Vincent Van Gogh를 암시하는 듯하다. 일설에 의하면, 고흐는 자신의 귀를 종이에 싸서, 한 창녀에게 주며 잘 보관해달라고 신신당부했단다.✦ ('가만 있자. 그녀의 이름이 레이첼이었던가?') 나는 그 귀를 타월에 싸서 당분간 옆으로 치워둔다.

귀가 있었던 부분에는, 이제 크기와 형태가 꼭 강낭콩 같은 구멍이 남아있다. 그 구멍은 외이도로 들어가는 입구인데, 외이도는 TMJ 바로 뒤쪽으로 이어진다. "그러니 턱관절 삐걱거리는 소리가 그렇게 크게 들릴 수밖에!"라고 나는 중얼거린다. 나는 다년간 TMJ 장애TMJ disorder라는 질병을 앓아왔다. TMJ 장애란 두 개의 뼈가 만나는 부분(TMJ)에서 발생하는 다양한 문제들을 총칭하는 포괄적 개념이다. 나의 경우에는 잠잘 때 이를 심하게 가는 버릇이 있고, 하품하거나 음식물을 씹거나 입을 벌릴 때마다 턱에서 '딱' 또는 '덜거덕' 소리가 난다. 내 귀에는 그 소리가 엄청나게 크게 들리므로, 나는 다른 사람들이 그 소리를 듣지 못한다는 사실을 알 때마다 늘 소스라치게 놀란다.

그러다 보니 나는 턱을 지나치게 의식해왔는데, 난생처음으로 그 이점을 톡톡히 누리고 있다. 마치 내 뺨에서 반사되는 음파처럼 덜거덕 소리가 (시신의 TMJ를 해부할 때 참고하기 위해 내 얼굴을 더듬는) 내 손을 안내하기 때문이다. 나는 귀밑샘parotid gland(이하선)과 귀밑샘관parotid duct을 잘라낸 다음, 강력한 씹기근육masticatory muscle(저작근)을 살며시 절개한다. 다음으로, 손가락으로 더듬고 메스의 날과 손잡이를 적절히 사용

---

✦ 2016년 고흐가 잘라낸 귀를 종이에 싸서 가져다준 여성은 창녀가 아니라 사창가에서 세탁부로 일하던 여성이었다는 사실이 128년 만에 새로 확인되었다. https://news.artnet.com/art-world/van-gogh-ear-gabrielle-berlatier-566720.

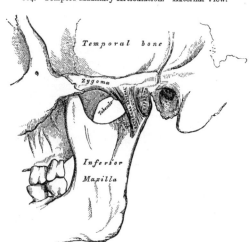

104.—Temporo-Maxillary Articulation.  External View.

측두하악관절. 외부에서 바라본 모습.

해가며 관절을 덮고 있는 근막층을 벗겨낸다. 그건 마치 마늘의 질긴 껍질을 여러 겹 벗기는 것처럼 지루하지만, 나는 '딱' 소리의 진원지를 찾아내는 데 완전히 몰입해 있다. 마치 해저를 샅샅이 뒤지는 수중 음파 탐지기처럼.

두 시간쯤 지난 후, 나는 거의 완벽한 TMJ 표본을 노출시킨다. 거기에는 가장 섬세한 부속품 중 하나가 포함되어 있는데, 그것은 옆머리뼈temporal bone(관자뼈)와 아래턱뼈 사이에서 일종의 완충장치 역할을 하는 미세한 연골원판cartilaginous disk이다. 이 판이 손상되거나 (나의 경우처럼) 마모되면 TMJ 장애가 일어난다.

해부대에서 한걸음 뒤로 물러나 내 솜씨를 평가해보니, 크게 칭찬받아도 전혀 손색이 없어 보인다. "아름다워요." 내 동료들이 진심으로 동의한다. 그건 킴도 마찬가지다. 그녀는 실습실 이곳저곳을 돌아다니며, 다른 팀들에게 "저기 가서 빌의 솜씨를 구경하세요"라고 소문을 낸다. 나는 어깨너머로 탐구심 가득한 시선들을 느끼며, TMJ 주변의 조직을 마지막으로 깨끗이 청소한다. 학생들은 내 모습을 묵묵히 응시한다, 마치 막 끝낸 작품에서 솔로 먼지를 털어내는 조각가를 보는 것처럼. 그들은 진심으로 내가 방해받기를 원치 않는 것 같다.

"잘했어요!" 케이시가 침묵을 깨며 말한다. "비결이 뭐예요?"

나는 졸지에 TMJ 분야의 달인이 된다. 나는 다른 세 팀의 해부대로 초청되어, 시신의 귓바퀴를 세게 잡아당기며 절차를 설명한다.

실습이 끝나갈 무렵, 나는 해부학 실습 과정을 진짜로 수료한 듯한 기분이 든다. 설사 그렇더라도 나는 만족하지 않는다. 내 지식은 허점투성이여서 보완할 게 한두 가지가 아니기 때문이다. 예컨대, 나는 턱끝구멍을 잘 기억하기 위해 근사한 메타포 구절을 만들어내려고 애쓰는 속물이고, 왕년에 뇌를 공부해본 적이 전혀 없으며, 신경계를 제대로 이해하느라 아직도 진땀을 흘리고 있다. 킴은 나에게 마지막으로 해부학 실습 강좌를 하나만 더 수강하라고 권한다. 이번에는 의대생을 위한 강좌다. 그녀는 2주 후 자기 집에서 열리는 종강 파티의 초대장과 상세 내용을 이메일로 보내주겠다고 약속한다.

거의 모든 학생들이 종강 파티에 참석했는데, 이는 킴을 애정하는 사람이 나 하나뿐만이 아니라는 증거다. 유일한 불참자는 레이첼인데, 그녀는 F학점을 받을까 봐 두려워 중도에 포기했다. 그녀는 내년 여름학기에 물리치료학과 학생을 위한 해부학 실습 강좌를 다시 수강해야 한다. 다른 강좌에서 나와 팀을 이뤘던 학생들이 대부분 그러했듯, 베키와 제니는 A학점을 받았다. 이제야 알게 된 사실이지만, 나는 합격점을 받았다. 킴은 마지막 수업에서 내가 해부한 TMJ를 부교재로 사용했다. 실습용 시신들에는 부위마다 기호가 붙어 있어서, 예컨대 그녀는 A라 는 기호가 붙은 근육의 이름을 대며 그것이 TMJ의 운동 과정에서 수행 하는 역할을 설명한다.

"당신 덕분에 나는 TMJ를 해부할 필요가 없었어요." 킴이 말한다. 그러면서 그녀는 나의 하이네켄에 스내플Snapple 병을 부딪친다. "고마 워요, 빌!"

"다들 이리 와요." 그녀가 덧붙인다. "이제 의식을 치를 시간이에 요." 샘은 단체 사진을 촬영하기 위해 디지털 카메라를 뒷베란다 데크 위에 올려놓는다. 그는 자동 셔터를 설정한 다음, 부리나케 달려와 킴과 나 사이에 끼어든다.

"찰칵!"

그 순간, 6개월 전 나를 이 여정으로 인도한 사진—헨리 그레이와 학생들이 성 조지 병원의 해부실에서 촬영한 단체 사진—이 전광석화 처럼 떠오른다. 나는 그 사진을 내 컴퓨터의 바탕화면에 월페이퍼로 깔 아놓고 하루에도 몇 번씩 등장인물들을 들여다본다. 그 사진은 늘 나의 시선을 사로잡는다. 나는 더 이상 헨리 그레이에만 집중하지 않고, 다른 인물들을 유심히 관찰한다. 예컨대 그레이 바로 옆에 앉아 있는 신사는 머튼찹mutton chop◆에 까만색 정장 코트를 걸친 품이 영락없이 스미스 브 라더스◆◆의 후계자처럼 보인다. 그 신사 바로 뒤에 서 있는 젊은 동료는

---

◆　일명 '구레나룻' 또는 '울버린 수염'. 명칭은 '양 갈비에 붙은 고기' 같이 보인다는 데서 비롯 됐다.

◆◆　스코틀랜드 출신의 형제로, 뉴욕주 남동부 포킵시에 정착한 후 진해정cough-drop을 만들어 판매하여 떼돈을 벌었다. 구레나룻으로도 유명하다.

팔짱을 끼고 있는데, 잘 살펴보니 왼손을 잃은 모양이다. 그리고 시신 바로 뒤에는 두 명의 '장난꾸러기'가 앉아 있는데, 그중 왼쪽 사람이 시신의 손을 붙잡고 있는 것 같다. 그러나 이 사진에서 내가 가장 주목하는 점은 한 사람이 누락되어 있다는 것이다. 그 사람은 바로 H. V. 카터다.

이 사진이 촬영된 1860년 3월, 카터는 더 이상 해부학 시범자가 아니었다. 그는 심지어 성 조지 병원과 제휴 관계에 있거나 런던에 거주하지도 않았다. 사실 그는 향후 30년 동안 영국을 자신의 고향이라고 부르지 않게 된다.

그 30년 동안 도대체 무슨 일이 있었던 걸까? 카터는 어디로 사라졌고, 그 이유는 뭘까? 음, 우여곡절이 많은 풀스토리에는 빅토리아 시대 소설의 단골 메뉴인 '격정적 스토리'가 완비되어 있다. 그러나 모든 일에는 순서가 있는 법. 두 명의 헨리에게는 아직도 완성할 걸작 하나가 남아있다. 그리고 공동 작업을 시작한 지 불과 2주 만에, 헨리 반다이크 카터는 커다란 장애물에 부딪히게 된다.

# 11

---

"그레이와 오랫동안 한담을 나눴다. 그는 '그림을 그리고 싶은 마음이 굴뚝 같지만 작업을 시작하려면 시간이 좀 더 필요하다'는 내 심정을 이해하지 못한다." 카터는 1856년 1월 8일 일기에서 이렇게 하소연한다. "그는 '닥치고 실행!'을 부르짖는 완벽한 실용주의자로, 주요 관심사는 비용이다. 나의 경우, 붓을 들기에 앞서 '충분한 에너지 축적'과 '적절한 조언'이 필요하다. 지금 당장은 마음이 건강하지도 안정되지도 않아, 괜히 시간만 낭비하고 있다."

이건 한담이라기보다는 '옥신각신'에 더 가깝게 들린다. 나는 이 구절을 읽을 때마다, 마치 타임머신을 타고 150여 년 전 그 자리로 날아가 《그레이 아나토미》가 탄생하는 초기 장면을 가슴 졸이며 감상하는 듯한 느낌이 든다. 두 사람의 헨리는 각각 다음과 같은 역을 연기한다. 발주자인 그레이는 비즈니스만 생각하는 데 반해, 수주자인 카터는 개성이 강한 화가로서 영감이 떠오르지 않아 애태우고 있다. 오! 카터는 자신의 심정을 제대로 이해받지 못해, 비탄에 잠겨 있는 듯하다. 그는 심지어 곤경에 빠져 있는 것 같기도 하다. "마음이 건강하지도 안정되지도 않아"라는 구절은 늘 나로 하여금 갑자기 멈칫하게 한다. 명확한 진단을 내릴 수는 없지만, 이 청년은 화가의 창의력 고갈뿐만 아니라 심각한 우울증에 시달리는 것 같다.

나는 그날 일기의 첫 부분을 읽는 순간, H.V.가 그즈음 침울한 기분에 휩싸이는 경향이 있었다는 느낌이 들었다. 하지만 나는 그런 경향을 어느 정도 에누리해서 들었다. 어떤 사람의 일기를 읽다 보면, 간혹 감정이 격앙된 부분이 있어 차라리 건너뛰고 싶은 생각이 드는 경우가 있기 마련이다. 또한 나는 카터의 침울함에서 예측 가능한 패턴을 주목했다. 나도 젊은 시절 그와 비슷한 증상을 겪었다. 나는 그 증상을 '일요일 증후군Sunday syndrome'이라고 부른다. 그의 일기는 일요일만 되면 장황해지며 진심이 흠뻑 담기고 고뇌에 차는 경향이 있다. 그도 그럴 것이, 일요일은 우리가 세속적인 일들을 제쳐놓고 시간을 내어 성찰하거나 교회에 나가는 날이기 때문이다. 충직한 마틴 목사가 하는 설교는 늘 최고이거나 탁월하여, 카터에게 언제나 '선하고 도덕적이고 근면한 사람이 되어야겠다'는 결의를 다지게 했다. 일요일을 마감하는—일기를 쓰는—시간이 되면, 그는 완전히 잡친 기분으로 '내가 지향하는 이상적인 기독교인이 되려면 한참 멀었다'고 스스로 다그치곤 했다. 그의 절망감이 극에 달한 것을 보고, 나는 종종 '일주일이 엿새라면 더 행복한 사람이 되었을 텐데'라고 안쓰러워할 정도였다.

그의 일기장에 어두운 기분이 점점 더 빈번히 스며들자, 일요일 증후군이라는 말을 더 이상 쓸 수가 없게 되었다. 1856년 초, 카터의 침울한 기분은 최악의 멜랑콜리로 곤두박질쳤고, 스물다섯 살짜리 청년은

우울증의 고전적 신체 증상(축 처지고 피로하고 무기력함)으로 일기장을
도배한다. 카터도 자신의 컨디션 저하를 잘 알고 있지만, 해결책을 몰라
허둥지둥한다. "바야흐로 자구책을 마련해야 함에도 불구하고, 나는 절
망감에서 헤어나지 못하고 있다. 임시변통으로만 일관할 뿐, 지속적인
해결 방안은 없다. 타율적으로 행동하지 말고, 확고한 목적의식을 가져
야 한다."

그는 놀랍게도 이 마지막 시련을 헤쳐나가지만, 그러는 데 꼬박 4
주가 걸린다. 마침내 그는 이렇게 쓴다. "이번 프로젝트를 위해 몇 장의
그림을 처음으로 그렸다."

앞으로 360장을 더 그려야 한다.

카터에게 요구되는 작업량은 벅차기 이를 데 없다. 그도 그럴 것이,
백과사전이나 다름없는 해부학 교재를 1년 반 이내에 완성해야 한다.
그런 상황에서, 나는 두 사람 사이에서 발생하는 다툼과 의견 대립이 더
많이 부각될 것으로 예상한다. 그러나 예상과 달리, 저자와 화가는 처음
부터 '우리가 원하는 책'에 대한 강력한 비전을 공유한다. 역사가 루스
리처드슨Ruth Richardson이 《그레이 아나토미》 39판 서문에서 논평한 바
와 같이, "두 사람 모두 '멋들어진 책'이나 '값비싼 책'을 만드는 데는 관
심이 없었다. 그들의 목적은 '우리의 제자들과 똑같은 처지에 놓인 학생
들에게 가격이 적당하고 내용이 정확한 강의 교재를 제공하는 것'이었
다."

두 사람 모두 학생들을 가르치는 데다 비교적 최근에 '학생' 딱지
를 뗐으므로, 작은 혁신이 커다란 효과를 발휘할 수 있다는 점을 잘 알
고 있었다. 예컨대 3부작으로 나온 퀘인의 《해부학 요강》과 달리, 그들
이 만드는 책은 '학생들이 인체에 대해 알아야 할 모든 것'을 담은 단행

본이 될 예정이었다. 더욱이 포켓판(10×17센티미터) 교과서가 유행하는 추세에 반발하여, 그레이와 카터 그리고 출판사(존 파커 & 선)는 통상적인 책보다 큰 책—큼지막한 크기의 글자체와 살아 숨쉬는 듯한 삽화로 이루어진 책—을 계획하고 있었다. 그레이와 카터가 선호하는 판형은 15×24센티미터였는데, 그 정도면 가볍고 휴대하기 쉬워 학생들이 사용하기에 안성맞춤이었다. 출판사 측도 판형에 이의가 없었는데, 그 이유는 판형이 클 경우 가성비가 높다는 장점이 있었기 때문이다. 요컨대, 그 책은 기획에서부터 판매에 이르기까지 용의주도하게 설계되었다.

나는 여기서 작은 아이러니를 발견했다. 그 내용인즉, H. V. 카터가 그레이를 지칭하는 데 사용했던 별명('완벽한 실용주의자')은, 두 사람이 염두에 두고 있던 책의 특징을 일컫는 말로도 사용될 수 있다는 것이다. 다시 말해서 그 책은 완벽한 실용서였다. 한걸음 더 나아가, 실용성은 프로젝트가 진행된 18개월 동안 내내 원리처럼 작동했기에 저자와 화가가 티격태격하느라 시간을 낭비할 여지는 전혀 없었다. 예컨대 두 사람이 함께 해부를 하면, 각 삽화의 세부 사항—해부의 어떤 단계에서 그림을 그릴 것인지, 표본을 어떤 각도에서 바라보며 그림을 그릴 것인지 등—을 신속히 합의할 수 있으므로 여러 가지 면에서 시간이 절약될 수 있었다. 또한 두 사람은 노련한 해부학자로서, 가장 귀중한 자원—시신—을 가장 잘 이용하는 방법을 확실히 알고 있었다. 따라서 해부 목적(실습용 VS 저술용)을 오인한 나머지 자원이 낭비될 염려도 없었다. 나는 원고에 대해서도 똑같은 원리(자원 절약이란 실용성)가 적용됐을 거라고 예상한다. 장담하건대, 그레이는 과거 3년간 수행한 강의록에 기반하여 본문을 작성했거나, 새로 작성한 본문에 기반하여 새로운 강의록을 만들었을 것이다. 내 생각에, 그레이의 산문에서 독특한 톤이 느껴지는 것은 바로 이 때문인 것 같다.《그레이 아나토미》를 펼쳐 아무 구절이나 읽어보라. 초롱초롱한 눈망울의 학생들에게 저자 직강을 하는 듯한, 노련한 강사의 명확하고 느긋한 음성이 생생하게 들릴 것이다.

카터는 기존에 수행했던 두 가지 임무('시범자로서 수행한 해부'와 '해부학 박물관을 위해 수행한 해부')를 활용하여, 책에 수록할 만한 주제를 선별했다. 처음에는 종이에 그림을 그렸지만, 프로젝트가 6개월에 접어들 즈음 근본적인 변화를 시도했다. 즉 나중에 책의 판으로 사용될 목판에 직접 그림을 그리기 시작했다. 출판사의 요청이었든 그의 발상—이건 내 추측이다—이었든, 이 같은 변화는 (다른 사람이 그림을 종이에서 나무로 옮겨야 하는 수고를 덜어줌으로써) 엄청난 시간 절약 효과를 거뒀을 것이다. 심지어 그것은 전혀 새로운 매체로 이행하는 것이었는데, 카터는 그 변화가 순탄치 않을 거라고 생각했다. "나는 키너턴 스트리트에서 개고생을 하고 있다." 그는 실습실에서 하루 종일 일하던 어느 날 이렇게 썼다. "자연의 모습을 나무에 그리고 있는데 최종 결과를 장담할 수 없다. 허접한 결과가 나오지 않게 하려면, 부단한 연습과 개선이 필요하다." 여기서 주목할 만한 것은 그가 좌절하거나 실망한 듯한 기색을 보이지 않는다는 점이다. 그건 사실 타고난 성격 때문인데, 카터는 뭔가 새로운 것을 배울 때 가장 큰 행복을 느끼는 사람이었다. 복잡하게 생각할 것 없이, 나중에 완성된 책을 보면 그가 그 기법을 얼마나 완벽하게 터득했는지 알 수 있다.

카터가 시간 절약을 위해 채용한 마지막 수단을 언급해야겠다. 나는 그 사실을 처음 알았을 때 큰 충격을 받았다. 그 내용인즉, 일부 삽화들을 다른 해부학 책에서 복제했다는 것이다. 이 사실은 오리지널 영국판 7페이지에 달하는 삽화 목록 맨 위에 당당히 기재되었지만, 나중

에 나온 미국판에서는 생략되었다(나중에는 영국판에서도 생략되었는데, 나
는 그게 지면 절약을 위해서였기를 바란다). 복제된 삽화의 비율은 그리 높지
않았는데(총 363점 중 77점), 그레이와 카터의 의중을 이해하는 것은 그
리 어렵지 않다.—만약 다른 미술가가 어떤 부위의 해부를 완벽하게 포
착했다면, 기존의 그림을 사용하지 못할 이유가 뭔가? 시간뿐만 아니라
시신도 절약될 테니, 이는 '자원 절약'이라는 관점에서 볼 때 지극히 실
용적이다. 그건 그렇다 치고, 차용된 그림들의 장점은 뭐였을까?

이미 알려진 바와 같이, 카터는 한두 권이 아니라 아홉 권의 상이한
원전을 참고했는데, 그중에는 그가 애지중지하는 퀘인의 책도 포함되
어 있다. 나는 문득 두 개의 경이로운 장면을 연상한다. 하나는 헨리와
카터가 성 조지 병원 구내 도서관을 샅샅이 훑는 장면이고, 다른 하나는
헨리 그레이의 서재 바닥에 수십 권의 해부학 책이 카펫처럼 활짝 펼쳐
진 채 각양각색의 후보작들을 선보이고 있는 것이다.


내가 내민 열아홉 명의 화가 겸 해부학자 목록을 휘트 씨가 살펴보
는 동안, 나는 열람실에 자리를 잡고 앉는다. 그건 (프리드리히 아르놀트
Friedrich **A**rnold에서부터 요한 친Johann **Z**inn에 이르기까지) 문자 그대로 A에서
부터 Z를 망라하여 19세기에 잘나가던 쟁쟁한 화가들로 구성되어 있
다. 그중에는 영국뿐만 아니라 독일, 이탈리아, 프랑스, 스코틀랜드, 네
덜란드의 해부학자도 포함되어 있다. 그러나 그중 대부분은 그 이후 명
성을 잃었고, 남아있는 작품도 극히 드물다. 내가 도서관을 방문한 것은
바로 그 때문이다.

휘트 씨는 목록을 내게 돌려주며 한 가지 사실만 묻는다. "누구부
터 시작할까요?"

"아르놀트요." 나는 서슴없이 대답한다. 그건 단순히 그가 알파벳 기준으로 맨 앞에 나오기 때문은 아니다. 카터가 복제한 삽화 중 3분의 1의 원작자가 아르놀트 한 사람이기 때문이다. 프리드리히 아르놀트 Friedrich Arnold, 1803~1890는 오랫동안 하이델베르크 대학교의 해부학 교수였고, 그의 전문 분야는 신경계의 미세해부학이었다. 그는 열여섯 권의 책을 썼는데, 대부분 삽화가 수록되어 있다. 그중 한 권이 바야흐로 내 앞으로 걸어오고 있다.

휘트 씨는 내 앞에 플라스틱 독서대를 놓은 다음,《뇌신경 도해집 Icones Nervorum Capitis》(1834)을 내려놓는다. 그 책은 아르놀트가 처음 출간한 도해집으로, 뇌신경cranial nerve에 관한 모노그래프*다. 카터가 이 책의 그림을 복제하고 싶어 했던 이유를 아는 데는 여러 페이지를 주르륵 넘겨보는 것만으로도 충분하다. 책 전체가 그러하듯, 아르놀트의 작품은 진정 아름답다. 크고 널찍한 판형에 최고 품질의 석판 인쇄를 자랑한다.

나는 한 페이지를 가득 채운 한 장의 그림에 시선을 고정한다. 사람 머리를 정중앙선을 따라 둘로 가른 후 옆에서 본 반쪽머리다. 선 작업 line work은 때때로 놀랍도록 정밀하지만, 전반적인 느낌은 호화로우며 19세기의 전형적인 미술작품과 다를 바 없다. 아르놀트의 화풍은 지금껏 감상했던 여느 삽화와 전혀 다르며, 어쩌면 독자적인 장르로 분류할 만한 가치가 있다. 그것을 해부학적 낭만주의Anatomical Romanticism라 부르기로 하자.

그러나 한 페이지를 넘겨 찬찬히 들여다보는 순간, 나는 아르놀트

---

◆   단일 주제에 관해 단행본 형태로 쓴 논문.

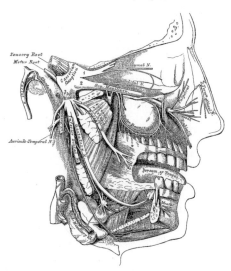

257.—Distribution of the Second and Third Divisions of the Fifth Nerve and Sub-maxillary Ganglion.

5번 뇌신경과 위턱밑신경절sub-maxillary ganglion의 제2 및 제3 분지의 분포.

의 접근 방법에 결점이 있음을 발견한다. 그레이와 카터도 그 점을 단박에 알아챘을 게 분명하다. 아르놀트는 하나의 삽화를 한 쌍씩 그렸다. 첫 번째 그림은 정밀 묘사이고, 두 번째 그림은 (마치 해부학 컬러링북처럼) 굵은 외곽선으로 된 스케치다. 각 부위의 명칭은 두 번째 그림에만 나오므로 완전한 정보를 보려면 두 그림 사이를 왔다 갔다 해야 한다. 이런 포맷이 학생들에게 끼치는 번거로움은—예컨대 주석이 각 페이지 하단에 나오지 않고, 책의 맨 뒤에 나오는 것처럼—대수롭지 않았겠지만, 그레이와 카터는 그런 구습을 답습하고 싶지 않았을 것이다. 따라서 아르놀트가 그린 한 쌍의 그림을 가져올 때 카터는 '창의적인 결합'을 시도했을 것이다.

　나는 내가 소장한《그레이 아나토미》를 꺼내 창의적인 결합의 좋

은 사례를 찾다가, 아르놀트의 삽화를 차용한 5번 뇌신경fifth cranial nerve
그림을 발견한다. 카터는 미술과 다이어그램을 완벽하게 결합하여, 해
부학적 이름을 각 부위에 직접 기입하는 혁신을 선보였다. 원본과 나란
히 놓고 비교해보니, 그동안 내가 느꼈던 약간의 혼동이 해소된다. 자
신의 전매특허인 꼼꼼함을 과시하듯, 카터는 삽화 목록에 세 가지 등급
의 차용 방식을 명기했다. 그는 다른 출처에서 그림을 직접 가져왔을 때
"…에서 변형함altered from"이나 "…를 따름after"이라고 적었다. 나는 그
차이를 '똑같은 구름에 회색을 덧칠한 정도'로 이해했었다. 마침내 나
는 그의 본뜻을 이해하게 되었다. 예컨대, 그가 이 그림을 "아르놀트를
따름" 범주로 분류한 것은 백 번 옳다. 그건 원본을 그대로 베꼈다는 말
도 아니고, 변형했다(즉 상이한 해부학적 특징이나 해부학적 측면을 강조했다)
는 말도 아니었다. 그것은 독일의 위대한 미술가 겸 해부학자에게 바치
는 헌사, 한마디로 오마주였던 것이다.

    휘트 씨는 사서 특유의 신비로운 스텔스 모드stealth mode로 휘리릭
왔다 갔다 하며 세 권의 책을 내 앞에 단정히 쌓아놓았다. 그것은 영국
의 해부학자 존스 퀘인이 출간한《해부학Anatomy》전집으로, 카터가 차
용한 삽화 중에서 두 번째로 많은 비중을 차지한다. 나는 떨리는—아니,
두려운—마음으로 그 책에 접근한다. 왜냐하면 내가 가장 좋아하는 H.
V. 카터의 그림 중 하나(이 책 6장에서 소개한《그레이 아나토미》의 한 페이지
를 가득 채웠던 눈부시게 아름다운 등 근육 판화)가 원본이 아니라, 애석하게
도 퀘인의 그림을 모사한 것이라고 되어 있기 때문이다. 카터의 버전은
빅토리아 시대의 복사본에 불과할까, 아니면 모사 과정에서 자신만의
스타일이 가미되었을까? 아니면 퀘인의 그림이 완벽히 리메이크되어
'카터만의 버전'으로 재탄생했을까?

나는 3권에서 해답을 찾아낸다.

크기가 약 50퍼센트로 줄어들었다는 점을 제외하면, 퀘인의 그림은 첫눈에 카터의 것과 거의 같아 보인다. 그러나 뭔가 다른 점이 있는데, 그 점을 평가하는 데는 약간의 시간이 필요하다. 간단히 말해서, 카터의 그림은 (퀘인의 그림에 비해) 종이 위로 불룩 튀어나온 것처럼 보인다. 카터는 ('선폭線幅 변화의 극대화'에서부터 '비스듬한 광원'에 이르기까지) 사용 가능한 기법을 총동원하여 3D 영상을 창조한 것이다. 퀘인은 해부된 각 층을 균일하게 보여준 데 반해, 카터는 피사체에 빛을 비춤으로써 등을 가로지르는 그림자의 미묘한 율동을 창조했다. 또한 카터는 땅딸막한 원본 그림을 상하로 잡아당겨 상반신을 크고 날씬하게 만듦으로써 볼륨을 강조했다. 이러한 조정에도 불구하고, 그는 자신의 그림을 "퀘인의 책에서 직접 복제했음"이라고 밝혔다. 그러나 복제 과정에서, 스물다섯 살짜리 청년은 자신만의 독특한 미학을 가미했다.

나는 퀘인의 다른 그림을 카터의 그림과 비교하여 동일한 패턴이 반복되고 있음을 발견한다. 존스 퀘인이 초안을 만들어놓으면, H. V. 카터가 바통을 이어받아 갈고닦아 완성품을 만드는 장면이 연상되었다.

휘트 씨는 희귀 도서 보관실 뒷문으로 나갔다가는 어김없이 두툼한 비서秘書를 들고 돌아온다. 나는 그녀의 신출귀몰한 능력을 보고, "당신이라면 아무리 불가능한 것(지금껏 출판되지 않은 가장 위대한 해부학 책)도 만들어낼 수 있을 것 같아요"라고 너스레를 떤다. 내가 말하는 책은 레오나르도 다 빈치Leonardo da Vinci, 1452~1519가 아니면 쓸 수 없는 전설 속 비서nonbook다. 전해지는 이야기—이건 꾸민 이야기가 아니다—에 의하면, 레오나르도는 삼십 대 때부터 인체해부학에 대한 책을 쓰겠다는 뜻을 진지하게 내비치기 시작했다. 그는 그 책을《인체의 형상에 관하여On the Human Figure》라고 불러야겠다고 생각했다. 그 제목을 염두에 두고, 레오나르도는 러프하게 초안을 작성한 다음 스케치를 몇 장 그렸다. 그러나 솔직히 말해서, 인체해부학에 대한 지식이 일천했던 그가 해부학 책을 쓴다는 것은 무리한 계획이었다. 당시 레오나르도가 습득한 해부학 지식은 주로 구닥다리 서적(예를 들면 갈레노스, 몬디노, 아비체나 Avicenna의 책)과 살아 있는 모델을 통해 관찰한 표면해부학surface anatomy 에서 유래했다. 그가 인체 해부에 노출된 경험은 대중에게 간혹 공개되는 부검을 구경한 게 전부였다. 그러나 1500년대에 레오나르도가 밀라노에서 피렌체로 이주한 후 상황이 바뀌었다. 피렌체 병원에서 나온 신원 미상 시체의 무작위적인 팔이나 다리를 얻을 수 있었기 때문이다. 그는 병원 지하실에서 촛불에 의지해 일하며 인체해부학을 은밀히 독학하기 시작했다. 이해가 깊어짐에 따라 해부학 책에 대한 그의 개념도 예술적인 논조에서 훨씬 더 과학적인 논조로 바뀌어갔다. 그래서 책 제목을 《해부학 논문Treatise on Anatomy》으로 바꿨지만, 저술 작업은 머릿속에서만 진행되었다. 그는 한시도 가만히 있지 못하는 성격 탓에 엄청난 프로젝트들을 집적거렸는데, 이 계획도 대부분이 그렇듯 미완성이다.

그 책이 세상의 빛을 볼 절호의 기회는 아마도 1510년 레오나르도가 잠재적 협력자이며 아주 잘나가던 젊은 해부학 교수인 마르칸토니오 델라 토레Marcantonio della Torre를 만났을 때 다가왔던 것 같다. 상세한 내용을 한 다리 건너 들은 16세기의 소식통에 따르면, 두 사람은 힘을 합쳐 저술 책임을 분담하는 데 합의했다. 즉 마르칸토니오는 레오나르도의 광범위하지만 산발적인 메모들을 체계화하여 본문을 작성하고, 레오나르도는 삽화를 그리기로 했다. 그런 협업이 실제로 존재했는지 여부는 오늘날 다빈치 연구자들 사이의 논쟁거리로 남아있다. 레오나르도는 자신의 노트에서 그 일에 대해 일절 언급하지 않았다. 만약 그런 일이 있었다면, 두 사람은 이탈리아 르네상스 중흥기의 '그레이와 카터'가 되었을 것이다. 그러나 마르칸토니오는 1511년 페스트로 죽었고, 그걸로 모든 게 끝장나고 말았다.

〈모나리자〉와 마찬가지로 해부학 노트는 레오나르도가 살아 있는 동안 그의 소유물이었고, 그것을 한 번이라도 들여다볼 기회가 있던 사람은 극소수였다. 1519년 레오나르도가 예순일곱 살 나이에 세상을 떠나고 나서, 그의 컬렉션은 최근 12년 동안 동반자(어쩌면 연인)였던 스물여섯 살짜리 청년 프란체스코 멜치Francesco Melzi의 소유물이 되었다. 프란체스코는 그 보물을 밀라노 근처에 있는 가문 소유의 별장에 보관하여, 그 후 50년간 사실상 누구의 손도 닿지 못하게 만들었다.

저런 나쁜 상속자 같으니라고.

1570년 프란체스코가 사망하자 그의 조카가 그 컬렉션을 상속받았고, 뒤이어 해부학 노트는 조각조각 나뉘어 매각되었다. 시간이 경과함에 따라 알 수 없는 분량의 그림들이 유실되었다. 그중 일부는 아마도 이단적 성격 때문에 파괴되었을 터이다. 그리고 일부는 17세기 초 언제쯤(정확한 날짜는 알 수 없다) 어찌저찌하여 영국 윈저 소재 왕립도서관의 소장품이 되었는데, 일반인들의 접근은 (불가능하지는 않지만) 제한되었다. 전하는 이야기에 따르면, 찰스 1세가 도서관 내 커다란 상자에 처넣고 자물쇠를 채우는 바람에 레오나르도의 문서들은 100여 년 동안 잊힌 타임캡슐 속 물건들처럼 봉인되어 있었다고 한다.

그 후 마침내 이 스토리의 영웅이 등장한다. 그의 이름은 왕립도서관 사서인 로버트 돌턴Robert Dalton으로, 그의 경력에서 가장 비범한 날을 맞는다.

　　정확한 날짜는 오리무중이며 1760년 조지 3세가 왕위에 오른 직
후로만 알려져 있다. 그 시점에는 상자의 열쇠가 사라진 지 오래였지만,
어떻게든 그 상자를 열어보려는 돌턴 씨의 의지를 꺾을 수는 없었다. 그
저 뜬금없는 호기심이 발동했을 수도 있지만, 도서관의 오래된 소장품
목록에서 레오나르도의 이름을 보고 자극을 받았을 가능성이 더 높다.
이유가 어찌됐든, 돌턴 씨는 자신이 뭘 발견하게 될지 대충 짐작이나
했을까? 그 상자의 밑바닥에서는 기적이 아로새겨진 종이 더미—무려
779점의 그림—가 나뒹굴고 있었다.

　　내 육감이지만, 돌턴이 즉각적으로 취한 행동은 왕에게 그런 엄청
난 발견을 이실직고하는 게 아니었을 것이다. 장담하건대, 그는 그림 하
나하나를 곰곰이 살피며 늑장을 부렸을 것이다. 누가 그런 유혹을 뿌리
칠 수 있을까? 게다가 신중한 연구야말로 왕립도서관 사서의 소관 사항
이 아니던가! 왕이 그에게 기대한 것은 컬렉션 전체를 수박 겉 핥기 식
으로 죽 설명하는 게 고작이었으리라.

　　얼마 후 보고를 받은 조지 3세는 지체없이 영국 최고의 해부학자인
윌리엄 헌터William Hunter를 불러들여 그 그림을 검토하게 했다. 헌터 박
사는 친형제인 존John Hunter과 함께 성 조지 병원 바로 옆에 있는 해부
학교를 운영하고 있었는데, 레오나르도의 그림을 찬찬히 살펴본 후 자
신의 학생들에게 '시대를 300년이나 앞서간 그림'이라고 극찬한 것으
로 알려져 있다. "나는 해부학에 대한 레오나르도의 관심도가 고작해야
'화가에게 유용한 디자인'을 모색하는 수준일 거라고 예상했다"라고 헌
터 박사는 고백했다. 그러나 그는 "진지한 학구파"의 훈련된 작품을 보
고 이렇게 덧붙였다. "모든 신체 부위 하나하나에 대해 기울인 정성, 만
능 천재universal genius의 우월성, (…) 레오나르도가 그 당시 세계 최고의

해부학자였음을 납득하고도 남음이 있다."

　아무리 그렇더라도, 레오나르도의 작품은 또다시 100년 동안 사실상 극비 사항으로 유지되었다. 심지어 그레이와 카터에게도 '레오나르도의 해부학 노트'는 금시초문이었을 것이다. 마지막으로, 레오나르도의 그림 중 일부는 19세기 말에 이르러 전시회를 통해 대중에게 공개되고 책으로 출판되어 호평을 받았다. 그러나《해부학 논문》에 관한 한 손이 닿지도, 읽히지도, 보이지도 않는 채 '상상 속 서가'에서 우아한 자태를 뽐내고 있다.

　휘트 씨는 웬 상자─터무니 없이 큰 옷상자처럼 생겼지만, 제법 큰 돈을 들여 설계된 듯하다─를 들고 희귀 도서 보관실로 다시 미끄러지듯 들어온다. 그 상자를 쿵 하고 내려놓고는, 야릇한 미소를 지으며 말한다. "이 상자 속의 책을 만지려면 장갑을 착용해야 해요." 그러면서 그녀는 그 상자를 두 손으로 톡톡 두드린다.

　"장갑을 직접 고르실래요?" 그녀가 책상 서랍 쪽으로 가며 말하는데, 그 서랍은 그녀가 장갑을 보관하는 곳이다. 이제야 알게 된 사실이지만, 휘트 씨가 하는 가장 사소한 일 중 하나는 열람자들이 사용한 장갑을 집으로 가져가 자신의 세탁물과 함께 물빨래하는 것이다. "오, 당신은 새 장갑을 골랐군요!" 그녀가 다른 것을 가리키며 말한다. "이건 중고품인데." 사실, 내가 고른 장갑은 새하얀 신품이다. 나는 그것을 착용하고, 상자의 위 덮개에 묶여 있는 끈을 신중하게 푼다. 나는 상자의 옆면에 기재된 라벨을 이미 읽었음에도 불구하고, 내가 발견한 내용물에 새삼 놀란다. 역사상 가장 위대한 해부학 책, 안드레아스 베살리우스 Andreas Vesalius, 1514~1564가 쓴 르네상스 시대의 걸작《인체의 구조에 관하여*De Humani Corporis Fabrica*》다.

"당신이 이 책을 보고 싶어 할 거라 생각했어요." 휘트 씨는 책상에 앉아 있는 내 어깨 위로 몸을 구부리며, 기쁨을 굳이 감추려 하지 않는다. 우리 앞에 놓인 것은 1555년에 출간된 베살리우스의 책 2판으로, 해부학 분야의 결정판으로 간주된 초판이 발간된 지 12년 후에 나왔다.

만지기는커녕 구경한 적도 없지만, 나는 그 책을 처음부터 끝까지 다 알고 있는 듯한 느낌이 든다. 해부학에서 중추적인 역할을 담당했으며, 서구의 문명 및 문화사에서 중추적이었다고 해도 과언이 아니기 때문이다.《인체의 구조에 관하여》는 실제 해부에 기반한 인체 지도인데, 그 책이 쓰일 당시 인체 해부는 거의 수행되지 않았을 뿐더러 널리 볼썽사나운 일로 매도되었다. 이런 사실 하나만으로도 그 책을 대단하게 여기기에 충분하다. 그러나 베살리우스가 밝힌 바와 같이 그 책은 급진적인 어젠다를 갖고 있었으니, 장엄한 갈레노스 의학Galenism(2세기 그리스 의사 갈레노스의 저술에 기반한 방대한 지식 체계)의 원칙을 파괴한다는 것이었다. 많은 오류와 시대착오에도 불구하고, 갈레노스의 저술은 여전히 신성불가침 영역으로 간주되었다. 게다가 갈레노스는 존경받는 인물로, 그가 의학에서 차지하는 위치는 예수가 기독교에서 차지하는 위치와 같았다. 갈레노스의 말에 도전한다는 것은 이단이나 마찬가지였다. 베살리우스는 책을 출판하며 자신이 지뢰밭에 발을 들여놓는 일이라는 점을 알고 있었지만, 신중함과 대담무쌍함을 겸비한 그의 야망은 하늘을 찔렀다. 그는 날림으로 만든 팸플릿 따위로는 1,400년 동안 군림한 사상을 바꿀 수 없음을 깨닫고 있었다. 그는 빈틈없이 꽉 짜인 책을 저술해야 했는데, 실제로 그렇게 했다. 그 증거가 내 앞의 테이블 위에 놓여 있다.

휘트 씨의 설명에 따르면,《인체의 구조에 관하여》는 취미로 고서를 수집하던 한 성공적인 마취과 의사가 도서관에 기증한 것이라고 한다. 그 의사는 그 책이 한 수도원에 4세기 동안 고이고이 모셔져 있었을 거라고 믿었다는데, 그의 말이 맞는 것 같다. 표지가 전혀 손상되지 않고 말짱하니 말이다.

"그리고 여길 좀 봐요." 휘트 씨가 책배를 가리키며 말한다.

"아직도 광택이 나네요." 내가 맞장구친다. 오래된 가족용 성경책 위에 입힌 금박처럼, 양질의 빨간색 광택제로 마감되어 있어 책을 더욱 웅장해 보이게 만든다.

휘트 씨는 《인체의 구조에 관하여》를 내게 맡겨놓고 다른 방문자를 응대한다. 나는 조심스레 표지와 페이지를 넘겨 16세기식 사진을 찾아낸다. 연구실에서 작업하는 안드레아스 베살리우스를 묘사한 판화다. 턱수염을 기른 거무스름한 피부의 남자가 단호한 표정으로 나를 응시한다. 그의 왼쪽에는 부분적으로 해부된 시신이 세워져 있는데, 그 시신의 용도는 손의 긴 힘줄을 보여주는 것이다. 해부자들이 흔히 입는 스목 대신, 베살리우스는 (왕자 같이) 화려하게 장식된 튜닉◆을 입었다. 마치 해부학이란 결코 볼썽사나운 일이 아님을 상징적으로 보여주려는 것처럼. 그의 옷차림은 누가 봐도 매력적이다.

1514년 벨기에 태생인 안드레아스 베살리우스는 열아홉 살 때 의학교에 들어간다. 공교롭게도, 그가 의학교에 들어갈 즈음 갈레노스의 모든 저술이 처음 원어(그리어스어)로 인쇄되고 있었다. 그전까지만 해도 학생들은 '번역의 재번역'을 통해 갈레노스 의학을 공부해야 했다.

---

◆　고대 그리스나 로마인들이 입던 소매가 없고 무릎까지 내려오는 헐렁한 웃옷.

안드레아스 베살리우스.

이로써 오랫동안 방치되었던 걸작은 본연의 찬란함을 회복하는 듯했다. 적어도 그것은 대부분의 학자들이 갈레노스를 바라보는 새로운 시각이었다. 그러나 베살리우스는 달랐다. 고전 그리스어에 능통해서 갈레노스의 원문을 읽을 수 있었기 때문이다. 베살리우스는 오류를 발견하고 주석을 달기 시작했다. 그리하여 《인체의 구조에 관하여》의 첫 번째 가닥이 형태를 갖췄다.

　의학교에 들어간 후 몇 년 동안 베살리우스의 시체 해부 경험은 일취월장했는데, 이는 갈레노스에게서 전혀 찾아볼 수 없는 점이었다. 왜냐하면 고대 그리스 사회에서는 해부가 금지되었기 때문이다. 베살리우스는 부검에 참여했고, 처형된 범죄자와 신원미상의 시체들을 어렵사리 구해 개인적인 연구를 수행했다. 그는 이런 점에서 레오나르도와 매우 비슷했지만, 레오나르도와 달리 세상은 그의 사상을 만나기 위해 오랫동안 기다릴 필요가 없었다.

　헨리 그레이와 마찬가지로 베살리우스는 이탈리아 파도바 대학교에서 외과학 및 해부학 교수가 되었고, 틈틈이 시간이 날 때마다 저술에 몰두했다. 그는 2년 동안 집필한 끝에, 1542년《인체의 구조에 관하여》 초판이 출간되었다. 그는 학술 활동에 걸맞은 고상한 어조를 추구했으므로 매우 세련된 형태의 라틴어로 글을 썼다. 안타깝게도 과문해서 고급 라틴어를 모르는 탓에, 나는 '시각적 아름다움'이라는 차원에서만 텍스트를 즐기는 나를 발견한다. 각각의 페이지는 정교하게 설계되고 구성되었으며, 목판화는 오늘날까지도 인체해부학에 충실하기로 유명하며 비범하기 이를 데 없다. 400점을 훌쩍 넘는 삽화들이 책을 가득 메우고 있다. 어떤 그림들은 엄지손톱만큼 작지만(그중에는 엄지손톱 하나의 그림도 포함되어 있다), 어떤 그림들은 두 페이지에 걸친 정교한 그림으로서 기호를 이용한 상세 설명이 첨부되어 있다.

　그레이의 경우와 마찬가지로, 베살리우스는 삽화를 종종 직접 그린 것으로 추정된다. 그러나 그는 화가와 긴밀하게 협조하며 작업했고 (이름이 적히지는 않았지만, 가장 가능성이 높은 사람은 플랑드르의 미술가 얀 스테판 반 칼카르Jan Stefan van Kalkar다), 현대 용어로 말하자면 미술감독 역할을 수행했다. 많은 그림들이 있지만, 전신 그림보다 베살리우스의 영향력이 뚜렷이 드러나는 것은 없다. 해부가 아무리 광범위해도, 각각의 등장인물은 활력이 넘치며 실물과 똑같은 자세를 취하고 있으니 말이다. 어떤 뼈대는 '보이지 않는 색소폰'을 연주하는 뮤지션처럼 보이며, 어떤 뼈대는 연설하던 도중 자신의 내장을 돋보이게 하려고 잠시 휴식을 취하는 것처럼 보인다. 이 같은 놀랄 만한 이미지들을 통해, 베살리우스는 많은 사람들이 비인간적 관행이라고 여기던 것을 인간화하려고 애썼으며 '해부학=살아 있는 몸의 과학'이라는 점을 부각하려고 노력했다. 그림에서 등장인물의 자세만큼이나 독특한 것은 배경이다. 등장

인물들은 종종 고위 평탄면 위에 서 있는데, 내가 보는 견지에서 그것은 일종의 베살리우스적 발할라Vesalian Valhalla♦를 암시한다. 베살리우스는 여기에서도 강력한 메시지를 시각적으로 전달하는데, 그 의도는 '해부학적 진실의 원천'인 시신을 문자 그대로 한껏 드높이는 것이다.

베살리우스는 갈레노스의 해부학 저술 체계를 의도적으로 모방하여 《인체의 구조에 관하여》를 일곱 "책" 혹은 부분으로 나눴다. 그러나 내용에서는 갈레노스에게 경의를 표하는 대신, 갈레노스의 오류를 낱낱이 열거하고 하나하나 바로잡았다. 예컨대, 인간의 간은 5개가 아니라 2개의 엽葉을 갖고 있으며(갈레노스는 개犬의 간엽이 5개임을 확인하고, 인간도 마찬가지일 거라고 결론지었다), 동맥은 간이 아니라 심장에서 기원한다고 설명한다. 그리고 가장 결정적으로 지적한 것은 동물 해부학은 인간 해부학과 다르다는 사실이다. 전통적인 해부학자들은 베살리우스의 오만방자함에 격분했는데, 그중에는 한때 그의 멘토였던 스승도 포함되어 있었다. 그러나 베살리우스의 주장은 설득력이 워낙 높아, 어느 누구도 반박할 엄두를 내지 못했다.

그에 더하여, 베살리우스는 《인체의 구조에 관하여》의 보급을 통해 자신의 아이디어를 널리 퍼뜨리기 위해 한 가지 약삭빠른 조치를 취했다. 그것은 학생을 겨냥하는 '저가 요약본'과, 커다란 출판 시장인 독일을 겨냥하는 '독일어판'을 출판한 것이었다. 그 결과 해부학은 놀랍도록 갑작스럽게 의학교의 필수과목으로 자리 잡았고, 베살리우스 자신은 해부학 강의 및 시범에 엄청난 군중을 끌어들이며 일약 스타로 떠

---

♦   발할라란 북유럽 및 서유럽의 신화에 나오는 궁전. 유럽인이 생각해낸 일종의 이상향이라고 할 수 있다.

안드레아스 베살리우스의 《인체의 구조에 관하여》에 수록된 삽화.

올랐다. 그리하여 명망이 높을 대로 높아진 안드레아스 베살리우스는 카를로스 5세⁕의 주치의로 임명되었다. 오늘날 그의 이름에는 '근대 해부학의 창시자'라는 어마어마한 호칭이 따라다닌다.

이야기가 나왔으니 말인데, 나는 《인체의 구조에 관하여》를 더 오랫동안 붙잡고 싶은 마음이 굴뚝 같지만, 안타깝게도 해부학 수업에 들어가야 한다. 나는 장갑을 벗고 잠시 엉거주춤하다가, 손가락 끝부분의 천이 더러워진 것을 발견하고 적이 놀란다. 신중에 신중을 기했음에도 불구하고, 500년 된 잉크의 흔적이 장갑에 묻은 것이다. 또는 달리 말해서 베살리우스의 흔적이 묻어났다고 할 수도 있다. 나는 좀 더 조심했어야 한다고 후회하지만, 이미 엎질러진 물이다. 면장갑은 잠시 후 휘트씨의 빨래통 속으로 들어가겠지만, 나는 해부학 실습실에 올라가 고무장갑을 착용하게 될 것이다.

나는 불과 6개월 만에 '첫 수업'을 세 번씩이나 맞이한다. 혹자는 내가 주변 풍경에 매우 익숙해졌을 거라고 생각할 것이다. 음, 그럴 수도 있고 아닐 수도 있다. 늘 그랬듯, 새로 광을 낸 리놀륨 바닥이 환하게 반짝이고, 칠판은 지우개로 말끔히 닦여 있다. 모든 위치에 비치된 실습 지침서는 새롭고 반듯하다. 정작 실습실을 왠지 새롭게 만든 것은 바글거리는 사람들이다. 지금은 수업 시작 정시에서 2분이 지났는데, 143명의 의대 1학년생들이 24구의 시신들 사이에서 배정받은 해부대를 찾으려고 우왕좌왕한다. 24개의 해부대가 3열 종대(가로 3, 세로 8)로 배열되어 있고 해부대 하나당 한 구의 시신이 놓여 있는 가운데, 여덟 명의 강

⁕  신성로마제국 황제이자 에스파냐 국왕.

사들이 교통 정리하고 있다.

운 좋게도, 나는 학생들이 몰려들기 직전 실습실에 도착하여 해부대를 쉽게 찾았다. 내가 배정받은 해부대의 번호는 24로, 북서쪽 구석의 후미진 곳에 자리 잡고 있다. 이곳은 명당 자리다. 왜냐하면 금문교의 장관이 내려다보이는 창가에 위치하기 때문이다. 현재 우리 팀에는 두 명밖에 없는데, 한 명은 나고 다른 한 명은 신선한 시신—여성, 나이는 여든여덟 살—이다. 잠시 후, 페리윙클♦♦과 녹색 관목 화분들 사이에서 토프 박사가 누군가를 데리고 나타난다. "빌, 이쪽은 콜-랴에요. 콜랴, 빌이에요. 당신들은 이제부터 실습 파트너예요, 알겠죠? 멋진 파트너가 될 거예요!" 그녀는 이렇게 말하고, 성난 파도에 휩쓸린 것처럼 가버린다.

"콜-랴라고 했죠?" 나는 방금 킴이 말했던 것과 똑같이 발음한다.

그런 질문이 나올 줄 알았다는 듯, 그는 고개를 끄덕인다. 그러고는 "맞아요. 내 부모님이 도스토옙스키Fyodor Mikhailovich Dostoevskii의《카라마조프의 형제들》에 나오는 젊은 영웅 콜랴 크라소트킨의 이름을 따서 그렇게 지었어요. 그러나 나는 러시아 사람은 아니에요"라고 설명한다. 그리고 자기는 버클리에 살며, 최근 U.C. 버클리에서 화학박사 학위를 받았다고 덧붙인다.

콜랴는 동급생들보다 열 살쯤 많아 보인다. 서른 살쯤 되어 보이는 그는 전통적인 운동화와 수술복 대신 샌들과 헐렁한 티셔츠 차림이다. 헤어스타일은 기다란 금발을 질끈 동여매 느슨한 말총머리를 연출했다. 그러나 가장 두드러지는 특징은 너무 느긋해 보인다는 것이다. 사

---

♦♦ 협죽도과의 식물.

실, 나는 이렇게 묻지 않을 수 없다. "그런데 당신은 의대생인가요?"

"네, 그래요." 콜랴가 대답한다. "나는 얼마 전 의대에 복학하기로 결정했어요." 그는 아직 자신의 니치niche를 모색하고 있는 중이란다.

다른 네 명의 팀원들이 동시에 도착하여 간단한 자기소개를 한다. 우리는 실습 매뉴얼 주변에 옹기종기 모인다. 하나의 팀으로 뭉친 우리에게 부여된 첫 번째 과제는 조 나누기다. 여섯 명의 팀원들은 둘씩 짝을 짓고, 각각 한 시간 단위로 별도의 과제를 수행한다. 각 조 커플들은 하나의 과제가 끝날 때마다 임무를 교대하고, 수업이 끝날 때쯤 한 자리에 모여 총평을 해야 한다. "필요는 발명의 어머니"라는 말이 있듯, 이처럼 빡빡한 스케줄은 필요성에 기인한다. 의대생들은 배울 게 엄청 많고, 처음 2년 동안 매우 많은 과목을 이수해야 하므로, 그들의 전체적인 커리큘럼에 가속이 붙는다. 이 해부학 강좌의 경우, 본래 3개월짜리 과정이었던 것을 6주로 압축한 것이다. 오늘 하루만 놓고 보더라도, 그들은 세 개의 상이한 실습으로 구성된 수업을 세 시간 내에 끝마쳐야 한다.

알렉스와 데이비드는 1차로 흉곽을 해부하기 시작했고, 마리사와 에리카는 불과 몇 인치 아래에 있는 복부를 해부하고 있다. 콜랴와 나는 킴과 사전 협의를 통해, 실습실 한복판의 기다란 해부대에서 프로섹션 prosection을 공부하기로 했다. 나는 개인적으로 24번 해부대를 선호하지만, 콜랴와 같은 초보자에게는 프로섹션도 나쁘지 않은 것 같다. 프로섹션은 플래시카드◆의 해부학 버전으로, 빠르고 훌륭한 학습 보조 도구로 정평이 높다. 다른 팀원들이 시간과 품을 들여 해부하는 동안, 우리는 이미 신중히 해부되어 있는 표본을 신속히 검토할 수 있을 것이다. 그러

---

◆   수업 중 교사가 단어·숫자·그림 등을 순간적으로 보여주는 순간 파악 연습용 카드.

나 프로섹션을 공부하는 해부대에는 문제가 하나 있으니, 학생들이 미어터진다는 것이다.

그 광경은 반쯤 뜯어 먹힌 시체 주변에 몰려든 독수리 떼를 떠올리게 한다. 똑같은 과제를 부여받은 학생들이 우르르 몰려들어 해부대를 에워싼 채, 시신에서 분리된 신체 부위를 찔러보거나 유심히 살펴본다. 그들의 몸이 장벽을 형성하여, 콜랴와 나를 포함한 20여 명의 학생들은 이미 접근이 차단되었다.

"나는 이게 부분적으로 성격검사라고 생각해요." 나와 함께 비집고 들어갈 틈을 찾는 동안, 콜랴가 이런 논평을 내놓는다. "당신도 알다시피, 알파 수컷alpha male(우두머리 수컷)이 아닌 사람을 솎아내는 거죠. 일종의 적자생존이라고 할까요?"

"네? 그러면 당신은 이런 상황에 어떻게 대응하는데요?" 내가 묻는다.

"별로 잘 하지 못해요." 콜랴가 인정한다. 사실, 그는 갑자기 전신이 마비된 것 같다.

그러자 나의 마음속 깊숙이 숨어 있는 알파 수컷 본성이 고개를 든다. "그만하면 됐어요, 여러분." 내가 목청을 높여 말한다. "우리도 좀 들어가게 해줘요, 제발!" 나는 누군가의 어깨를 손으로 두드리며 이렇게 말한다. "이봐요, 조금만 옆으로 비켜줘요." 그러자 그 여학생이 선행을 베풀고, 아주 잠시 동안 벌어진 틈새로 콜랴와 내가 들어간다. "오케이, 시작합시다."

우리 앞에는 보관된 표본 중에서 선별된 것—심장, 폐, 흉곽—뿐만 아니라 (데이너와 킴이 다른 시간에 해부한) 신선한 시신도 놓여 있다. 시신의 흉강은 우리가 각 부분을 차례대로 살펴볼 수 있도록 재조립되었다.

17세기에 유행했던 교육 도구를 연상시킨다. 밀랍으로 만든 실물 크기의 인체 모형으로, 각 신체 부위를 떼어낼 수 있는 도구—해부학용 비너스Anatomical Venus—말이다. 다만 우리의 비너스에는 페니스가 달려 있다는 점이 다르다.

먼저, 나는 외부에서 시작하여 점차 내부로 들어가며, 콜랴에게 (킴의 지도편달하에 이미 마스터한) 두 개의 가시적인 피부층(표피epidermis와 진피dermis)과 주요 가슴 근육(큰가슴근과 작은가슴근)을 보여준다. 다음으로, 나는 흉곽 전체를 들어내어 갈비사이공간intercostal space(늑간강)을 검토한다. 갈비사이근(늑간근)은 세 개의 얇은 근육층(바깥external갈비사이근, 속internal갈비사이근, 맨속innermost갈비사이근)으로 이루어져 있는데, 데이너와 킴의 전문적인 솜씨 덕분에 명확히 구별된다. 그들이 해낸 일은 트리스킷♦의 상이한 층을 드러냄으로써 통밀의 다양한 짜임새를 보여준 것에 비견된다. "모든 근섬유가 각각 다른 방향으로 뻗어 있다는 걸 명심해요"라고 내가 짚어준다.

"멋져요!" 콜랴는 내가 새로운 해부학적 부위를 소개할 때마다 이렇게 반응한다.

나는 계속하여 콜랴에게 속가슴동맥internal thoracic artery(내흉동맥)과 정맥(내흉정맥)을 보여준다. "중요한 것은 속가슴동맥과 정맥이 갈비뼈와 나란히 진행하지 않고, 복장뼈의 가장자리로 지나간다는 거예요." 그리고 그에게 벽쪽가슴막parietal pleura(벽측흉막)의 세 부분(갈비가슴막costal pleura, 가로막가슴막diaphragmatic pleura, 세로칸가슴막mediastinal pleura)을 손가락으로 만져보라고 재촉함으로써 각 가슴막의 차이점을 기억하도

---

♦  미국에서 판매되는 통밀 크래커.

록 도와준다. 흉곽, 폐, 심장을 들어낸 해부용 시신에서 목에서부터 가
로막(횡격막)까지 드리운 느슨한 기타줄 같은 가로막신경phrenic nerve을
발견하기는 쉽다. "이게 없으면 숨을 쉴 수 없어요." 나는 콜라에게 말
해준 다음, 데이너에게서 배운 'C-3, 4, 5는 가로막을 살린다'라는 연상
기호를 공유한다. "장담하건대 이거 시험에 나와요. 100퍼센트 보증할
수 있어요."

내가 한참 썰을 풀고 있는데, 테이블 건너편에 있는 한 청년이 끼어
든다. "헤이, 뭐 하나 물어봐도 돼요?"

"나보고 그러는 거예요? 어디 말해봐요." 내가 응답한다. "그러나
나는 조교도 교수도 아니에요."

"음, 당신은 아는 게 많죠?"

나는 서슴지 않고 대답한다. "넵."

"그럼 이게 뭐예요?" 그는 시신의 목에 돌출된 혈관을 가리키며 묻
는다.

"음, 먼저 당신 생각을 말해봐요." 내가 말한다.

"혹시 위대정맥superior vena cava(상대정맥)?"

이쯤 되자, 해부대 주위에 있는 모든 학생들이 귀를 쫑긋 세운다.

"아니에요." 내가 대답한다. "위대정맥은 심장으로 직접 향해요. 당
신이 가리키는 혈관이 어디를 향하는지 봐요. 빗장뼈죠? 그러니까 빗장
밑정맥subclavian vein(쇄골하정맥)이에요."

"오, 역시 빗장밑정맥이로군요! 그런데 그게 이름이 바뀐 게 아니
던가요? 음 뭐더라, 겨드랑정맥axillary vein(액와정맥)?"

"맞아요, 아주 훌륭해요. 그 혈관은 겨드랑이에 도달한 후, 정확히
첫 번째 갈비뼈 높이를 기준점으로 겨드랑정맥에서 빗장밑정맥으로 바

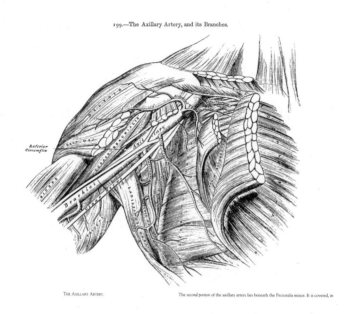

199.—The Axillary Artery, and its Branches.

THE AXILLARY ARTERY.                    The second portion of the axillary artery lies beneath the Pectoralis minor. It is covered, in

겨드랑동맥과 그 분지.

꿰죠." 내 생각에, 그 친구는 단순한 '통밥의 귀재'가 아닌 것 같다. 여기 있는 모든 학생들과 마찬가지로, 그는 기초해부학을 이미 수강했을 뿐만 아니라 이번 수업에 들어오기 전에 예습을 열심히 했을 게 뻔하다. 그러나 '책으로 배운 지식'과 '몸으로 배운 지식' 사이에는 큰 차이가 있으며, 이 특별한 혈관은 매우 헷갈린다. "지금까지는 좋았어요." 나는 계속하여 묻는다. "빗장밑정맥은 이름이 또 한 번 바뀌어요, 맞죠? 그게 어느 지점에선지 알아요?"

"전혀 감이 잡히지 않아요."

"바로 여기에요." 내가 한 지점을 가리키며 말한다. "빗장밑정맥은 여기서 속목정맥internal jugular(내경정맥)에 합류함으로써 팔머리정맥brachiocephalic이 되어, 가만 있자… 어디에 혈액을 공급하죠?"

"위대정맥?"

"완벽해요." 나는 이렇게 말하며, 문득 내가 장족의 발전을 했음을 깨닫는다. 청강생인 내가 무려 의대생에게 해부학을 가르치고 있다니. 6개월 전에만 해도 전혀 상상조차 할 수 없는 일이었다.

지금은 오후 2시 30분. 콜랴와 함께 24번 해부대로 돌아오니, 데이너가 (시신의 폐를 꺼내느라 마지막 구슬땀을 흘리는) 데이비드와 알렉스를 지도하고 있다. 개봉박두! 한때 인체 내부에 있던 기관이 바야흐로 모습을 드러내고 있다. 데이비드와 알렉스는 각각 하나의 폐를 두 팔로 고이 안고 있다. 마치 우툴두툴한 회색 쌍둥이를 안고 있는 것처럼. 나는 그들에게 순산을 축하한다.

주변의 모든 해부대에서 똑같은 장면이 펼쳐지고 있고, 실습실 에너지는 천장을 찌를 기세다. 24번 해부대는 창가에 있음에도 불구하고 후텁지근하다. 에리카의 자리로 들어가니, 바로 뒤 해부대에 있는 학생들과 엉덩이를 비빌 지경이 된다. 만약 이게 리얼리티 쇼라면 '극한해부학' 또는 '광속해부학'이라는 제목이 붙을 것이며, 대부분의 시청자들은 손에 땀을 쥘 것이다. 그러나 나는 지금 이 자리에 있어서 너무 행복하다. 이 의대생들은 재빠르고 예리하며 배움에 굶주려 있다. 콜랴도 그 분위기에 동화된다. 알고 보니 그는 겁없는 해부학도다. 그와 나는 두 번째 과제로 복부abdomen를 할당받았는데, 콜랴는 해부를 시작하자마자 창자간막mesentery(장간막)의 어둡고 기름진 주름 속에 파묻힌 두 개의 '고난이도 동맥'을 발견한다.

거기서 몇 인치 떨어진 곳에서는, 에리카와 마리사가 흉부를 맹렬히 파고들어 데이비드와 알렉스—그들은 지금 프로섹션 해부대에 있다—가 방금 해부했던 지점에 도달한다. 콜랴와 나는 잠깐 멈춰, (심낭막

pericardium을 절개하는) 에리카와 (가슴 속에 깃들인 심장을 조심스레 캐내는) 마리사를 응시한다. 심장을 옆으로 치워놓는 대신, 마리사는 시신이 심장병으로 사망했음을 의식하고, 심장을 뒤집어 다양한 각도에서 검토한다. 나는 안다, 그녀가 '미래의 의사 겸 치유자'의 눈으로 심장을 바라보고 있음을. 심장의 어떤 부분이 망가졌는지 알아내려고 노력하는 기색이 역력하다.

오늘은 그녀에게 기념비적인 날이었나 보다. 오후에 해부대를 청소하면서, 마리사는 나에게 이렇게 말한다. "나는 해부학 강좌를 하나 수강했지만, 아직까지 해부를 해보지 않았어요." 그녀는 이렇게 덧붙인다 "나는 해부가 혐오스러울 거라고 생각했어요, 그런데―그녀는 잠시 멈추더니, 마치 비밀을 털어놓듯 속삭인다―해보니까 그렇게 좋을 수가 없어요. 나는 해부학을 완전 사랑해요." 마리사는 잠깐 동안 창밖을 내다본다. "해부가 재밌어요. 나는 소아과 의사의 꿈을 품고 의대에 들어왔지만, 지금은 잘 모르겠어요. 나는…. 음, 어쩌면 심장내과로 갈지도 모르겠어요."

나는 복도에 나가 다른 학생들과 잡담하는 동안, 똑같은 후렴구를 반복적으로 듣는다. "나는 해부가 좋아요, 그것도 아주 많이." 다른 해부학 수업(약대생이나 물리치료학과 학생을 대상으로 한 해부학)에서는 이렇게 열정적으로 말하는 사람을 본 기억이 없다. 곧 의사가 될 의대생들은 뭔가 달라도 확실히 다르다. 그들은 인체―풍성함, 복잡함, 섬뜩함, 그리고 아름다움의 집합체―의 속삭임과 노랫소리를 독특하고 강렬한 방식으로 듣는다. 그중에서 가장 인상적인 것은 라유나라는 인도 출신 여학생의 답변이다. 그녀는 발레리나를 방불케 하는 태도로, 전염성 있는 기쁨을 토로한다. 그녀는 "거긴 정말 붐볐어요"라고 말하는데, 그녀의 말에서 '거기'는 해부학 실습실이 아니라, 시신의 복강abdominal cavity을 가리킨다. "놀랍고, 그저 놀라울 뿐이었어요. 모든 내장들이 꼬이고 휘돌고 둘러싸여 있었으니 말이에요." 마치 인간의 전신을 마음속에 그리는 듯, 그녀는 잠시 멈췄다가 말한다. "그 속을 들여다볼 때 정말 황홀했어요."

그러나 감탄사를 연발하지 않는 학생이 딱 한 명 있다. 그의 이름은 블레이크인데, 복도 마룻바닥에 앉아 로커에 기댄 채 축 늘어져 있다. 심신이 완전히 고갈된 모양이다. 나는 다정하게 알은체를 한 후, 해부학 실습 첫날 가장 놀라웠던 게 뭐냐고 묻는다.

"나에게 배정된 시신이 여자였다는 거예요." 그는 망설임 없이 대답한다.

나는 별의별 답변을 다 예상했지만, 그 대답은 나의 목록에 없다.

"나는 남자를 예상했어요." 블레이크가 분명히 말한다. "왜 그렇게 생각했는지 나도 모르겠어요. 그래서 여자의 시신을 바라보고는… 진짜 까무러쳤어요."

그는 내 얼굴에 진하게 새겨진 '헉, 의왼데?'라는 표정을 간파한 게 틀림없다. 그는 자신의 할머니가 위독한 병에 걸렸었기에, 나이 든 여자의 시신을 해부하는 일은 생각만 해도 끔찍하다고 털어놓는다. 설상가상으로 시신의 사인이 할머니와 똑같은 만성폐쇄폐병chronic obstructive pulmonary disease(COPD)이었으니 오죽했겠는가! 겪어보지 않은 사람은 모를 것이다. "나는 멘붕에 빠졌어요."

블레이크는 자신의 양손을 1초 동안 내려다본다. "그야말로 얄궂은 일의 연속이었어요." 그가 말한다. "하고많은 장기 중에서, 나에게 배당된 것이 하필 폐였어요. 나는 거의 더러운 기분 또는 죄책감이 들어 자제력을 잃었어요. 당신도 알다시피, 나는 기본적인 지시 사항에 따라 절단한 폐를 내 손으로 꺼냈어요." 그는 자신이 쓴 막말에 움찔하며 뭐라고 변명하려 애쓴다. "나의 바람은 그저…"

"오늘 힘든 시간을 보냈군요." 내가 말한다.

"네." 그는 나직이 말한다.

"음, 이런 식으로 생각하면 어떨까요?" 나는 그에게 이렇게 말해준다. "오늘은 의대 수업 첫날이고, 당신은 가장 호된 교훈 중 하나를 이미 얻은 거예요."

그는 미심쩍은 표정으로 나를 바라본다. "그래요? 그 '호된 교훈'이란 게 뭐죠?"

"맡은 바 임무를 수행하려면, 자신의 감정을 잘 추슬러야 한다는 거겠죠."

블레이크는 어렵사리 희미한 미소를 지으며 고개를 끄덕인다.

# 12

---

어머니를 직접 진료하기 시작했을 즈음, H. V. 카터는 나이가 겨우 스무 살인 데다 아직 의사도 아니었다. 그러나 어머니의 약을 제조할 정도의 수준은 일찌감치 넘어선 상태였다. 이제는 전문적인 능력까지 갖춘 만큼, 어머니의 치료를 주도할 수 있다는 자신감이 생겼다. 그는 1851년 크리스마스 휴가 때 고향에 머물며, 어머니를 위해 광범위한 의학 검사를 실시하고 그 결과를 면밀히 검토했다. 그런 다음 (하고많은 날 중에 크리스마스 이브를 골라) 자신의 일기장에 어머니의 병력을 일목요연하게 기록했다. 덕분에 지금껏 단 한 번도 언급되지 않았던, 어머니의 신상 정보들이 낱낱이 드러났다.—그의 어머니는 당시 마흔한 살이었고 유방암을 앓고 있었다.

"M.♦은 14년 전 정체불명의 혹을 하나 발견했지만," 카터는 이렇게

---

♦　어머니mother를 의미함.

적었다. "아무런 불편을 겪지 않았다." 그로부터 7년이 지난 후 혹이 자라기 시작하면서 만성 통증을 유발했지만, 어머니는 대수롭지 않게 여겼다. 그녀는 그런 와중에서 3년을 더 버티다가 런던을 방문하여 전문가—헨리 그레이의 멘토인 저명한 의사 벤저민 브로디—를 만나 유방암으로 최종 진단받았다."

"이제," 카터의 일기는 계속된다. "덩어리의 크기는 거의 손바닥만 해졌고 통증은 엉덩이까지 확산되었다." 카터는 어머니가 복용하는 수많은 약물들의 목록을 죽 열거하고, 각각의 용량을 세심하게 기록한다. 지역 내과의사가 정기적으로 왕진하는 동안, 카터는 어머니의 경과를 2년간 면밀히 모니터링했다. 어떤 의미에서 그는 어린 시절부터 어머니의 병력을 줄곧 추적해왔다고 할 수 있다. 어머니가 처음으로 자각증상을 느꼈을 때 그는 겨우 열세 살이었고, 유방암으로 진단받은 1847년 여름 열여섯 살이었으니 말이다. 공교롭게도 바로 그해 카터가 스카버러의 개업의원에서 견습생 생활을 시작했고, 그해 말에는 런던으로 진출하여 브로디 박사가 명예교수로 재직하는 의학교에 들어갔다.

이로써 지금껏 따로 놀던 어머니와 아들의 역사가 연결되었으니, 외견상 우연의 일치인 것처럼 보였던 사건들은 더 이상 우연의 일치가 아니게 된다. 일부 역사가들은 헨리 반다이크 카터가 과학자의 마인드를 가진 삼촌 때문에 가업인 미술을 버리고 의학을 선택했을 거라고 추측해왔지만, 이제 나는 정반대로 생각한다. 장담하건대, 카터가 의사의 길로 들어선 것은 어머니 때문이었다. 효성이 지극한 십 대 소년은 '만약 내가 의사가 된다면, 어머니를 살릴 수 있다'고 생각했음에 틀림없다.

1851년 크리스마스 시즌에 어머니의 증세가 위중했음을 감안할 때, 아들 일기에 어머니가 계속 등장한 것은 별로 이상하지 않다. 그러나 문제는 어머니에 대한 언급이 해가 갈수록 전형화되어 간단하고 퉁명스러워졌다는 것이다. "M. 악화됨"이나 "M. 쇠약해짐"이라고 적힌 걸 볼 때마다, 어머니의 진료기록부에 꼬리표가 하나씩 추가되는 것 같은 느낌이 든다. 사실 이런 식의 언급이 너무 자주 등장하자, 나는 "혹시 H. V. 카터가 어머니를 단지 M.이라는 환자로만 생각한 건 아닐까?"라는 의구심이 들기 시작했다. 그런 의구심을 해소하는 방법은 딱 하나밖에 없었다. 나는 웰컴 도서관의 '카터 관련 목록'을 온라인으로 검색하여 약간의 자료 사본을 신청했다.

H.V.가 어머니에게 보낸 편지 중에서 지금까지 남아있는 것은 12통뿐이었다. 틀림없이 그가 다년간 쓴 편지의 극히 일부에 불과할 것이다. 그러나 그 편지들을 읽으면 명료하고도 경이로운 감동이 샘솟는다. 그렇다. 카터의 입장에서 볼 때 어머니는 매우 중요한 환자임에 틀림없지만, 동시에 영적 동반자였다. 카터에게 그녀는 신앙상의 갈등을 툭 터놓고 정직하게 이야기할 수 있는 유일한 인물이었다. "기도는 내가 가장 덜 의지하는 방법이에요. 나는 기도를 거의 하지 않아요." 그는 한 편지에서 이렇게 인정한다. "나는 성경을 매일 읽지만, 어떻게 읽는지 아세요? 성경을 읽을 때는 기도하지 않아요. 기도는 나를 매우 실망시켜요. 사랑하는 어머니가 꼭 알아둘 게 있어요. 내 마음은 이렇게 혼란스럽고 불길하기 짝이 없어요."

솔직히 말해서, 나는 카터가 이 같은 혼란스러움을 마음속에 꼭꼭 담아둘 거라고 기대했었다. 왜냐하면 병약한 어머니의 부담을 가중시킬 뿐만 아니라 어머니를 실망시킬 것을 우려했을 것이기 때문이다. 그러나 현실은 그렇지 않았다. 그는 마음을 털어놓을 수 있는 사람이 달리 없다고 느꼈다. 릴리, 조 그리고 아버지는 카터보다 전혀 독실하지 않았다. 또 런던에 8년간 머물렀어도 마음을 털어놓을 수 있는 친구가 아직 단 한 명도 없었다. "기독교인 친구를 어디서 찾아야 할까?" 그는 일기에서 1856년 2월까지 늘 이렇게 한탄한다. 그와 가장 많은 시간을 보내는 헨리 그레이조차 미안하지만 신앙에 관한 한 자격 미달이다. 그러나 카터는 그레이와의 관계에서 신의 임재를 느낄 수 있었다. "내가 그런 인물과 긴밀히 접촉할 수 있는 것은 신의 친절한 섭리가 작용하기 때문인 것 같다." 그는 같은 해 6월 일기에 이렇게 썼다. 그럼에도 불구하고 그는 같은 날 일기에서 "마음이 맞는 사람들끼리의 상호 교감"을 갈망한다. "나는 문자 그대로 혼자다." 그는 심지어 오랫동안 다닌 교회 목사의 설교에도 공감을 느끼지 못했던 듯하다. 마틴 목사가 그에게 신앙적 갈등에 관한 내용을 일기장에 쓰지 말라고 두 번이나 따끔히 말했지만, 두말할 것도 없이 쇠귀에 경 읽기였다.

그는 자신의 복잡한 심경을 어머니에게 털어놓았다. 그의 편지는 구구절절 감동적이다. 그러나 모자가 비극적 소울메이트tragic soulmate라는 생각—어머니는 건강이 약해지고 있고, 아들은 믿음이 약해지고 있다는 생각—을 떨쳐버리기 힘들다. 아들이 어머니를 살려내고 싶어 하는 것처럼, 어머니는 아들을 구원하고 싶어 한다. 유대 관계가 너무 긴밀하다 보니, 모자는 두 사람만의 은밀한 의식ritual을 고안해낸다. 약속한 날 밤 11시가 되면, 런던에 있는 H.V.와 스카버러에 있는 어머니는 한 시간 동안 합심기도를 한다. 카터의 일기에 따르면, 두 사람은 합심기도를 통해 신에 대한 호소력을 증폭하고, 두 사람 모두에게 소중한 영적 상태를 강화한다. 그러나 두 사람은 세속적 수준에서도 매우 친밀한 방법—세심한 애정이 구구절절 배어 있는 편지—으로 상호간에 의사소통을 한다.

허심탄회함과 솔직함에도 불구하고, 카터는 특정한 주제에 대해 놀랍게도 입을 다묾으로써 도청기에 귀를 기울이고 있는 나를 좌절시킨다. 나는 그가 '매일 쓰는 일기'에 기록하지 않은 경험을 듣고 싶어 한다. 예컨대, 12통의 편지 중에《그레이 아나토미》를 위해 작업하던 도중에 쓴 것이 두 통 있어서, 나는 그 편지를 통해 프로젝트의 진척도를 확인하거나 화가 생활의 편린을 엿볼 수 있을 거라 기대했다. 안타깝게도 그는 일언반구도 하지 않았고, 나는 직접적인 목격자가 한 명 나타나는 행운을 얻었다.

"헨리와 나는 현재 매우 조용한 생활을 하고 있어. 형은 집에서 많은 그림을 그리고 있고, 나는 밖에서 많은 그림을 연구하고 있어." 조 카터는 릴리 카터에게 보낸 한 줌의 편지 중 하나에서 이렇게 증언한다. "우리는 저녁에 집에 들어가면 밤늦도록 책을 읽거나 담배를 피우거나 (나는 아직 피우지 않음) 그림을 그리면서 골방에 처박혔다가 다음 날 아침에 나타나곤 해."

카터 형제는 1855년 8월 중순 에버리 스트리트 33번지에 있는 아파트로 이사했다. 조는 왕립아카데미에서 퇴짜를 맞아—두 형제는 이에 크게 실망했다—혼자 이것저것 공부하거나 미술관의 걸작들 사이에서 그림을 연구하며 시간을 보냈다. 그러나 학창 시절의 H.V.에 비하면, 조의 학습 태도나 학습량은 어림도 없는 수준이었다. 사실, 나는 '밖에서 그림을 연구한다'는 말을 '갤러리를 어슬렁거리며 젊은 여자들을 훔쳐본다'는 말의 완곡어법euphemism으로 간주한다. 더욱이 H.V.에게 공짜로 듣는 해부학 수업은 진도가 영 나가지 않았다. "조는 나름 열심히 하지만," 카터는 일기에 이렇게 썼다. "진척이 지지부진하고 인물 묘사가 서투르다." 그렇지만 수채화가인 조는 아버지와 마찬가지로 풍경화를 선호했고, 몇 번의 과감한 붓질만으로 배경을 능란하게 설정했다. 조의 배경 설정 솜씨는 이삿짐을 푼 지 얼마 안 지나 릴리에게 보낸 편지에서 잘 드러났다.

"우리는 새로운 집에 적응하고 있는 중이야." 조는 이렇게 말했다. "물론 모든 중요한 사항은 H.♦가 결정하고 있어." 그들의 아파트에는 다행히도 창문과 문과 벽장이 모두 두 개씩 있어서 개인의 프라이버시가 보장되었고, 조는 이 점이 마음에 드는 것 같았다. 그리고 소파와 안락의자가 하나씩 놓여 있었다. 조의 설명에 따르면 안락의자는 해리(아마도 가족들끼리 사용하는 H.V.의 별명인 듯하다)의 독차지였고, 소파는 그림, 책, 기타 자질구레한 물건을 닥치는 대로 쌓아놓는 용도로 사용되었다.

조는 나중에 보낸 편지에서 디테일한 사항들을 덧붙인다. "H.V.는 안방에서 그림을 그리고 방문객들(카터에게 개인교습을 받는 의학생을 지칭함)을 만나기도 해." 그리고 "위층에는 나의 전용 스튜디오로 사용되는 다락방이 있어"라고 거들먹대며, 촛불이 깜빡이고 핀으로 고정된 스케치들로 뒤덮인 작고 어두컴컴한 다락방 이미지를 연상시킨다. 만약 소심하고 금욕적인 기독교인인 형과 아파트를 공유하지 않았다면, 그의 런던 생활은 영락없이 보헤미안이었을 것이다.

스물두 살을 향해 가고 있던 1856년 12월, 조는 자신이 화가라는 사실을 매우 진지하게 받아들이기 시작했던 게 틀림없다. (그는 오해의 소지를 없애기 위해, 릴리에게 보내는 편지에 "J. N. 카터, 화가"라고 서명했는데, 이는 그의 우상인 영국 화가 J. M. W. 터너를 모방한 것으로 보인다.) 그러나 사실, 그의 그림에는 영감이 부족했다. 조의 그림을 몇 점 감상해봤지만, 내가

---

♦　헨리를 의미함.

보기에는 고작해야 아버지에게서 영감을 받은 것 같았다. 아이러니하게도, 진정으로 재능 있는 화가는 위층의 다락방 스튜디오가 아니라, 아래층의 안방에서 목판에 해부도를 그리며 밤늦도록 담배를 피우고 있었다.

H. V. 카터는 자기의 정체성을 조와 같은 방식으로 바라보지 않았으며, 자신의 그림을 미술작품으로 여기지도 않았다. 그가 생각하는 미술작품이란 액자에 넣어 벽에 걸고 감탄하는 것이었다. 그가 《그레이 아나토미》를 위해 그린 그림은 주로 과학적이고 학술적이었다. 뿐만 아니라 본질적으로 너무 외설적이어서 점잖은 사람들 사이에서 전시되거나, 심지어 논의될 수도 없었다. (카터가 어머니에게 해부학 이야기를 일절 꺼내지 않은 것도 바로 이 때문이라 생각된다.) 그의 그림은 학생들에게 혜택을 주기 위한 것이지, 자신의 솜씨를 증명하기 위한 것이 아니었다. 그럼에도 불구하고 그의 스타일은 워낙 독특해서, 나는 (설사 그림의 한 구석에 아주 작은 H. V. C.라는 글씨가 적혀 있지 않더라도) 헨리 반다이크 카터의 그림을 식별할 수 있다.

나는 조 카터가 자신의 재능을 잘 몰랐을 거라고 생각한다. 그는 자신을 '무심한 편지쟁이'라고 부르며 경솔한 글쓰기를 변명했지만, 그건 큰 실수였다. 그는 상상력을 자극하는 경이로운 작가였고, 그런 점에서는 H.V.를 훨씬 능가했다. 사실, H.V.는 다년간 일기를 썼고 수백 통의 편지를 썼음에도 불구하고, 언어를 조만큼 능수능란하게 다루지 못했다. 릴리는 남동생의 편지를 좋아했음에 틀림없다. 조의 편지에는 영리한 말장난과 참신한 관찰로 가득했다. 조의 글솜씨는 한마디로 매력적이다. (장담하건대, 글쓰기를 잘하는 사람치고—나를 포함하여—성격이 매력적이지 않은 사람은 없다.) 예컨대 그가 릴리에게 보낸 한 편지는 자신의 지속적인 인생사를 묘사하는 사랑스러운 운문♦으로 시작된다. "나는 과거가 현재나 미래와 얼마나 밀접하게 연결되어 있는지를 발견하고 종종 놀라곤 해." 그의 천부적인 글솜씨는 계속된다. "그리고 나는 때때로 다음과 같은 사실을 발견하고 무한한 경이로움에 휩싸이곤 해. 과거는 현재나 미래와 분리되지 않고 본래 있었던 자리(또는 머무를 것으로 의도됐던 장소)에 머물러 있지만, 간혹 서둘러 지나가거나 뒤늦게 죽마고우처럼 미소를 지으며 나타나도 괄시받지 않아. 오래된 생각이나 사실을 제거하거나 바꾸려고 노력할 때까지, 우리는 그 뿌리가 얼마나 깊은지 알 수 없어."

　실습실에는 하룻밤 사이에 해부학의 미래가 성큼 다가와 있었다. 가상 해부 프로그램을 구동하기 위해 북쪽 측면에 시디롬 드라이브가 장착된 최신형 컴퓨터 여덟 대가 설치된 것이다. 여덟 대의 컴퓨터 중 하나는 우리 해부대 바로 옆에 자리 잡고 있다. 시디롬은 학생들의 공부를 도와주는 장치인데, 본의 아니게 프로섹션 해부대에서 차례를 기다리는 학생들의 시선을 사로잡는다. 어쨌든 실습실에 존재하는 컴퓨터는 기념비적인 변화의 상징이다. 이것은 인체해부학 연구가 지향하는 바이며, 일부 전문가들에 따르면 3D 재현과 시뮬레이션이 시신을 대체할 거라고 한다.
　하지만 그런 날이 올 때까지, 학생들은 끈적거리는 손은 물론 "시신의 분비물"을 신경써야 한다. 그런 까닭에 컴퓨터 키보드와 마우스에

---

♦　원문에는 운율이 밑줄 표시가 되어 있으나, 한글로 번역하는 과정에서 운율이 사라졌으므로 번역문에는 표시하지 않았다.

는 사란랩**이 씌워져 있으니, 하이테크high tech와 로테크low tech가 공존하고 있는 셈이다. 한편 변화에 저항하는 세력도 있다. 데이너 로드가 그런 사람인데, 그녀는 컴퓨터를 우두커니 바라보는 학생들에게 이렇게 소리친다. "인체를 해부해야지, 비디오나 시디롬만 곁눈질하면 되겠어요?"

사실을 말하자면, 데이너는 프로섹션도 탐탁잖게 여긴다. "프로섹션용 시신은 대부분 끔찍해요. 너무 오래됐고 건조한 데다 많은 사람들의 손을 거쳤어요." 설상가상으로 프로섹션은 '총체적으로 배워야 할 지식'을 난도질하여 찔끔찔끔 제공한다. "그건 제대로 된 교육이 아니에요."

데이너는 말을 직설적으로 하는 편이며, 심지어 채식주의자용 서브웨이 샌드위치를 먹는 동안에도 과격한 표현을 서슴지 않는다. 9월의 멋진 오후, 그녀와 나는 수업 사이 막간을 이용하여 보건과학대학 건물 밖에 앉아 있다. 우리는 뒤늦게 여름휴가 스토리—그녀는 갈라파고스 제도에 다녀왔고, 나는 물리치료 강좌를 수강했다—를 주고받을 요량으로 자리를 함께했지만, 화제는 해부학 프로그램 쪽으로 훌쩍 넘어간다. 데이너의 설명에 의하면, 내가 지금 이수하고 있는 강좌는 몇 년 전과 상당히 다르다고 한다. 2000년까지만 해도, UCSF 의대 1학년생은 6개월간 꼬박 해부학을 배웠다. 그것은 미국의 모든 의과대학들이 정한 표준 커리큘럼이나 다름없었다. "시신 한 구당 네 명의 학생들이 달라붙어 안구에서부터 뇌, 생식기, 발가락에 이르기까지 문자 그대로 모든 것을 해부했어요."

---

◆◆　식품 포장용 랩의 상품명.

사실, "구식 커리큘럼"(데이너는 2000년까지의 커리큘럼을 이렇게 부른다)은 고릿적 것으로, 그 기원은 1830년대로 거슬러 올라간다. 그 당시에는 법이 개정됨—처음에는 영국, 뒤이어 미국에서—에 따라 합법적인 시신들이 널리 유통되었다. 결과적으로 (강사나 시범자가 아닌) 학생들 자신에 의한 해부가 가능하게 되었다. 그레이와 카터가 학생으로서 수강했고 교수로서 가르친 6개월짜리 해부학 실습 강좌는 규범으로 자리 잡았는데, 그 내용은 150년 후 제공된 것과 대동소이했다. 그러나 현대적인 의과대학의 커리큘럼 구성은 거의 절반이 바뀌었다. 예컨대 그레이와 카터는 방사선학, 종양학, 면역학은 물론 (지난 50년간 의학에 혁명을 일으킨) 유전학과 분자생물학을 배울 필요가 없었다. 20세기 말 전형적인 4년제 의과대학의 커리큘럼은 포화 상태가 되어, 5년제로 바꾸지 않는 한 일부 강좌의 이수 시간을 줄여야 했다. 많은 교육행정가들에게 전통적인 6개월짜리 해부학 강좌는 사치인 것처럼 보이기 시작했고, 시신의 조달 및 관리와 교수진 채용에 소요되는 비용이 막대함을 고려할 때 더더욱 그랬다. 내가 몸소 느낀 것처럼, 여덟 명의 강사가 미숙한 해부자들을 일주일에 수차례씩 감독한다는 것은 비용 대비 효율 면에서 마이너스였다.

2001년 UCSF 의대는 미국 최초로 중대 결단을 내리고 급격한 변화를 시도함으로써 학생들에게 큰 혼란을 초래했다. 즉 학교 측은 전통적인 해부학 실습 강좌를 폐지하고, 종전에 가르쳤던 항목 중 일부를 다른 강좌에 통합했으며(예컨대, 심장과 폐의 해부학은 '기관organ에 관한 강좌'로 이관되었다), 커리큘럼에 남아있는 약간의 해부학 실습에는 프로섹션이 포함되었다. UCSF는 미국의 상위권 대학 중 하나였으므로, 다른 의대들도 덩달아 해부학 프로그램을 대폭 축소하기 시작했다.

개인적으로는 차라리 잊고 싶은 한 학기였지만, 데이너는 많은 학생들이 학교 측에 강력히 요청하여 '해부학 실습의 복권復權(비록 6개월에서 6주로 대폭 축소되었지만, 1년 내내 개설되는 다른 해부학 강좌들을 통해 보충함)'과 '시신의 복직復職'을 관철시킨 것을 언급하며 즐거워한다. 아무리 그렇더라도, 내가 곧 목격하게 될 '누락된 실습'의 후유증은 남아있다.

점심을 먹은 후, 나는 데이너를 따라 해부학 실습실 약속 장소로 간다. 그녀는 두 명의 의대 4학년 학생(한 명은 남자, 한 명은 여자)과 만난다. 그들은 "신식 커리큘럼(2001년에 개편된 해부학 실습 강좌)"하에서 교육받은 학생들로, 텅 빈 실습실의 후미에서 '악몽의 비스킷통'—두피가 제거된 인간 머리의 별명—을 들여다보고 있다. 그들이 데이너와 따로 만나는 건 안과학 로테이션을 시작하기 전에 부족한 부분을 보충하기 위해서다.

데이너가 '초간단 눈 뒤 여행behind-the-eyes tour'을 안내하며 빽빽한 짜임새를 설명하는 동안, 두 사람은 골머리를 앓는 기색이 역력하다. "'여기'에 있는 뇌하수체 종양이 '저기'에 있는 시신경에 문제를 일으키는 이유를 알겠죠?" 이 대목에서 학생들은 알겠다는 뜻으로 고개를 끄덕인다. "이 수준에서 목동맥류carotid aneurysm가 일어나면 6번 뇌신경(가돌림신경abducent nerve)이 손상되고, 이것은…." 이 대목에서 데이너는 학생들의 얼굴을 뚫어지게 바라보며 리액션을 기다리고, 기다리고, 또 기다린다.

"측안 운동lateral eye movement에 영향을 미치죠?" 참다못한 내가 끼어든다.

"정확해요," 데이너가 말한다. "아주 훌륭해요."

청강생 주제에 오지랖이 넓었나 싶어, 나는 데이너가 4학년생들과

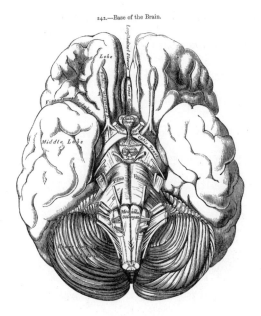

뇌의 바닥(기저부).

의 대화를 마무리하는 동안 한 걸음 뒤로 물러선다. 문득 두 젊은이가 기특하다는 생각이 든다. 자신들의 지식에 뭔가가 부족함을 깨닫고 해결책을 강구하고 있으니 말이다. 우리는 자기가 뭔가를 모른다는 사실을 어떻게 알 수 있을까? 이 두 사람을 제외한 다른 학생들은 또 어떻고?

데이너와 함께 그녀의 연구실로 가는 동안 내가 묻는다. "과거에 비해 해부학 훈련을 덜 받은 학생들이 '준비가 덜된 의사'가 될까 봐 걱정되나 보죠?"

"궁극적으로는 괜찮을 거예요." 그녀는 서슴없이 대답한다. "결국에는 충분한 지식을 습득하게 될 테니까요."

내가 자기의 대답에 만족하지 않는 것을 눈치챈 듯 데이너가 부연 설명한다.

"내가 생각하기에, 더 중요한 문제는 '인체에 대한 총체적 시각'이 부족하다는 거예요." 그녀는 이렇게 강조한다. "총체적으로 바라보지 않으면 완벽한 이해가 불가능해요. 해부학에 대한 이해의 상당 부분은 여러 신체 부위들을 동시에 다룸으로써 형성돼요. 한꺼번에 다루는 신체 부위의 수가 줄어들면 이해력이 부족할 수밖에 없어요." 데이너는 이처럼 이상론자임에도 불구하고 기대는 결코 비현실적이지 않다. "그러나 오해하지 마세요. 모든 부위의 이름을 달달 외우는 건 해부학자의 몫이에요. 나는 학생들이 해부학자가 되기를 기대하지 않아요. 인체를 잘 안다고 자부하는 사람으로서, 나는 암기의 가치를 부정해요. 당신도 알다시피, 내가 강조하고 싶은 것은 해부학을 더 잘 이해할수록 암기할 필요성이 줄어든다는 거예요."

"맞아요, 데이너 로드 박사. 누가 연상기호 반대론자anti-mnemonicist 아니랄까 봐." 나는 비꼬는 듯 말한다.

그녀는 한바탕 웃은 후, 복도에 버티고 선 채 슬그머니 '강사 모드'로 되돌아간다. "예컨대 뇌신경을 생각해봐요. 일단 뇌신경을 해부하고 나면, 당신은 7번 뇌신경(얼굴신경facial nerve)이 뇌줄기brain stem에서 나와 두개골을 거치는 과정을 확인하면서 혀에 도달하는 과정을 정확히 알게 되죠. 9번 뇌신경(혀인두신경glossopharyngeal nerve)도 마찬가지예요. 7번 신경과 9번 신경이 '완전히 다른 경로'를 거쳐 '혀의 전혀 다른 부분'에 도달하는 것을 확인하면 그뿐이지, 그걸 굳이 외울 필요는 없어요." 그녀는 반복해서 말한다. "두 눈으로 직접 확인하는 게 중요하다는 게 내 지론이에요."

우리 팀에 배정된 시신의 상태가 양호하다는 걸 알고, 다른 학생들이 한 번 구경해보려고 줄지어 서 있다. 사실 그들의 마음을 어느 정도 이해할 만하다. '양호한 시신'이란 구조가 쉽게 드러나고 뚜렷이 분리되며, 과도한 양의 지방에 둘러싸이거나 석회화calcification에 의해 모호해지지 않은 시신을 말한다. 우리의 시신이 매우 양호할 뿐만 아니라 매우 인기 있는 이유는 완벽한 생식계를 보유하고 있기 때문이다. 시신 공여자가 전반적으로 매우 연로(평균연령 84세)하고, 여성의 경우 거의 자궁이 절제되어 있다는 점을 감안하면 매우 드문 광경이다. 확실히 이렇게 양호한 시신을 본 것은 난생처음이다.

우리의 시신이 보유한 자궁은 주먹만 하고 라벤더 색깔이며, (문자 그대로 호두 크기로 위축되어 질감도 호두처럼 쭈글쭈글한) 프로섹션과 달리 비교적 감촉이 부드럽고 탄력 있다. 더욱이 프로섹션의 난소에는 나팔관Fallopian tube이 없는 반면, 이 난소의 경우에는 나팔관 형태가 완벽하고 자궁에서부터 쌍둥이활 모양으로 확장되고 있다. (나팔관은 난소에 부착되어 있지 않다.) 두 나팔관의 말단에는 (난자를 움켜쥐는 역할을 하는) 조그만 손가락 같은 게 있는데, 이것을 난관술fimbriae이라고 한다. 난관술 바로 아래에는 토실토실하고 아몬드만 한 난소ovary가 있다. 자궁과 난소 위에 걸쳐진 윤기 나는 복막peritoneum을 제거하면, 생식계를 안정화하며 에워싸는 인대와 조직이 뚜렷이 드러난다. 이 모든 기관과 조직들이 80년 된 몸속에서도 정상적인 상태를 유지하고 있는 덕분에, 나는 여성의 생식계가 작동하는 장면―난소에서 난자 하나가 배출되는 장면―을 쉽게 상상할 수 있다. 난자 위에서 맴도는 난관술이 난자를 꽉 움켜쥐고 있다. 자궁관막mesosalpinx이 살며시 펄럭이며 난자를 슬쩍 밀어, 나팔관을 거쳐 자궁으로 내려보낸다. 자궁에 도착한 난자는 정자와 합체한다. 마침내 자궁은 시간 경과에 따른 움직임을 통해 팽창하며, 마치

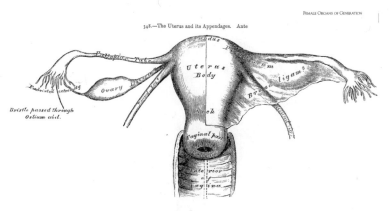

자궁과 부속기관. 앞에서 본 모습.

숨을 잔뜩 머금은 것처럼 생명이 충만하게 된다.

일단 이런 이미지가 당신의 기억에 저장되면, 당신은 사람들의 몸을 전혀 다른 관점에서—"해부학적으로" 바라볼 수밖에 없다. 즉 당신은 생명을 일종의 화면 속 화면picture-in-picture(PiP)처럼 바라보게 된다. 당신의 친구가 아기에게 모유를 먹이는 장면을 본다면, 경이로운 멀티플렉스 영상이 당신 눈앞에 펼쳐질 것이다. 그도 그럴 것이, 하나의 몸이 자신이 창조한 몸에게 자양분을 공급하고 있으니 말이다. 당신의 동네를 가로질러 조깅하는 사람은 초고속으로 순환하는 시뻘건 액체(혈액)가 가득 찬 기계로 보일 것이다. 이러한 영상화는 자기 자신에게도 적용되어, 가장 평범한 행동까지도 특별하고 소중한 영상으로 바뀔 것이다. 예컨대 내가 아침에 일어나자마자 배설하는 소변은 더 이상 지린내 나는 노폐물이 아닐 것이다.

나를 곤한 잠에서 깨우는 요의尿意는 이제 일련의 해부학적 영상을 동반한다. 나는 '마음의 눈'으로 내 방광을 투시할 수 있다. 그것은 작고 미묘한 기관으로, 숨을 한 모금만 더 불어넣으며 빵 터질 풍선처럼 잔

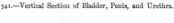

341.—Vertical Section of Bladder, Penis, and Urethra.

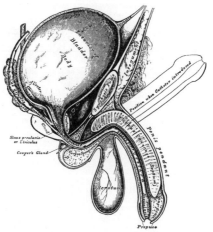

방광·페니스·요도의 수직 단면도.

뜩 부풀어 있다. 밤톨만 한 전립샘 위에 자리 잡고 있으며, 하복부의 얇은 근육을 압박함으로써 복부의 표면을 작은북처럼 팽팽하게 만든다. 한 줄기의 소변이 발사되기 직전, 방광에 있는 내장들신경visceral afferent nerve이 발화firing하면 조난신호distress signal가 척수를 경유하여 뇌에 도착한다.—"제발 나를 비워줘!"

일단 수도꼭지(요도의 괄약근)가 열려 방광의 압력이 다소 감소하면, 더 큰 그림이 눈에 들어온다. 내 시선은 방광을 벗어나 (골반가장자리pelvic brim를 가로질러 나란히 사이좋게 콩팥으로 올라가는) 쌍둥이 요관ureter을 추적한다. 그런 다음 각각의 콩팥에서 복잡한 여과 시스템을 들여다본다. 나의 혈액에서 가느다란 연노란색 물줄기를 걸러낸 주인공이 바로 그 시스템이라니! 마지막으로 소변기의 물을 내릴 때쯤, 나는 심장으로 들어갔다 나오는 더욱 커다란 혈관 복합체(콩팥정맥과 콩팥동맥)를 일별한다.

인체가 작동하는 과정에 눈을 뜨면, 인체가 오작동하는 과정—즉 당신의 몸이 당신을 배반하는 과정—도 자연스럽게 이해할 수 있다. 내 친구 리처드가 최근 전화로 "신장암을 진단받았어"라고 하는 순간, 나는 하나의 슬라이드 카루셀carousel이 내 머릿속 영사기에 자동으로 로딩되는 듯한 기분이 들었다. 그건 신장을 연속으로 촬영한 필름이었는데, 앞면, 뒷면, 절단면을 망라한 슬라이드가 내 눈 뒤 영사실에서 광선을 내뿜기 시작했다. 리처드가 이상 징후—밤새 흘리는 식은땀, 피로—를 언급할 때, 나는 콩팥이 자리 잡은 허리 부분을 줌인했다. 나는 더욱 깊숙이 파고들며 그에게 특이적인 해부학적 질문을 던졌고, 그러는 동안 내 머릿속에는 손상된 콩팥의 세밀화가 그려졌다.—어느 쪽 콩팥이야? 오른쪽, 아니면 왼쪽? (왼쪽이야.) 종양이 발견된 부분은 어디야? (오른쪽 표면이고, 직경은 5센티미터야.) 콩팥 주위의 지방조직에 침투했대? (침투했어.) 콩팥문renal hilum 쪽 상태는 어때? (괜찮대.)

"음, 불행 중 다행이군." 나는 이렇게 말하며, '초기 단계에서 발견된 암이 번지기 전에 진압되는 과정'을 마음속에 그렸다.

"그래, 맞아." 리처드가 대답했다. "내 암은 발생 가능한 암 중에서 양호한 편에 속하나 봐. 주치의가 화학요법이나 방사선요법 없이 간단히 절제한 걸 보면 말이야." 나는 그 시점에서 수술 절차—콩팥동맥과 콩팥정맥을 가로로 절단하고 콩팥과 주변의 지방을 제거함—를 상상했지만, 다른 한편으로 전문가 수준의 이런 생각을 했다. '요관에는 무슨 일이 일어났을까? 두말할 것 없이, 절단된 후 방광에 다시 연결됐겠지.'

리처드와 대화를 나눈 후, 나는 의사들이 훈련 과정에서 터득하는 진단 기술에 대해 감을 잡았다. 그 핵심은 가능한 시나리오들을 마음속에서 상영해보는 것이다. 그러나 메리라는 학생이 나를 깨우쳤던 것처럼, 의사의 영상화 능력이 늘 선망의 대상이 되는 건 아니다. 어느 날 오후, 메리에게서 그녀의 친구 이야기를 들었는데, 그 내용은 다음과 같다. 그 친구는 최근 결혼한 대학원생인데, 안타깝게도 어머니가 치명적인 자가면역질환에 걸렸다. "내 친구는 엄마의 병세가 얼마나 위중한지와 엄마 몸속에서 무슨 일이 일어나고 있는지를 잘 알고 있어요." 메리는 말했다. "그러나 엄마에게 아무 말도 할 수 없으니, 얼마나 가슴이 아프겠어요. 그래서 엄마가 자신의 병세를 물을 때마다, 친구는 벙어리 냉가슴을 앓고 있어요. 사실대로 말할 경우, 엄마가 큰 충격을 받을 게 뻔하거든요."

사랑하는 '엄마'

절망감이 들거나 내가 조금이라도 도움이 될 거라는 생각이 들 때, 나를 꼭 불러주세요. 기별을 받는 즉시, 아무리 사소한 일이라도 즉시 달려갈게요. 엄마의 건강과 기력을 즉시 회복시킬 치료법(경이로운 특효약)이라도 있느냐고요? 사랑하는 엄마, 그런 건 절대 아니에요. 엄마는 내게 그런 거 바라지 않잖아요, 그렇죠? 내가 엄마에게 해드릴 수 있는 건 아주 작은 것밖에 없으니 말이에요….

1856년 6월 20일,
에버리 스트리트 33번지, 런던

카터의 편지에서 자포자기한 듯한 기미가 엿보인다면, 그럴 만한 이유가 있다. 그 편지는 카터가 어머니의 병세가 심상찮음을 안 직후 보낸 것이기 때문이다. 제아무리 시치미를 떼려 애써도 나는 그의 속마음을 훤히 들여다볼 수 있다. 눈물을 삼키려 노력하면 할수록 극한적 절망감이 더욱 두드러지기 마련이다. 얼마 후 그가 일기장에 적은 글을 읽어보면, 그가 얼마나 큰 공포감에 휩싸여 있는지 능히 짐작할 수 있다. "어머니의 건강이 악화되었을 뿐만 아니라 할아버지도 심각한 질병에 걸려 있다." 그는 이렇게 예감한다. "이 모든 것이 곧 닥칠 비극의 그림자일까?"

그의 불길한 예감은 적중했다. 그로부터 수일 내에 할아버지가 세상을 떠나, 카터는 장례식에 참석하기 위해 고향으로 돌아간다. "M.이 완연히 변했음을 확인함." 그는 일기에서 이렇게 말한다. "그녀는 정말로 쇠락하고 있다.—매우 창백하고 수척하며, 얼굴에는 수심이 가득하다." 카터는 어머니를 위해 퀴닌클로릭에테르Quinine Chloric Ether와 아편을 처방했다고 덧붙이는데, 퀴닌클로릭에테르란 마취제의 일종이므로 어머니가 상당한 통증에 시달리고 있었음을 시사한다.

그 이후 M.은 카터의 일기장에서 거의 사라졌고, 결국에는 다음과 같은 일이 벌어진다.

1857년 4월 5일 일요일

오늘 밤 아홉 시쯤 주인아주머니에게서 급전을 전달받았다. 그 전보에는 이렇게 적혀 있었다. "당신의 어머니가 오늘 아침 별세하셨어요. 가능하면 화요일에 오고, 수요일을 넘기지 말아주세요."

고향에 돌아온 H.V.와 조는, 어머니가 몇 년 전 몸소 만든 수의를 입은 채 침대에 누워 있는 걸 본다.

　당시 일라이저 캐럴라인 카터의 나이는 마흔여섯 살이었다.

　죽음을 며칠 앞두고 있을 때, 그녀는 의사에게 아들을 불러달라고 부탁하지 않았다. 한 친지가 전하는 어머니의 말은 이러했다. "내가 아들을 부르지 않는 이유는 보고 싶지 않아서가 아니라, 내 곁에 앉아 간절한 마음으로 바라보지만 정작 아무것도 할 수 없는 아들의 모습이 안쓰러워서예요."

# 13

<hr />

시신에서 눈을 떼어 실습실을 둘러보니 조교인 앤을 빼고는 아무도 없다. 그녀는 다음 날 해부학 실습을 위해 준비 작업을 하고 있었는데, 지금은 작업을 완료하고 퇴근하려는 테세다. "나갈 때 불 꺼요." 그녀가 이렇게 외치고 나간 뒤, 문이 쾅 하고 닫힌다. 이제 겨우 저녁 6시이지만, 훨씬 늦은 시간인 것처럼 느껴진다. 10월의 어두운 저녁 하늘은 죽 늘어선 창문들을 거울로 바꿔놓았다. 나는 거기 비친 나 자신과 시신들을 바라본다. 나의 시신 하나만 빼고 모든 시신이 (지퍼가 잠긴) 하얀색 시신 운반용 부대 속에서 까만 밤을 지새울 것이다.

나는 이 시간에 실습실에 머무는 걸 좋아한다. 어린 시절 미치도록 좋아했던 도서관의 고요 속으로 나를 데려가주는 느낌이다. 당면한 과제에 집중하고 있는 동안 나의 마음은 차분해진다. 오늘 밤 내가 해야 할 일은 마지막 과제—앞허벅지anterior thigh의 복잡한 해부—를 완료하는 것이다. 사실 나의 실습 파트너들을 위한 자원봉사 활동이지만, 내 자신의 정체성을 확인하기 위한 것이기도 하다. 우리 팀은 어제부터 줄곧 3일짜리 사지 실습limb lab 과제에 몰두하고 있다. 그 내용인즉, 팔과 다리를 광범위하게 탐구하는 것으로, 그중에는 대부분의 사람들이 존재조차 알지 못하는 신체 부위—근막fascia—이 포함되어 있다.

해부학 공부를 시작하기 전에는 맹세코 우리의 피부밑에 제2의 피부 같은 게 존재한다는 사실을 전혀 몰랐다. 그리고 솔직히 말해서, 나는 수업을 하는 동안에도 근막이라는 것을 '알짜배기에 도달하기 위해 절개해야 하는 부수적인 조직'으로만 생각해왔다. 헨리 그레이는 근막을 전혀 무시하지 않았다. 나는 지금 그레이를 열렬한 근막 찬양주의자pro-fascia-ist로 간주하고 있다. 그는 근막이 (인체의 전반적인 구성에 있어서) 근육 못지않게 중요하다고 여겼고, 《그레이 아나토미》3장에서 근육과 근막에 동일한 지면을 할애했다. 하지만 그게 인체를 다루는 비전통적 방법임을 인식했던지 그는 부연 설명의 필요성을 느꼈다. "근육과 근막은 동시에 기술되어야 한다." 그는 3장 앞머리에 이렇게 썼다. "왜냐하면 양자는 서로 긴밀하게 연결되어 있기 때문이다." 그는 이런 전제를 밑바탕에 깔고 잘못된 현실을 꼬집었다. "우리나라의 해부학도들은 근막을 별도로 해부할 기회를 거의 갖지 못한다. 그래서 해부학도들이 나에게 인사를 할 때마다, 나는 이때다 싶어 근막의 중요성을 역설한다."

그렇다면 앞허벅지 해부라는 과제를 마무리하는 데 있어서 그레이 교수만큼 적절한 도우미는 없을 것이다. 때마침 실습 매뉴얼 2쪽에는 그레이가 남긴 고전적인 근막 해설이 수록되어 있는데, 거의 나를 위한 맞춤형 과외 수준이다. 내용은 전문용어 투성이—"근막이란 다양한 두께와 강도를 가진 섬유윤문상판fibroareolar laminae(또는 건막판aponeurotic laminae)으로, 몸 모든 영역에서 발견된다"—지만, 나는 짧은 구절 하나가 번역 과정에서 누락되었음을 발견한다. 그레이는 원문에서 "근막은 '붕대'를 뜻하는 라틴어에서 유래한다"고 했다. 이것은 근막을 이해하는 데 도움이 되는 이미지를 제공하는 초간단 팩트다. 즉 근막은 붕대와 같이 근육을 에워싸 보호하고 결합한다. 인체에서 이 같은 붕대 효과를 관찰하기에 좋은 장소는 허벅지 만한 게 없다. 그 이유는 인체에서 가장 크고 기다란 근육이 바로 허벅지에 있기 때문이다.

시간을 절약하기 위해, 위허벅지 피부를 벗기는 작업은 조교들이 미리 수행하기로 되어 있었다. 그러나 조교들이 시간에 쫓겨서 그랬는지, 우리 해부대에 놓여 있는 허벅지에는 피부가 남아있다. 나는 개의치 않으며, 오히려 잘된 일이라고 생각한다. 덕분에 피부 바로 밑에 깔려 있는 얕은근막superficial fascia을 면밀히 관찰할 기회가 생겼으니 말이다. 첫 번째 유형의 근막인 얕은근막은 외견상 두 번째 유형의 근막인 깊은 근막deep fascia과 다르다. 마치 사과가 오렌지와 다른 것처럼 말이다. 실제로 얕은근막은 오렌지를 연상시키므로 이는 매우 적절한 비유다. 만약 당신의 피부를 뒤집어 볼 수 있다면, 피부의 안감은 (진짜 오렌지 껍질처럼) 표면 전체가 부드럽고 푹신푹신한 흰 물질로 뒤덮여 있을 것이다. 그게 바로 얕은근막이다. 얕은근막은 훌륭한 절연체insulator이며, 땀샘과 표재성 신경 및 혈관을 지지하는 구조체로 사용된다. 그와 대조적으로 깊은근막은 섬유질이 더 많아 얕은근막보다 질기며, 이름이 말해주듯 인체 내부 깊은 곳에 위치한다. 허벅지에 있는 깊은근막은 넙다리근막fascia lata이라고 불린다. 그레이의 설명에 따르면 광범위하게 존재해 그런 이름을 얻었다고 하는데('lata'는 '넓다broad'는 뜻이다), 사실이 그렇다. 내가 보건대, 이 팽팽하고 불투명한 조직은 허벅지 전체를 마치 커다란 에이스붕대Ace bandage●처럼 에워싸고 있다. 그것은 13개의 두툼한 근육에 결합할 뿐 아니라, 근육이 내는 힘을 강화한다.

나는 넙다리근막을 절개하기 위해 가위를 선택한다. 가위 끝을 이용하여 무릎선lap line 넙다리근막에 구멍을 뚫어 무릎뼈kneecap(슬개골) 한복판까지 가위질한다. 근막을 가위로 자르는 일은 천을 가위질하는 것만큼이나 쉽다. 나는 맨 꼭대기와 맨 아래에서 가로로 절개한 뒤, 긴 이중 출입구 모양으로 근막을 벗긴다.

나는 방금 소위 허벅지앞칸anterior compartment of thigh으로 진출했는데, 이 부분은 넙다리뼈femur(대퇴골)를 에워싼 세 개의 근막으로 둘러싸인 부분 중 가장 크다. 각 칸은 서로 관련된 기능을 가진 일련의 근육들을 수용하는 별도의 방(구획)이다. 예컨대, 허벅지의 주요 폄근extensor muscle들은 앞칸 속에서 서로 결합하여 꾸러미를 형성하고 있다. 나의 두 번째 과제는 그 꾸러미를 해체하는 것이다.

폄근 꾸러미를 해체하는 데 손가락—단, 장갑 낀 손가락—보다 좋은 도구는 없다. 나는 솔기seam를 찾기 위해 미분화된 섬유 덩어리를 더듬는다. 개별 근육들은 깊은근막에 의해 결합되어 있지만, 이 부분에서 근막의 점조도粘稠度는 다른 부분과 달리 투명하고 끈끈한 액체에 가깝다. 그래서 나는 근육을 쉽게 분리한다. 꾸러미에서 제일 먼저 해방시킬 것은 넙다리근sartorius(봉공근)이다. 이것은 인체에서 가장 긴 근육으로서 궁둥뼈hipbone(좌골)에서부터 무릎 안쪽까지 이어진다. 나는 넙다리근을 엄지와 다른 손가락 사이에 넣고 오르락내리락하면서 그 길이를 명확히 느낄 수 있다. 그러나 나는 그것을 분리해내는 과정에서 (근육을 지지하고 안정화하는) 근막결합fascial bond을 끊었고, 그런 탓에 넙다리근

---

◆  탄력성 재료로 만든 붕대의 상품명.

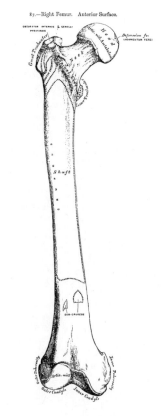

오른쪽 넙다리뼈. 앞쪽 표면.

은 허벅지를 가로질러 느슨하게 걸쳐 있다. 마치 처량하게 늘어진 허리 띠처럼.

대부분의 사람들은 모르겠지만, 인체는 여러 개의 두갈래근biceps(두 개의 부분 또는 머리를 가진 단일 근육으로, 이두근이라고도 한다)을 갖고 있다. 가장 유명한 두갈래근은 누군가가 "근육을 보여줘"라고 할 때 소매를 걷어올리고 보여주는 위팔두갈래근biceps brachii—시쳇말로 알통 또는 이두박근—이다. 세 개의 머리를 가진 세갈래근triceps은 두 개가 있지만,

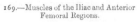

169.—Muscles of the Iliac and Anterior
Femoral Regions.

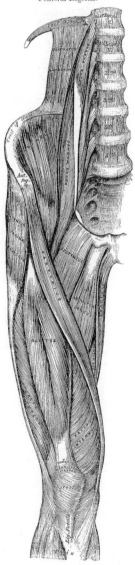

엉덩뼈 및 넙다리뼈 앞부분의 근육들.

네 개의 머리를 가진 네갈래근quadriceps은 단 하나밖에 없다. 바로 넙다리네갈래근quadriceps femoris(대퇴사두근)이다. 흔히 쿼즈quads라고도 하며 우람한 허벅지앞칸 대부분을 형성한다. 나는 넙다리네갈래근을 구성하는 네 개의 근육을 분리하여 깨끗이 닦으면서, 해부 자체를 심층 해부하는 나 자신을 발견한다. '이 기분을 다른 사람들에게 어떻게 설명해야 할까?' 나는 경이로움에 사로잡히기 시작한다. '해부에서 느끼는 이 무한한 만족감을!'

내가 보기에, 해부의 즐거움은 무질서한 것에 질서를 부여하는 것, 즉 어수선해 보이는 것을 깔끔히 정돈하는 것에 있다. 나처럼 꼼꼼한 타입의 사람에게 안성맞춤이다. 킴과 데이너는 종종 "예쁘게 마무리하세요"라고 자못 진지하게 당부하는데, 그건 진심이다. 해부자의 궁극적 목표는 예쁘게 마무리하는 것이다. 그도 그럴 것이, 성공적인 해부는 미학적으로 매우 만족스럽기 때문이다.

허벅지앞칸 해부를 완료했으니 이제 나의 마지막 목적지인 허벅지 안쪽 상단의 넙다리삼각femoral triangle으로 이동한다. 양손의 집게손가락과 엄지를 맞대 이등변삼각형을 만들어보면 넙다리삼각과 얼추 같은 크기가 된다. 그것은 두 개의 독특한 근육과 하나의 인대(차례대로 넙다리근, 긴모음근adductor longus, 샅고랑인대inguinal ligament)로 둘러싸여 있다. 그런데 넙다리삼각을 뒤덮은 피부와 근막을 제거해보니, 눈에 보이는 것이라곤 두꺼운 노란색 지방 덩어리밖에 없다. 그런 광경은 얼마 전까지만 해도 나를 움찔하게 만들었다. 그러나 나는 지방을 존중하는 건전한 사고방식을 함양한 지 오래다. 적당량의 지방은 생명 유지에 필수적인 목적을 수행하며, 보호(충전充塡)는 물론 절연 기능도 발휘한다. 사실 ('비만이 만연하지 않은 시대'에 형성된 게 분명한) 해부학의 불문율은 "만약 지방을 발견했다면, 곧이어 '보호받을 필요가 있는 구조'가 발견될 것이다"
였다. 나는 끌을 내려놓고 다시 한 번 손가락을 이용하여 순전히 촉감에
만 의존하는 수색 작업을 시작한다. 아니나 다를까, 이윽고 지방 덩어리
속 깊숙한 곳에서 두꺼운 혈관 하나가 만져진다. '이건 말로만 듣던 넙
다리동맥femoral artery이 틀림없어!' 굳이 실습지침서를 들여다보지 않아
도, 나는 그 혈관의 정체를 안다. 넙다리동맥은 심장동맥성형술coronary
angioplasty에 사용되며, 심장을 향해 거의 수직 상승하기 때문이다. '그렇
다면 넙다리정맥과 넙다리신경도 곧 나타나겠군. 옳지, 여기 있다.' 모
든 것이 제자리에 자리 잡고 있다.

　인체가 이런 일관되고 체계적인 방식으로 구조화되어 있다는 것은
내가 해부에 희열을 느끼는 또 한 가지 이유다. 이는 헨리 그레이가 공
유했던 사고방식임에 틀림없다. 사실, 나는 지금껏 허위 진술을 일삼아
왔다. 해부란 사물을 정돈하는 것과 아무런 관련이 없다고 말이다. 질서
는 이미 거기—표면에서 한 꺼풀 아래—에 있고, 해부학자는 그것을 단
지 들춰낼 뿐이다.


　'헨리 그레이는 상자 속에 깃들어 어딘가에 살아남아 있어.' 나는
늘 이렇게 되뇐다. 뭔가(한 상자의 편지, 개인 문서, 초벌 원고, 교정쇄)에 깃든
채 어딘가(지하실, 라벨을 잘못 붙인 보관함, 잊힌 창고, 자물쇠가 채워진 서랍)에
고이 모셔져, 누군가에 의해 발견되기만을 손꼽아 기다리고 있다고 말
이다. 그러나 그 상자는 여전히 나를 교묘히 회피하고 있다. 도서관, 대
학교, 의학회를 수도 없이 드나들며 수소문해봤지만, 내가 들은 대답은
온갖 버전의 가장 공손한 말투의 "없어요"뿐이었다. 그러나 내가 최근
접촉한 두 명의 기록 보관원들이 흥미로운 얘기를 했다. 두 사람 모두

한 명의 인물을 지목했는데, 그 역시 나와 비슷한 이유로 그레이의 유고를 찾아 헤맨다는 것이다. '어쩌면 그가 뭔가를 찾아냈을지도 몰라.' 안타깝게도 그가 활동한 시기는 10여 년 전이었지만, 그런 사람들의 연락처를 보관하는 것이 보관원들의 주특기였다. 나는 이윽고 이름과 주소를 넘겨받아 부리나케 편지를 띄웠다.

불과 나흘 후, 런던에 사는 키스 니콜Keith Nicol 씨에게서 이메일이 도착했다. 나는 의도적으로 쓴 짧은 편지에서 내 신분을 밝힌 다음 헨리 그레이에 대한 진심 어린 관심을 표명했을 뿐인데, 그것만으로도 니콜 씨의 마음을 움직이기에 충분한 듯싶었다. "나는 당신의 연구에 도움이 되기를 학수고대하고 있습니다. 마침 나는 그레이의 사람됨, 인생, 의학 경력에 대한 정보를 많이 보유하고 있습니다." 그는 이렇게 말하며, 먼저 질문 사항의 목록을 제시하면 최선을 다해 응답하겠노라고 제안한다. 마치 지금껏 나의 소식을 애타게 기다려왔는데, 마침내 소식을 들었으니 이제부터 성심성의껏 돕겠다고 벼르는 것처럼.

나는 질문 목록을 작성하여 다시 연락하겠다고 쓰면서, 먼저 한 가지만 물어보자고 한다.—당신이 그레이에 대해 관심 갖게 된 계기가 뭔가요?

그의 답변은 이러하다. 그는 1990년 런던의 한 대학병원에서 일하던 중, 헨리 그레이의 전기를 쓰려고 마음먹은 동료 의사를 돕기 시작했다. 두 사람의 프로젝트는 오래가지 않았다. 그해 말 키스는 정리해고당했고, 뒤이어 전기 작가 지망생은 이야깃거리가 불충분하다고 판단하고 발을 뺐다. 이후 키스는 그레이에게 푹 빠졌다. 한 해부학자의 삶의 편린들을 짜맞추려고 노력한다는 것은 흡인력이 강한 프로젝트였다. 작가가 되겠다는 포부가 없음에도 불구하고, 그는 그레이에 관한 연구

를 주도면밀하게 수행했다. 느리게 한 땀 한 땀 공들여 팩트와 디테일의
깔끔한 컬렉션을 축적했는데, 그중 대부분은 구식 탐정 활동(시립 공문서
보관소, 지역 도서관, 문서보관소 샅샅이 훑기)을 통해 발견한 것이었다. 그가
들른 곳 중에는 성 조지 병원의 문서보관소도 포함되어 있다.

키스는 영국사史의 광범위한 매력에 빠져드는 한편, 개인적으로 매
우 어려운 시기에 기분 전환을 하는 뜻밖의 호사를 누리기도 했다. 그의
아내는 1990년대 중반 유방암에 걸려, 8년간의 투병 생활을 거쳐 2003
년 봄에 숨을 거두었다. 그러나 아내가 세상을 떠나기 1년 전, 그는 10
년간 공들여온 '헨리 그레이의 발자취 더듬기' 작업을 만족스럽게 완료
할 수 있었다. 그는 한 해부학자의 삶을 연대기적으로 정리했는데, 그것
은 키스의 연구 결과를 집대성한 결과물이었다.

"내일 중으로 당신에게 연대기 사본 한 부를 우송하겠습니다." 그
는 약속했다.

그에 앞서, 키스는 내게 한 가지 질문을 던짐으로써 나로 하여금 득
의의 미소를 짓게 했다. "혹시, 헨리 그레이와 헨리 반다이크 카터의 관
계를 알고 있나요?"


어머니가 세상을 떠나고 6주 후, 그러니까《그레이 아나토미》원고
가 출판사로 넘어가기 8주 전, H. V. 카터는 난관에 부딪쳤다. "나는 나
른한 상태에 빠져, 발작적인 의기소침과 (특히 미래에 대한) 왕성하고 엉
뚱한 망상을 간헐적으로 경험한다." 1857년 5월 31일 일기에는 이렇게
적혀 있다. 마치 질병을 자가 진단하듯, 그는 다음과 같이 덧붙인다. "이
런 상태는 다분히 병적이며, 지속적이고 고독한 반복 작업—종이와 목
판에 그림 그리기—의 결과인 듯하다."

그가《그레이 아나토미》를 탓한 것은 이해할 만하다. 왜냐하면 당시 그와 헨리 그레이는 16개월 동안, '때때로 밑 빠진 독처럼 보이는 일'에 전력투구해왔기 때문이다. 그러나 간단히 계산해보면, 카터는 무려 18개월 동안 3일에 두 점씩 그림을 그렸음을 알 수 있다. 이는 그의 재능 덕분임이 분명하다. 완성된 책을 들여다보면 서두른 듯한 그림은 단 한 점도 없다. 사실 카터는 같은 기간 동안 해부학 시범자로, 1856년 6월부터는 (매일 몇 시간 동안의 개인 지도는 논외로 하더라도) 조직학 조교로 활동하는 등 1인 3역을 소화했다. 그의 일기를 읽다 보면 '그의 마음을 사로잡은 것은 오로지 그림밖에 없었겠구나'라는 생각이 절로 든다. 그러나 그가 그림을 고독한 작업이라고 부른 것은 전혀 과장이 아니었다. 그레이와 함께 시간을 보낸 토요일 오후를 제외하면, 카터는 늘 집 안에 홀로 틀어박혀 그림에 몰두했으며, 그 자신도 인정했듯 고독함은 그를 이따금씩 괴롭혔다. 일주일에 단 한 번 일손을 놓는 일요일, 교회에 나가 잠시나마 유대감에 겨워하는 그를 상상하는 것은 어렵지 않다.

더하지는 않을망정, 공동 작업자인 그레이도 카터만큼 바빴다. 병리학회 평의회, 왕립의학·외과학회, 왕립학회의 회원으로서의 임무를 수행한 것은 논외로 하고, 세 가지 정규 업무—해부학 강사, 해부학 박물관 큐레이터, 성 조지 병원과 성제임스 진료소의 외과의사—에 종사하면서도 일주일에 평균 10페이지씩의 텍스트를 써내려갔다.

그러나 두 헨리의 두드러진 차이는 재정 상태였다. 그레이는 병원에서 후한 보수를 받은 반면, 카터는 성 조지 병원에서 수행하는 두 가지 보직의 대가를 전혀 받지 못했다. 조직학 조교 자리는 원래 무보수—그는 이것을 그레이에 대한 무료 봉사로 여겼다—였으니 그렇다 치고, 해부학 시범자로서 놀랍게도 (그의 멘토인 휴잇 박사가 은퇴하면서, 기금이 바

닥나는 바람에) 8개월 동안 한 푼도 받지 못했다. 두 사람의 소득 격차는
출판사와 맺은 각각의 계약에서 더욱 두드러졌다. 그레이는 1,000권이
팔릴 때마다 150파운드의 로열티를 받기로 한 반면(로열티는 4대代에 걸
쳐 수령했다), 카터는 150파운드의 일시금 외에 아무런 로열티도 보장받
지 못했다. 그는 왜 그렇게 열악한 계약 조건을 감수해야 했을까? 그는
그런 계약 조건을 열악하다고 생각하지 않았으니(150파운드는 해부학 시
범자 급여의 세 배였다), 그가 부당한 대우를 받은 데는 그의 순진무구함도
단단히 한몫했다고 볼 수 있다.

카터가 성 조지 병원에서 힘든 일을 마다하지 않은 것은 어느 정도
힘든 일이 적성에 맞는 데다 그레이에 대한 충성심이 강했기 때문이었
다고 생각된다. 또한 최소한 처음에는 무보수 일자리가 궁극적으로 인
맥을 형성하는 데 도움이 될 것이며, 신의 섭리가 허락한다면 근사한 일
자리로 귀결될 것이라고 생각했던 것 같다. 그러나 그즈음, 카터는 성
조지 병원에 뼈를 묻는 것에 대해 딴생각을 하기 시작했던 게 분명하다.
예컨대, 1857년 3월 병리학 박물관에 큐레이터 자리—해부학 박물관의
큐레이터 자리와 동급임—가 났는데, 카터는 두 달이 지나도록 지원할
것인지 여부를 놓고 망설였다.

"나는 다른 곳에서 일하는 나의 모습을 계속 생각하고 있다. 이를
테면 작은 마을의 외과의사라든지⋯." 카터는 일기에서 이렇게 털어놓
는다. 그러나 끝없는 삽화 그리기에 직면하여, 그는 다음과 같은 두려움
을 느끼기 시작한다. "나는 그림에 치여 그동안 외과의사로서 쌓은 일
천한 임상 경험마저 상당 부분 잃어가고 있다." 이것은 타당한 염려였
다. 그는 그즈음 마침내 개업의 자격증을 획득하고 1856년 11월 M.D.
시험에 합격했지만, 어머니 외에 아무 환자도 치료하지 않은 데다 2년

반 전에 존 소여를 대신한 것을 제외하면 사실상 아무런 진료 행위도 하지 않았기 때문이다. 설상가상으로 그의 불안을 가중시킨 것은 스물여섯 살의 나이에 느지막이 경력을 확립한답시고 개원가開院街를 기웃거리게 된 서글픈 현실이었다.

"나의 동급생들은 모두 학교를 떠났고, 그중 대부분은 내가 이러고 있는 동안 개원가에 자리를 잡았다." 다른 날 일기에서, 카터는 현실을 이렇게 진단한다. "승승장구하는 그들의 소식을 듣거나 활발히 활동하는 그들을 직접 만날 때마다, 나는 정신적 충격이나 속 쓰림을 경험한다. 미숙한 티를 벗고 어엿한 의료인의 모습으로 성장하여 나타난 학생들을 볼 때는 더욱 그렇다." 사실 카터가 지적한 바와 같이, 그의 가르침을 받은 학생들이 같은 자리를 놓고 그와 경쟁했을 텐데, 그들은 젊음이라는 장점을 내세워 카터를 위협했을 것이다. 그건 너무나 우울한 현실이어서 카터로서는 생각조차 하기 싫었을 것이다. 그에게 일어나지 않았고 앞으로도 절대 일어나지 않을 일은, 아이러니하게도 현존하는 골칫거리—그림 그리기—가 그의 이름을 드높이는 것으로 피날레를 장식하는 것이었다. 당분간 그가 생각할 수 있는 것이라고는, "고독한 기계적 작업"을 완료하고 해부학 책이라는 업적을 남긴다는 것밖에 없었다.

그런데 같은 시간에 저자는 어디서 무엇을 하고 있었을까? 카터가 나른한 상태에서 허우적거리는 동안, 헨리 그레이는 윌턴 스트리트 8번지에서 밤을 불사르며 《그레이 아나토미》 마지막 장을 마무리했을까? 그 프로젝트가 그레이에게도 악영향을 끼쳤을까?

아마 그랬을 것이다.

키스 니콜이 보내온 연대기를 수령하자마자, 나는 뭔가 새로운 사실이 밝혀지기를 기대하며 1857년 부분을 들춰본다. 그러나 아무것도

없다. 아뿔싸, 키스는 그레이의 논문이나 일기 등을 전혀 발견하지 못
했던 것이다. 키스가 나중에 밝힌 바에 따르면, 그가 연구하는 동안 그
레이의 성격이나 개인사에 대해 밝혀진 것은 거의 전무하다. 그러나 그
레이의 행적에 대한 단서가 전혀 없는 건 아니었다. 키스는 수소문을
통해, 헨리 그레이에게 도착한 (그러나 지금은 먼 친척이 소장하고 있는) 편
지 꾸러미를 찾아냈다. 그리고 그 편지에서 흥미로운 사실이 드러났다.
1857년 5월 말, 그레이는 성 조지 병원에 6개월간의 휴가원을 제출하
고 제2대 서덜랜드 공작second Duke of Sutherland인 조지 그랜빌 서덜랜
드-레비슨-고워George Granville Sutherland-Leveson-Gower의 주치의로 일했
다. 서덜랜드-레비슨-고워는 일흔한 살의 귀족으로, 그의 런던 자택은
사륜마차에 몸을 싣고 단숨에 달려갈 만한 곳에 있었다. 편지는 그레이
가 개인 주치의로 변신하게 된 사연을 전혀 언급하지 않지만, 내가 보
기에 이유는 뻔하다. 그건 돈도 위신도 귀족층과 어울릴 기회─물론, 이
세 가지가 모두 훌륭한 유인책inducement이라는 점은 인정한다─도 아
니었다. 두 헨리의 지도 원리guiding principle를 감안하면, 그건 오로지 실
용성을 추구하기 위해서였다. 서덜랜드 공작의 주치의가 될 경우, 그레
이는 한 명의 환자만 진료하면 그만이었다. (공작은 그 후 4년을 더 살았으
므로, 그가 주치의를 둔 것은 결코 사치가 아니었다.) 그리고 그는 가장 필요로
하는 한 가지를 얻을 수 있었는데, 그건 바로 여유 시간이었다. 그레이
는 통상적인 의무에서 해방되어, 오랫동안 붙들고 있었던 자신의 원고
를 완성할 수 있었다.

나는 헨리 그레이에 대한 비호의적인 말을 단 한 번도 들어본 적이
없는데, 찰리 오달Charlie Ordahl은 예외적 존재다.

"지난 2세기 동안, 그레이와 같은 해부학자들은 가톨릭 교회 수사monk처럼 빛나는 걸작을 끊임없이 단순 재생산해왔어요." 그가 어느 날 해부학 실습이 끝난 후 내게 말한다. 오달 박사는 여덟 명의 해부학 강사 중 한 명이다. "그건 순전히 필경사scribe의 전통이에요." 그의 말은 계속된다. "그들의 감투 정신은 매우 훌륭하지만 '과학으로서의 해부학'을 후퇴시키는 결과를 초래했어요. 수십 년이 지나도록 아무것도 변한 게 없거든요. 텍스트는 늘 똑같고, 강의 방식은 천편일률적이며, 해부대 위에 놓인 시신의 자세도 늘 똑같아요. 앞으로 두 번 다시 보지 않게 될 신체 부위들을 모조리 똑같은 순서대로 암기하고요."

내가 가지고 있는 《그레이 아나토미》 책을 힐끗 쳐다보고 다짜고짜 그런 문제점을 제기하는 사람이 있을 거라곤 미처 예상하지 못했다. 그러나 찰리는 수틀리면 언제든지 판을 깨는 사람이다. 나는 그의 통렬한 비판을 매우 좋아한다. "그런데 그 이유가 대체 뭐죠?" 나는 그에게 다그친다. "내 말은, 아무것도 바뀌지 않은 이유가 뭐냐는 거예요."

"음, 그건 부분적으로 패러다임의 힘이에요." 그가 자기 자리로 돌아가며 말한다. "대부분의 과학자들에게 해부학은 중력이나 마찬가지에요. 아무도 거기에 의문을 제기하지 않죠." 그는 덧붙인다. "게다가 윌리엄 하비William Harvey가 1600년대 초 순환계를 발견한 후, 인체에는 새로운 발견이 별로 없었어요. 모든 게 발견된 거죠."

"모든 것이 발견된 이상, 해부학은 외피를 뒤집어쓰고 변화에 저항하게 되었어요. 변화에 저항한다는 것은 존재의 이유raison d'être를 상실했음을 의미하죠." 마치 신세대 강사(컴퓨터 시뮬레이션을 사랑하는 해부학 강사족의 일원)의 말처럼 들리지만, 사실 찰리는 정년이 거의 다 된 백발의 구세대 강사다. 내가 묻는다. "정체된 해부학은 녹슬거나 부식되기 마련인데, 이런 식으로 가르치는 이유가 뭐죠?" 나는 실습실 내부를 빙 둘러보다 한 시신을 가리킨다. "이건 알량한 전통인가요?"

"그게 해부학의 큰 부분인 건 맞아요. 그러나 현행 해부학 커리큘럼에는 알맹이가 없어요. 그게 없으면 의학이 발전할 수 없어요. 우리는 해부학의 기본을 이해해야 해요. 해부학 교육을 대폭 간소화하면 해부학을 훨씬 더 효율적으로 가르칠 수 있어요. 사실, 의사들은 의대생 시절 해부학 시간에 배운 것을 하나도 기억하지 못해요. 우리가 가르치는 것 중 90퍼센트는 한쪽 귀로 들어가 다른 쪽 귀로 빠져나가요."

'데이너가 근처에 없는 게 천만다행이군. 두 사람이 만나면 대판 싸울 게 분명해.'

나는 찰리에게 올바른 해부학 교육 방법에 대해 얘기해달라고 요청한다.

"음, 예컨대 오로지 연결조직connective tissue의 관점에서만 해부학을 연구하는 것도 가능해요.

"근막을 말하는 건가요?"

"그뿐만이 아니에요. 근막, 인대, 힘줄, 창자간막. 이 모든 연결조직들이 인체를 체계화하죠. 연결조직은 인체—특히 사지—에 명확한 체계적 구조를 제공해요. 만약 당신이 자신의 깊은근막칸—앞칸, 뒤칸 등등—을 알고 있다면, 그걸로 충분해요. 구태여 모든 근육과 신경의 이름을 낱낱이 암기할 필요가 없어요. 더 나아가 연결조직은 모든 계system와 신체 부위part를 한눈에 내려다보는 전망대로 사용될 수도 있어요.

"그에 더하여," 그는 계속한다. "배아학적 관점embryological point of view에서 연결조직을 집중적으로 분석하는 것도 가능해요. 연결조직은 자궁에서 맨 처음 발생하는 것 중 하나로, 모든 신경섬유와 근육세포를 에워싸고, 나아가 전신을 하나로 유지해주죠. 그리고 물론, 평생 동안 역동적으로 변화해요. 사실, 어떤 사람들은 노화를 가리켜 '연결조직이 더욱 단단히 조여지는 과정'이라고도 해요."

'음, 이건 노화를 바라보는 참신한 방법이로군.'

"우리는 대부분 연결조직을 하찮게 생각하죠." 나도 거든다. "뼈나 근육을 애지중지하는 것과는 천지 차이예요. 우리는 심지어 연결조직을 보유한다는 사실조차 인식하지 못하죠."

찰리가 히죽 웃는다. "맞아요. 음, 당신도 그게 없다고 생각할걸요?"

'구구절절 맞는 말이다!' 모든 것이 연결되어 있다니. 문득, 찰리가 방금 말한 개념을 보다 광범위하게 적용할 수 있겠다는 생각이 든다. 우리는 다양한 유형의 연결조직들을 갖고서 삶을 설명할 수 있다. 가족 및 친구와의 연결은 우리를 지탱해준다. 우리가 인간관계를 맺는다는 것은 배가 닻을 내리는 것과 같고, 그런 유대 관계는 나이가 들수록 긴밀해진다. 해부학적 시각을 넘어선 깊은 곳에서 연결성connectedness은 필수적이다. 연결성이 없으면, 우리는 갈가리 찢어질 테니 말이다.

헨리 그레이가 성 조지 병원에 일시적인 작별을 고한 직후, H. V. 카터도 성 조지 병원에 작별을 고했다. 카터의 경우에는 그레이와 달리 영원한 이별이었다. "몇 번의 단호한 행보를 통해 병원과의 관계를 단절했다." 그는 1857년 7월 27일 일기에 이렇게 적었다. "나는 더 이상 해부학 시범자가 아니다. 관심은 많지만,병리학 박물관의 큐레이터 자리에도 지원하지 않았다. 이미 엎질러진 물이며 얼마나 현명한 판단이었는지는 확신할 수 없다. 결정적인 동기로 작용한 것은 (내가 스스로 자

초한) 지금 삶present life의 단조로움과 무용성無用性이었다. 그러나 미래
에 대한 계획은 아직 정해지지 않았다.—하나의 직업을 잃었고, 다른 직
업은 전혀 선택하지 않은 상태다. 이게 과연 신중한 처신일까?"

자신의 행동이 결코 신중하지 않았음을 모르지 않았을 것이다. 그
러나 카터는 아무런 선택권이 없다고 느낀다. 성 조지 병원을 떠날 때가
됐다는 것밖에는. 성 조지 병원을 떠난다는 건, 전문가적 위기에 봉착하
는 것 이상으로 심오하고 내밀한 사건이었다. 전년 한 해 동안 삶의 목
적을 찾는 노력을 더욱 강화해왔지만, 공허감은 더더욱 심화되기만 했
다. 예컨대 6개월 전인 1857년 1월에 쓴 주목할 만한 글에서, 카터는 자
신의 공허감을 해부자의 눈으로 신랄하게 파헤쳤다. "일별·시간별로
낱낱이 해부해보면, 나의 인생은 행복과는 거리가 먼 삶의 연속이었다.
(…) 신은 숨어 있고, 나는 예수를 알지 못한다. (…) 나는 아무런 계획이
나 목적 없이 나태함 외로움 침울함 단절감 무력감에 휩싸여 수동적인
객체로 전락했다."

일기를 쓸 때 누리는 가장 큰 자유 중의 하나는 자격지심 없이 자기
연민에 빠질 수 있다는 것이리라. 카터의 표현을 빌리면 "아무에게도
들킬 염려 없이 천 가지 절망감을 기록할 수 있다." 그러나 내가 보는 견
지에서, 1857년 1월 일기에서는 위험한 반전이 감지되었다. 그는 심각
한 자기 상실감을 경험하기 시작했던 것이다. 자기 자신을 '수동적인 객
체'—이를테면 피사체나 표본—라고 지칭한 것도 모자라, 어머니가 세
상을 떠난 지 한 달 후인 5월 초에는 자기 상실감을 최악의 상태로 몰고
갔다.—"나는 매일 조금씩 익명의 나락으로 빠져들고 있다." 아무도 자
기를 모른다고 느끼는 감정을 극단까지 몰아붙여, 급기야 자기 자신도
모른다고 느낀 것이다.

그런 의기소침함에도 불구하고, 나는 자살 충동suicidal thought이 그의 뇌리를 스쳐간 듯한 느낌을 받은 적이 단 한 번도 없었다. 그는 마음속 깊이 신을 두려워하는 데다 형제자매는 물론 성 조지 병원의 학생, 강사, 그리고 무엇보다도 헨리 그레이에 대한 책임감을 느끼고 있었다. 그러나 5월 말에 그레이가 성 조지 병원을 비우자, 홀가분해진 카터는 자신만의 과감한 여정을 떠났다. 그럼에도 불구하고 좀 켕기는 게 있었던지, 그는 전문가로서의 마지막 책임을 완수했다. 그리고 예상했던 대로, "성 조지 병원과의 관계를 끊었다"고 쓴 7월 27일 일기에서 자기 자신과 공동 작업자에 관한 중대 발표를 했다.—"책이 완성되었다." 그 문장은 안도의 한숨이다. 자화자찬을 하지는 않았지만, 손에 쥔 펜이 온기를 유지하고 있는 동안은 기분이 한결 업되어 있었음에 틀림없다. 그는 다음과 같은 말로 일기를 마감한다. "내 건강 상태는 양호하다. 나는 그렇게 믿고 그러기를 희망하며, 믿음 속에서 희망한다."

그러나 그런 기분은 오래 지속되지 않는 법. 그는 더 이상 해부학 책의 노예가 아니지만, 고립감은 점점 더 강렬해진다. 그를 세상에 묶어주었던 밧줄은 모두 사라졌다. 그는 패닉에 빠진 듯, 1857년 11월 3일 일기에 이렇게 쓴다. "내가 처한 상황은 매우 위태롭고, 나는 과거 어느 때보다도 풍랑 속에서 허우적거리고 있다." 그는 마침내 물속으로 가라앉기 시작한다. 그러나 그가 웅변적으로 말하듯, "우울할 때는 기억력이 늘 탁월해진다." 그리하여 한때 기획했던 출구 전략—인도로 떠나기—이 불현듯 떠오른다(또는 떠올린 것처럼 보인다). 휘황찬란하고 이국적인 인도로 말할 것 같으면, 사내대장부가 한밑천 잡고 자신을 재발견하고 조국에 봉사하기 위해 가는 곳이었다. 다른 한편으로, 인도는 라지Raj(영국의 통치)에 대항하는 맹렬한 봉기—나중에 세포이의 항쟁Indian

Mutiny♦으로 불린다—의 한복판에 있었다.


그로부터 5개월 후인 1858년 2월, 요크셔주 스카버러에 사는 릴리
카터는 우편함에서 오빠가 (보관해달라고) 보낸 졸업장과 동봉된 메모를
발견한다.


사랑하는 릴리에게,

내 인생에 큰 변화가 다가오고 있음이 느껴지는구나. 물론 결코 평탄하지
는 않겠지만 말이야. 사랑하는 누이여, 할 수 있는 한 이 순간을 참고 견
디자. (…) 너의 영원한 행복을 기도할게.

이제 그만 안녕, 사랑하는 릴리!


너의 다정한 오빠

H. V. 카터


추신. 가능할 때마다 꼭 편지할게.—조에게도 말해줘, 형이 아우를 절대
로 잊지 않고 있다고.


---

♦    세포이Sepoy라 불리는 인도인 용병들을 중심으로 1857~1858년에 일어난 반영反英 항쟁.

# 3부
# 해부학자

모름지기 해부학을 연구하고,
최소한 세 명의 여성을 해부해보지 않은 남자는
결혼할 자격이 없다.

오노레 드 발자크Honoré de Balzac,
《결혼의 심리학The Physiology of Marriage》, 1829년

# 14

———

H. V. 카터가 런던을 떠난 것과 정반대로, 나는 런던을 향해 떠난다.

나는 열한 시간 동안 비행하며 읽을 요량으로 읽을 거리를 챙겼는데, 그중에는 카터의 일기를 인쇄한 것도 포함되어 있다. "철도역에서 날카로운 회한의 아픔을 느꼈다." 그는 일기에서 이렇게 인정한다.

그는 열차에 몸을 싣고 사우스햄튼에 도착하여, 95파운드짜리 인도행 교통편을 예약한다. 그가 탈 배는 술탄Sultan이라는 이름의 외륜선 paddle steamer◆으로, 다음 날인 1858년 2월 24일 출항한다. "오후 2시 출발. 날씨는 좋고 수면은 잔잔하며, 군인들도 타고 있음. 빠릿빠릿한 군인들, 느릿느릿한 승객들, 세 명의 여자와 두 명의 어린아이까지 모두 합치면 서른 명쯤 됨. 만선임." 35일간 약 1만 킬로미터를 항해하는 동안 잠깐씩 정박하는 항구에는 지브롤터, 몰타, 알렉산드리아가 포함되

———

◆ 원동기를 이용해 바퀴 모양의 추진기인 외륜外輪을 회전시켜 항행하는 선박.

어 있다. 배에 오른 카터를 비롯한 승객들과 병사들은 나일강 경로를 따라 남쪽으로 내려가 카이로에 도착한다. 기자Giza♦에서 피라미드를 관람한 후 기차와 마차를 이용하여 육상 경로로 수에즈까지 간다. 거기서 그들은 두 번째 증기선을 타는데, 이번 배는 카터의 마지막 목적지인 뭄바이를 향한다. "이곳에 안전하게 도착하여 잘 지내고 있음." 그는 3월 29일 일기에 이렇게 적었는데, 육지에 다시 올라와 안도의 한숨을 쉰게 분명하다.

내가 탄 비행기가 히드로 공항에 착륙할 즈음 카터의 일기장에서는 15개월이 족히 흘렀다. 1859년 5월 15일, 그러니까 카터가 스물여덟 번째 생일을 맞이하기 정확히 일주일 전에 쓴 일기는 나를 런던으로 인도한 이유 중 하나다. 그가 그날 이후 2년 반 동안 일기장을 덮었기 때문이다. 2년 반이라는 공백은 《그레이 아나토미》의 역사와 비교하면 상당히 긴 기간이다. 그러나 인생사에 관한 기록이 사실상 전무하여 하루가 아쉬운 헨리 그레이에 비하면, 카터의 인생사에서 그 정도의 공백은 아무것도 아니다. 나는 아직도 그레이에 대해 아는 게 거의 없다. 나에게 그는 실재 인물보다는 유령에 가깝게 느껴진다. 내가 런던에 온 또 하나의 이유는 그레이의 유령에 살을 붙이기 위해서다.

런던에 온 건 이번이 처음이지만, 내가 가장 보고 싶어 하는 곳은 런던 명물인 이층버스 투어 코스에 존재하지 않는다. 그래서 나는 나만의 지도 세트—런던의 19세기 지도와 현재 지도—를 휴대하고 있으며, 또 하나 중요한 것은 독도법의 달인이자 살아 있는 내비게이션인 스티브와 동행한다는 것이다. 절친한 해부학 실습 파트너인 콜랴는 어떻게

---

♦   이집트 카이로 부근의 도시로 피라미드와 스핑크스로 유명함.

됐느냐고? 내가 결석하는 한 주 동안 '능력자'인 메리에게 맡겼으니 안심하시라.

스티브와 나는 좌충우돌 끝에, 카페인을 잔뜩 보충하고 하이드 파크 코너Hyde Park Corner로 직진한다. 이곳은 하이드 파크 입구, 웰링턴 아치, 그린 파크와 버킹엄 궁전 정원의 서쪽 가장자리가 만나는 곳이다. 어리둥절한 여행객들은 발걸음을 멈추고, 아무렇게나 접힌 지도와 씨름을 한다. 스티브와 나도 그 점에서는 예외가 아니지만, 다행히도 바로 성 조지 병원을 발견한다.

옛 성 조지 병원 건물의 외관은 19세기 초기 판화에서 본 것과 거의 비슷하며, 코니스cornice✦✦에 아직까지도 병원 이름이 새겨져 있다. 그러나 그 속에 의사들이 있다면, 그들은 진료 중인 게 아니라 휴가 중일 것이다. 왜냐하면 그 건물은 오늘날 고급 호텔로 변신했기 때문이다. 우리는 사진 촬영에 적합한 앵글을 확보하기 위해, 붐비는 교차로의 북쪽 측면으로 건너간다.

'헨리 그레이가 저 건물에서 인생의 거의 절반에 해당하는 16년이란 세월을 보냈다니!' 스티브가 신형 디지털 카메라로 예술가 행세를 하는 동안, 나는 이렇게 중얼거린다. '아니, 16년이 아니라 15년 반이로구나. 서덜랜드 공작의 주치의 노릇을 했던 6개월은 빼야 하니까 말이야.' 나는 그레이가 1857년 12월 1일 휴가에서 돌아와 성 조지 병원의 업무에 복귀했다는 점을 상기한다. 그즈음 해부학 책 집필 작업은 상당한 진척을 보이고 있었다. 사실 그해 11월 초에 존 파커 주니어John

---

✦✦  서양식 건축 벽면에 수평의 띠 모양으로 돌출한 부분. 고대 그리스 신전에서 흔히 볼 수 있으며, 우리말로는 돌림띠라고 한다.

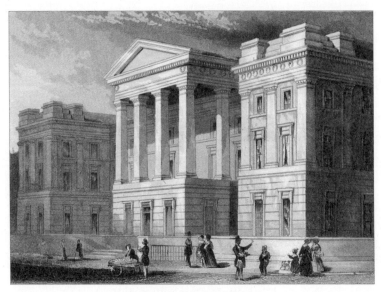

헨리 그레이 시대의 성 조지 병원.

Parker Jr.—출판사 이름인 존 W. 파커 & 선 중에서 'son(아들)'—가 저자와 화가에게 판화에 문제점이 있다고 알렸는데, 그 내용인즉 책에 비해 목판의 크기가 너무 크다는 것이었다. 그에 대해 카터는—아마도 자격지심의 발로인 듯—자신과 파커의 공동 책임이라고 설명하며 그레이를 두둔했다. "나의 무지함이 파커의 소홀함만큼이나 크다. 그레이는 자신의 결백함을 입증할 것이다." 다행히도 세 사람을 모두 만족시킬 수 있는 해결책이 발견되었고, 집필 작업은 술술 진행되었다. 카터가 인도로 떠날 즈음, 그레이는 이미 교정쇄를 읽고 있었을 가능성이 높다. 그 책이 그로부터 불과 6개월 후인 1858년 8월에 출간되었으니 말이다.

원고를 출판사에 넘긴 후, 그레이는 자신의 가장 오래된 임무 중 하나에 다시 전념할 수 있었다. 그는 성 조지 병원의 이사회에서 활동했는데, 그 일이 간접적인 방법으로 그의 낭만적인 삶에 중대한 영향

오늘날의 성 조지 병원.

을 미치게 된다. 1858년 3월 24일 열린 이사회 모임에서 그와 다른 이사들은 휴 윈터Hugh Wynter라는 새로운 보조 약제상을 채용하는 건을 승인했는데, 휴는 자신의 누이 엘리자베스 윈터Elizabeth Wynter를 그레이에게 소개한 것으로 확실시된다. 그리고 그녀는 이윽고 그레이의 약혼녀가 된다.

성 조지 병원 건물을 오래 보고 있으려니 승용차와 버스와 신호등 때문에 정신이 산란해진다. 그러나 호텔 내부로 진입한 것은 마치 부지불식중에 컴퓨터에서 사진파일들을 통째로 삭제한 것처럼 큰 실수로 판명된다. 이런 고급 호텔에서 헨리 그레이의 삶의 흔적을 조금이라도 발견할 거라고 기대한 것은 큰 오판이었다.

스티브와 나는 좀 걷기로 결정한다.

10분 동안 네 개의 블록을 걷고 세 번에 걸쳐 길 안내를 받은 끝에,

우리는 한때 키너턴 스트리트 9번지(거리의 이름과 번지수는 바뀐 지 이미 오래다)였던 거리로 들어가는 통로의 외각에 도착한다. 건물 자체는 도로에서 반 블록쯤 들어간 곳에 있다. 풍화된 외장 벽돌은 세월의 시련을 묵묵히 견뎌냈지만 맨 위층에 있었던 널따란 아치형 해부학 실습실은 더 이상 존재하지 않는다.—그건 블리츠Blitz◆의 피해일 수도 있고, 단지 리노베이션의 결과일 수도 있다. 어쨌든 그 건물은 오늘날 부유층이 거주하는 화려한 아파트로 변신했다.

우리는 그레이와 카터 시대의 학생들이 '외이도'나 '머리에서 고막까지 가는 길'에 비유했던 좁은 통로—즉, 현관—를 지나간다. 나는 순간적으로, 내가 학생보다는 향토사 해설가에 가깝다는 느낌이 든다. '지금 여기 사는 사람들은 한때 누가 이 마룻바닥 위를 걸어 갔었는지 알까?' 나는 10여 개의 초인종 중 하나를 눌러, 자초지종을 이야기해 줄 테니 날 좀 들여보내달라고 조르고 싶은 충동을 살짝 느낀다. 나는 헨리 그레이와 H. V. 카터뿐만이 아니라, (카리스마 넘치는 성 조지 병원의 인물로, 두 사람의 스토리에 살며시 끼어든) 티모시 홈즈Timothy Holmes에 대해서도 이야기해주고 싶다. 홈즈는 실습실에서 카터와 나란히 시범자 역할을 수행했던 인물이다. 다른 사람들의 말에 따르면, 전설적인 인물—해부극장을 끔찍이 사랑한 외눈박이 외과의사로, 해부학도들에게는 공포의 대상인—이었다. 홈즈는 친구인 헨리 그레이를 위해, 수백 페이지에 달하는 《그레이 아나토미》초판의 교정쇄를 읽고 편집하는 일을 도와주었다. 그러나 더욱 중요한 것은 그레이 사후에 나온 일곱 개 판의 편집자로 활동했다는 것이다. 향후 20년 동안 그레

---

◆  1940년 독일에 의한 영국 대공습.

이와 카터의 전설이 빛을 발할 수 있었던 것은 순전히 홈즈 때문이었다고 해도 과언이 아니다.

스티브와 나는 키너턴 거주자들을 방해하는 대신, 외이도를 따라 계속 걷는다. 주변에는 조지 왕조 시대♦♦풍의 멋진 집들이 즐비하다. 내가 그런 풍경을 즐길 수 있는 것은 시선을 승용차들 위쪽 레벨로 높여 건물들을 바라보기 때문이다. 우리가 다른 시대—정확히 19세기 중반—에 살고 있다고 상상하는 것은 그리 어렵지 않다. 미국과 영국의 시차가 그런 기분을 더욱 돋궈준다.

스티브와 나는 19세기 지도를 들여다보며 헨리 그레이의 집으로 가는 경로를 더듬어, 초승달 모양의 어퍼 벨그레이브 스트리트Upper Belgrave Street를 지나간다. 나는 그레이의 마음을 통 읽을 수 없었지만, 그가 1858년 9월 11일 어떤 기분으로 이 길을 걸었는지 확실히 감이 온다. 한마디로 그건 고양감elation이다. 《그레이 아나토미》에 대한 첫 번째 서평은 의학 저널 〈랜싯〉에 실렸다. 〈랜싯〉의 편집자들은 책의 제목(원제 《기술적·외과적 해부학Anatomy, Descriptive and Surgical》)을 간단히 "그레이 씨의 해부학"이라고 불러, 가까운 미래에 그 이름으로 굳어지는 데 기여했다. "단언하건대, 모든 언어로 쓰인 책 중에서 해부학과 외과학의 관계를 이 책 만큼 명확하고 충실하게 보여준 책은 없다. 이 책을 평가하는 데 있어서 '강추' 외에 달리 사용할 용어는 없다. 기술은 감탄할 만큼 명료하고, 최신 해부 사례에서 인용된 삽화는 완벽하다."

《그레이 아나토미》 자체에 대해서는 불만이 전혀 없지만, 〈랜싯〉의 편집자들은 (학생들이 의사로 성공하기를 진심으로 바라는 듯) 해부학 교과서

---

♦♦　조지 1~4세의 치세인 1714~1830년을 말한다.

의 일반적인 한계를 강조했다. "해부학을 능숙히 기술하고 정확히 설명한 책이 나왔더라도, 학생들은 인체를 실제로 해부하거나 병상 곁에서 질병을 연구하는 일을 게을리하지 말아야 한다. (…) 아무리 탁월한 책이라도 책에만 의존하는 학생들은 임상에서 이론적으로 해박하지만 실무 능력이 턱없이 부족한 자신을 발견하게 될 것이다." 의례적인 당부사항에 이어 782페이지짜리 《기술적·외과적 해부학》의 서평은 다음과 같은 극찬으로 마무리된다. "이 책은 해부학에 대한 완전하고 체계적이고 진보된 저술이다. (…) 모든 언어로 쓰인 책 중에서, 우리 앞에 놓인 이 책과 견줄 수 있는 책은 단 한 권도 없다." 게다가 가격이 28실링이라면 거저나 마찬가지였다!

　모든 저자가 집으로 달려가 엄마에게 보여드리고 싶어 하는 서평이 있다면, 바로 그것이리라. 그레이도 그렇게 했으리라고 나는 확신한다. 서른한 살의 나이에, 이제 쉰여섯인 홀어머니 앤을 모시고 사는 막내였으니 말이다. 맏아들 토머스는 13년 전 결혼하여, 열 명의 자녀 중 여덟 명의 친아버지가 되어 있었다. 엘리자베스와 메리라는 두 명의 누나에 대해서는 기록이 전혀 없지만, 아마도 그즈음 결혼해 출가해 있었을 것이다. 안타깝게도 그레이의 유일한 동생은 3개월 전 세상을 떠났다. 스물일곱 살의 선원이었던 로버트 그레이는 인도미터블Indomitable이라는 상선에 올랐다가 1858년 5월 23일 바다에서 사망했다.

　스티브와 나는 월턴 스트리트의 남단에 접근하여 좌회전을 한다.

　우리는 헨리 그레이의 집을 문에 적힌 주소가 아니라, 2층의 겨자색 벽돌에 매달린 명판으로 확인한다. 그것은 런던 카운티 위원회가 결정한, 역사적 랜드마크를 나타내는 독특한 원형 팻말이다.

**HENRY**
**~GRAY~**
헨리 그레이
**1828-1861**
**ANATOMIST**
**lived here**
해부학자가 살았던 곳

나는 거주자(또는 관리인)의 승낙을 받아 내부를 돌아보고, 마룻바닥을 삐거덕거리며 헨리 그레이가 한때 살았던 곳을 살펴볼 수 있을 거라 기대했지만, 이곳에는 아무도 상주하지 않는 게 틀림없다. 1층 창문을 통해, 스티브와 나는 취소된 리노베이션 프로젝트의 분위기를 감지한다. 더욱 확실한 증거는 초인종이 소켓에서 빠져나가는 바람에 문틀에 구멍이 하나 뚫렸다는 것이다. 나는 어떻게 되나 보려고 문을 여러 번 두드리지만 묵묵부답이다. '어휴, 다시 한번 두드려봐야지.' 나는 이렇게 중얼거린다. '어쩌면 세상에서 제일 느려터진 목수가 안에서 죽치고 있을지도 몰라.' "여보~세요!" 나는 다정한 음성을 곁들인다. "여보세요?"

나는 절망적인 징후를 하나 더 발견한다. 길가의 다른 집들과 마찬가지로 현관문에 못으로 고정되어 있는 커다란 양철 번호판에 8이라는 숫자가 (마치 연필로 낙서한 듯) 어렴풋이 적혀 있는 게 아닌가! 누군가가 지우개로 몇 번만 문지르면 지워질 것 같다. 그건 그레이에게 안성맞춤인 메타포처럼 보인다.—이 집에 머물다가 1861년 6월 어느 날 하룻밤 사이에 갑작스러운 질병에 걸려 저세상으로 떠난 사람.

스티브와 나는 건물의 전경을 바라볼 요량으로 길 건너편으로 걸어간다. 나는 그레이가 '불멸의 책'이라는 결실을 얻기 위해 무수한 '생산적 시간'을 투자했다는 점을 상기한다. 프로젝트를 완료하기 위해 마지막 피치를 올리는 동안, 카터는 일요일에 종종 저 집을 방문했을 것이다. 문간에 서서 초인종을 울리고 그레이 여사에게 인사를 건넨 다음, 서재에 있는 그레이와 합류하여 오후 내내 작업에 몰두했을 것이다.

나는 문득 다음과 같은 의문을 품는다. 그렇게 많은 시간을 함께 보내면서, 두 사람은 서로의 본모습을 얼마나 알았을까? 특히, 카터는 자신의 본모습을 얼마 만큼 드러냈을까? 선천적으로 영리하고 재주가 많은 헨리 그레이(그는 급이 다른 천재였던 것 같다)를 보며, 카터는 열등감을 느꼈을 것이다. 그는 언젠가 이렇게 말했다. "천재성은 나의 천성과 거리가 멀다. 나는 천재보다 급이 낮은, 범인凡人의 부류에 속한다. 하늘은 천재를 돕는다." H. V. 카터는 자신이 평범한 사람이라고 믿었다.

카터에게 미안하지만, 나는 헨리 그레이가 카터를 그런 식으로 바라봤다고 생각하지 않는다. 그레이는 《그레이 아나토미》의 서문에서 카터를 "내 친구"라고 불렀다. 호칭 하나가 그의 속내를 드러냈다고 볼 수는 없겠지만, 그는 H. V. 카터에 대한 진심을 가늠할 수 있는 단서를 하나 더 남겼다. 얼핏 봐서는 알아채기 어려운데, 그것은 《그레이 아나토미》 초판 책등에 적힌 책명이다. 일정한 크기의 폰트로 다음과 같이 인쇄되어 있다.

**GRAY**
그레이
**ANATOMY**
해부학
**CARTER**
카터

그레이는 카터를 자신과 동등하게 봤다. 두 사람은 '해부학으로 연결된 공동운명체'로, 과거에도 그랬고 앞으로도 계속 그러할 터였다. 그러나 설사 그레이의 제스처를 알아봤더라도, 카터는 성격상 일기장에 그런 사실을 언급할 사람이 아니다. 또한 〈랜싯〉뿐만 아니라 〈영국의학저널British Medical Journal(BMJ)〉을 장식한 탁월한 서평을 읽었더라도(그 외에도 서평이 실린 저널은 많았다), 그는 일기장에 자화자찬 식의 글귀를 적는 사람이 아니다. 또한 판매가 활기를 띠고, 2,000부 인쇄된 초판이 거의 매진되어가고 있고, 미국의 출판사가 《그레이 아나토미》의 판권을 매입했다는 사실을 알았을 때도 그는 혼자만 알고 동네방네 소문내지 않았을 게 뻔하다. 이 모든 사실은 나로 하여금 이런 의문을 품게 한다.―도대체 그 책에 대한 카터의 '진짜 소감'은 어땠을까?

1858년 10월 중순 《그레이 아나토미》 초판을 받았을 때(그 책을 보내준 사람은 헨리 그레이나 출판사가 아니고, 희한하게도 한때 왕립외과대학의 보스―친애하는 노신사 퀘케트 씨였다), 카터가 일기에 적은 것은 "그 책이 나왔는데 괜찮아 보인다"가 전부였다. '음, 아무리 좋게 해석하려고 해도, 이건 답이 안 나와.' 그의 시큰둥한 반응에 놀란 나는 이렇게 생각한다. '책을 쭉 한 번 훑어본 후 선반 위에 팽개쳐 놓았을 거야(이건 문자 그대로일 수도 있고 비유일 수도 있다). 그 이유가 뭘까? 한 장章이 장황하고 마음에 안 들어 두 번 다시 보고 싶지 않아서였을까?' 나의 추측은 정확해 보인다. 인도에 도착한 지 불과 6개월 만에 카터의 인생이 완전히 변했을 테니 말이다.

인도 여행 비용을 자신이 부담해야 했지만, 카터는 공식적으로 사병士兵이었다. 그는 인도의료서비스Indian Medical Service(영국이 통제하는 인도군 소속의 의무대medical corps)의 직책을 하나 얻었는데, 그 부대는 당시

민간 지역과 군사 지역 모두를 위해 의료 인력을 공급하고 있었다. 카터는 인도에 도착하자마자 포트 조지Fort George(뭄바이 외곽의 군사 주둔지)에 배치되어 세포이의 항쟁에서 부상당한 병사들의 치료를 도왔다. 그러나 일을 배우기도 전에, 그는 563킬로미터 떨어진 마우(인도 중부의 도시)의 포병대에 재배치되어 꼬박 열흘 동안 이동해야 했다. 설상가상으로, 마우에 도착하자마자 군사작전이 시작되는 바람에 다시 한번 재배치를 받았다. 이번에는 머나먼 뭄바이로 되돌아가야 했지만, 반대 방향으로 이동하는 병력 때문에 우선순위에서 밀려 한참을 기다려야 했다. 가까스로 마우를 떠나게 되었을 때, 그는 혼자 우마차에 올라탔다. "그다지 위험하지 않다." 그는 일기장에 적었다. "그러나 도로에서 마주치는 남자들은 대부분 무장을 하고 있었다." 간혹 마차의 진로를 대담하게 가로막는 표범을 비롯한 이국적인 동물들이 그를 놀라게 했다. 어떤 면에서 이런 상황은 그가 의무대에 지원한 목적—벨로에 필적하는 탐험가 노릇—에 부합했지만, 수송 체계가 엉망이어서 뭄바이로 빨리 복귀하기는 어려웠다. 뭄바이에서 그를 기다리고 있는 일은, 그가 진심으로 기뻐하며 외쳤듯 "내가 바라던 바로 그것"이었다. 그도 그럴 것이, 인도 학생들을 위해 새로 설립된 그랜트 의과대학에서 해부학 교수 겸 해부학 박물관 큐레이터를 맡기로 했기 때문이다. 그뿐만이 아니었다. 그는 그랜트 의대의 제휴 병원에서 외과 과장으로 활약하게 되었는데, 그것은 그가 그토록 갈망해왔던 직위 상승을 의미했다. 바야흐로 헨리 반다이크 카터는 '뭄바이의 헨리 그레이'로 재탄생하고 있었다.

◆ ◆ ◆

카터의 인도 생활 초창기 여정을 추적하는 것은 어렵지 않다. 뭄바이에 발을 디딘 순간부터, 그는 자신의 발걸음을 하나도 빠짐없이—마치 자기 자신을 감시하듯—기록하기 시작했기 때문이다. 마우로 갈 때는 자신의 이동 거리를 시간대별, 마을별로 기록하기까지 했다. 그럼에도 불구하고 일기의 내용은 거기까지인 경우가 많다. 카터의 일기가 으레 그렇듯, 그는 분위기 묘사에 인색하다. 지극히 예외적으로 감정이 고조되는 경우를 제외하면 분위기 언급을 자제한다. 성찰을 위한 일기 쓰기가 자칫 신변잡기로 전락할 수 있기 때문이다. 일례로 인도 학생들을 대상으로 해부학 강의를 시작하기 3일 전, 낙관적인 기분에 휩싸인 그는 잠시 시간을 내어 그날의 아름다움을 묘사한다. 1858년 6월 28일 일기는 이렇게 시작된다. "계절풍 시기가 도래했지만, 포트 조지의 막사에서 바라본 항구 풍경은 쾌활하고 생동감이 넘친다. 주변이 온통 휘황찬란하게 빛나고, 화려한 영국 배들이 '왕좌에 앉은 여왕'처럼 정박해 있다." 이미지 묘사가 넘쳐나는 가운데, 그는 이렇게 기술한다. "작은 디테일들이 모여 하나의 그림을 완성한다. 주민들의 조각배… 바람에 밀려가는 구름과 우뚝 솟은 봉우리, 다채로운 빛과 그림자가 배경에 깔려 있고, 미완성된 원주민 전용 소형 부두, 작은 백사장, 야자수 통나무가 전경을 장식한다."

나열된 문장들 사이 어디쯤에서, 카터는 공현epiphany◆을 경험한다. "이러한 풍경에는 진정한 기쁨이 충만하다." 그는 이렇게 간증한다. "이런 때 자연은 평화롭고 웃음 띤 얼굴을 보여준다. 지금 당장 자리에서 일어나 자연의 주인 겸 창조자를 묵상하라." 어련하겠는가. 그날은 일

---

◆  정상적인 환경에서는 눈에 보이지 않는 신적인 존재가 눈에 보이게 나타나는 현상.

요일이 아니어서 교회에 참석하지 않았지만, 그는 단지 창밖을 내다보는 것만으로도 신의 존재를 느꼈다. "마침내, 자비롭고 선하신 그분이 나의 강팍한 마음에 계시를 내린다." 카터가 묘사한 풍경을 완성하는 것은, 내가 평소에 품고 있는 그의 이미지—창가에 기댄 채 일기를 쓰며 마냥 행복해하는 모습—이다.

카터의 실제 초상화는 매우 드물다. 현재 남아있는 것은 두 점뿐인데, 둘 다 노년기 모습이다. 그래서 런던을 방문한 두 번째 날, 스티브와 나는 직감에 따라 행동하기로 결정한다. 우리는 영국국립도서관British Library(BL)을 방문하여 도서목록을 검색하다, "뭄바이 소재 그랜트 의과대학과 잠세티 지지보이 병원Jamsetjee Jeejeebhoy Hospital 사진앨범"이라고 적힌 책을 대출받아 무슨 사진이 들어 있는지 확인한다. 앨범에는 40장의 고풍스러운 대형 백금 인화 사진이 수록되어 있는데, 영국의 인도 지배와 관련된 방대한 소장품 중 하나였다. 사진사의 이름과 정확한 촬영 일자는 알 수 없지만, 사진 속에 건물뿐만이 아니라 의료진들이 들어 있어 희망을 준다. 그러나 수두룩한 신원 미상의 얼굴들 중에서 카터를 찾아낸다는 게 과연 가능할까?

앨범 열람 허가를 받아내려면 일종의 심문을 받아야 한다. BL은 역사적 소장품에 접근하도록 허용할 사람(그리고 허용하지 말아야 할 사람)을 매우 까다롭게 선별한다. 상세한 신청서를 작성한 다음 대기자 행렬에 가담하여, 취업 면접 비슷한 것에 응해야 한다. 그런데 그 면접은 은근히 신경을 거슬리게 하고, 솔직히 말해서 예상했던 것보다 시간이 더 많이 소요된다. 그까짓 오래된 사진앨범이 우리에게 이 정도로 수모를 줄 만한 가치가 있을까?

우리로 하여금 기다란 행렬 속에서 꿋꿋이 버티도록 만드는 힘은

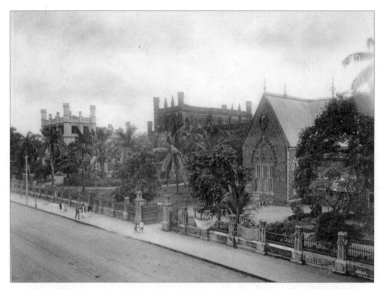

그랜트 의과대학, 뭄바이, 1905년경 촬영.

순전히 호기심이다. 우리는 각자 다른 면접관의 심사를 통과한다. 그리고 오후 서너 시쯤 되어, 동양 및 인도 관공서 소장품실Oriental and India Office Collection의 열람실에 들어간다. 나는 문득 '지성소inner sanctum라는 말은 이런 곳을 지칭하기 위해 만들어진 게로군'이라는 생각이 든다. 고상한 가구와 엄숙한 분위기에서부터 트위드 재킷을 착용한 방문객들에 이르기까지, 그 열람실에 있는 모든 것들이―물론 가장 나지막한 영국식 억양으로―일제히 "학술적"이라고 속삭이는 듯하다.

열람 신청한 앨범의 인출 절차가 완료되자 우리는 냉난방이 완비된 작은 열람실로 들어간다. 우리가 자리를 잡고 앉는 동안, 사서인 헬렌이 커다란 고문서 보관함을 우리 앞에 가져다놓는다. 임무를 마친 헬렌은 문 앞에 있는 자신의 자리로 돌아간다.

우리의 인내심은 처음 몇 장의 사진으로 보상받는다. 두꺼운 표지

해부학 실습 중인 학생들, 그랜드 의과대학, 1905년경 촬영.

를 넘기는 순간부터 보기 드물게 디테일한 사진들이 잇따라 등장한다. 그랜트 의과대학 교정, J.J. 병원(잠세티 지지보이 병원), 수술실, 해부실, (…) 뭄바이의 풍경이 런던과 판이하게 달라 보이는 것처럼, 그랜트 의과대학과 J.J. 병원의 모든 부속 시설들은 성 조지 병원과 극단적으로 달라 보인다. 심지어 시신도 그러해서, 유령처럼 새하얗지 않고 까무잡잡한 피부를 갖고 있다. 한 사진에서 우리는 뭄바이의 불같은 더위를 실감할 수 있다. 사진들이 박물관 소장품 수준의 화질을 갖고 있어 아름다움을 느낄 정도이고 모든 면에서 완벽하다. 그러나 아쉬운 점이 딱 하나 있으니, 카터의 모습이 전혀 보이지 않는다는 것이다. 그럴 수밖에 없는 것이, 사진들이 너무 늦게 촬영되었다.

마감 시간을 겨우 두 시간 남겨놓고, 스티브와 나는 심기일전하여 그랜트 의과대학 특유의 또 다른 아이템—19세기 후반부터 발간되기 시작된 연례보고서 시리즈—을 신청한다. 우리가 자료실을 저인망으로 샅샅이 훑고 있는 듯한 느낌이다. 내 자신이 연례보고서를 작성한 경험이 있으므로, 나는 그것을 (지역 공동체와의 관계를 고려하여 대필 작가에게 의뢰하여 대충 작성하는) 형식적인 문서에 불과하다고 여긴다. 그러나 스티브가 지적하는 바와 같이, 통상적인 연례보고서에는 으레 사진이 넘쳐난다. 그렇다면 그 속에 카터의 사진이 들어 있지 말란 법도 없다.

음, 스티브의 예감은 보기 좋게 빗나갔다. 그랜트 의과대학의 연례보고서는 연감年鑑이라는 장르의 전형적인 본보기로, 실적을 자랑하는 홍보 자료와 대차대조표가 풍성할 뿐 사진은 단 한 장도 없다. 그러나 한 보고서에 내가 미처 예상하지 않았던 자료가 들어 있다. 1859~60년도 보고서에 카터가 직접 작성한 '해부학과 총평'이라는 산뜻한 자료가 실려 있는 것이다. 마치 위세라도 부리는 듯, 그는 각종 통계 수치(100회에 걸친 강의, 33번의 주말 시험 등)로부터 시작하여, 해부생 22명의 실습 결과에 대한 신랄한 평가(대체로 '만족'. 그러나 전반적인 열의와 근면성은 연말이 가까워질수록 감소함)를 덧붙인 후, 해부학 강좌의 체계를 간단히 설명하며 마무리한다. "일반적으로 기술적 해부학의 각론들은 퀘인의《해부학 요강》또는 (최근 학생들 사이에서 인기가 급상승하고 있는)《그레이 아나토미》와 같은 교재의 체계를 감안하여 구성되었다. 객관적으로 볼 때, 후자에 수록된 삽화들은 학생들이 해부학을 이해하는 데 큰 도움이 될 것이다."

이런 횡재가 있나! 매의 눈으로 보던 나도 하마터면 왕건이를 놓칠 뻔했다. 스티브가 손가락으로 그 대목을 짚으며 먼저 읽지 않았다면.

"여기에 당신이 그토록 찾던 답이 있어." 스티브는 카터의 마지막 문장을 손으로 가리키며 내게 속삭인다.

장담하건대, 그건 《그레이 아나토미》에 대한 카터의 진심은 무엇일까?'라는 나의 의문에 대한 정답이다. 그는 그 책을 선반 위에 아무렇게나 내팽개치지 않았다. 그는 그 책을 교재로 사용하고 있었을 것이다. 그리고 그 책이 학생들 사이에서 베스트셀러가 된 것을 보고 흐뭇해했을 것이다. 게다가 그랜트 의대 학장이 자신의 보고서에 다음과 같은 각주를 단 것을 보고 뿌듯해했을 것이다.—"카터 박사는 《그레이 아나토미》에 수록된 아름다운 삽화를 그린 미술가이기도 합니다."

뜻밖의 발견과 함께 가시를 품은 내러티브의 딜레마가 찾아온다. 솔직히 말해서, 나는 이 부분에서 스토리텔링을 멈추고 싶다. 해피엔딩을 선포하며 H. V. 카터를 떠나보내고 싶은 심정이다. 스물아홉 살의 나이에 임무를 완수하고, "내 주변의 아름다운 세상에 신은 늘 존재한다"는 사실을 마침내 깨달은 남자! 스티브와 내가 아름다운 도서관을 나설 때, 그랜트 의대의 해부실에서 총명한 인도 학생들에게 둘러싸여 페이드아웃되는 카터 교수!

그러나 나는 그럴 수 없다. 왜냐하면 얽히고설킨 사건들의 사슬이 이미 작동하기 시작했음을 알고 있기 때문이다. 카터가 칸달라 마을로 나흘간의 휴가를 떠날 때, 그 사건은 외견상 아무렇지 않은 것처럼 시작되었다. 그는 1859년 5월 중순의 일기에서 그 여행에 대해서 지나가는 말투로 간단히 언급했다. 그러나 그 후 2년 반 동안(그즈음, 가슴을 후벼파는 일을 경험한 듯) 일기를 단 한 줄도 쓰지 않는다. 지금 이 시점에서 내가 말할 수 있는 것은 이게 전부다. 이제 H. V. 카터가 전면에 나서서 1인칭 시점의 내레이션을 시작할 차례다. 상황을 명확히 하는 팩트를 덧붙이거나 (이야기 흐름을 부드럽게 하기 위해) 간간이 부연 설명하는 것을 제외하면, 나의 역할은 불필요하다.

"2년 반 전, 나는 칸달라로 잠깐 여행을 떠난다고 언급한 적이 있다." 그는 1861년 11월 일기에서 이렇게 운을 뗀다. 그러고는 다음과 같이 계속한다.

나는 거기서 89연대 소속 장교(스물네 살쯤 되는 반스 로빈슨Barnes Robinson이라는 젊은 남자)의 아내로 통하는 젊은 여성을 만나 대화를 나누었다. 그녀는 매우 쾌활하고 상냥한 귀족풍의 여성이었지만 몸이 아파보였다. 나는 그녀를 보고 문득 인생의 덧없음을 떠올렸다. 뭄바이로 돌아와 포트 조지에 머무는 동안, 나는 (나와 이름이 똑같은) 카터라는 외과의사를 가끔 방문했다. 그런데 거기서 그녀를 다시 만날 줄이야….

"외과의사 카터"란 그랜트 의과대학의 안외과ophthalmic surgery 교수인 헨리 존 카터Henry John Carter("C.")로, 1813년에 태어나 1895년에 사망했다(H.V.와는 아무런 혈연관계가 없었다). 나이 지긋한 의사가 젊은 여성에게 관심을 보인다는 사실에 H. V. 카터는 은근히 불쾌감을 느꼈다.

나는 곧 진상을 파악했다.—그녀는 최근 희망봉Cape of Good Hope에서 첫남편과 이혼했으며, 로빈슨 대위("R.")와는 정식으로 결혼하지 않은 상태였다. 그녀는 R.과 결혼하려고 뭄바이로 왔지만 (…) 그가 갑자기 외국으로 파견되는 바람에 난처한 상황에 처하게 되었다. R.이 어쩌다가 한 번씩 생활비를 보내왔기 때문에 그녀는 재정 상태가 매우 어려웠다. 그녀는 오랫동안 중병—급성이질acute dysentery—을 앓았으며, 내가 묵고 있는 호텔에서 나의 맞은편 방에 투숙했다. (나는 계절풍 기간 동안 호프 홀Hope Hall 호텔에 투숙하고 있었는데, C.도 같은 호텔에 묵고 있었다.) 나는 자연스레 그녀에게 동정심을 느꼈고, 그녀와 직접 대화하지는 않았지만 C.와 지속적으로 그녀에 대한 이야기를 나눴다. 그는 그녀에게 많은 시간을 할애했고, 리스 박사와 함께 그녀의 건강을 돌봤으며, 그녀의 어린 아들에게도 친절을 베풀었다.

그녀의 어린 아들이란, 첫 번째 결혼에서 얻은 아이를 말한다.

그녀의 건강은 천신만고 끝에 회복되기 시작했다. 그녀는 가진 돈이 별로 없으므로, 우리 모두는 그녀가 영국으로 돌아갈 수 있을지 걱정했다. R.의 편지는 거의 중단되었는데, 아마 뭄바이를 지나가던 중 호텔을 방문한 동료에게서 'B. 여사와 카터 박사 사이에 섬싱이 있는 것 같다'는 헛소문을 들었기 때문인 것으로 보인다. 그리고 나는 그 일에 깊숙이 개입하는 과정에서, 본의 아니게 C.로 오인받게 된 것 같다. 그러나 어쨌든 나는 그녀에게 관심을 보이기 시작했고, 모든 사실을 알게 된 그녀는 더욱 나의 관심을 끌려고 노력했다. 급기야 나는 C.를 제치고 그녀와 깊은 관계에 빠졌다.

사달이 벌어지자 C.가 낌새를 포착했고, (…) 나는 죄책감을 느꼈다. 내 자신이 비참하게 느껴져, 호텔 방에 틀어박혀 결석calculus에 관한 논문 집필에 몰두했다. 그러나 나는 관능sensuality의 희생양이 되어 완전히 자포자기한 상태였다. 온갖 유혹과 기회에 휘말려, 그녀와의 강박적인 만남을 계속했다. 그녀는 상상적(때로는 의도적) 자궁 질환을 핑계로 나의 보살핌을 애원했고, 나는 그녀의 속임수에 넘어갔다. 8월 16일, 뿌리칠 수 없는 유혹과 함께 위기가 찾아왔다. 그다음 날, 그녀는 야심한 밤에 나를 찾아와 성급한 키스를 퍼부은 후 내 방에 누웠다. 오, 타오르는 격정을 도저히 주체할 수 없는 밤이었다.

카터는 모든 가로막이 커튼이 닫혀 있는지 확인하지 않은 게 분명했다.

어떤 철로공이 모든 장면을 엿보았다. (…) 그는 나중에 보낸 익명의 편지에서, 그날 자신이 들여다본 애정 행각과 사건들을 시간대별로 낱낱이 서술했다.

그 이후 상황은 걷잡을 수 없이 전개되었다. (…) 우리는 각방을 썼지만 같이 사는 것과 마찬가지였다. 우리가 동거한다는 소문이 파다하게 퍼졌고, 우리는 틈만 나면 마차를 타고 어디든 거리낌없이 방문했다. 뒤이어 호텔을 여러 번 옮겼는데, 파시 교도Parsee*인 호텔 주인이 우리의 관계가 더욱 문란해지고 있음을 눈치챘다. 그리하여 10월에는 '호텔에서 나가달라'는 서면 통지를 그녀에게 보냈다(나는 과거에 그녀의 빚 보증을 섰으므로 그녀의 투숙비를 모두 대납했다).

(…) 나는 인근에서 작은 집 한 채를 구해, 가구 일체를 들여놓았다. (…) 우리는 그 집에서 동거하며, 마차를 들여놓고 말을 구입하는 등 나름 행복하게 지냈다. 그러나 나는 양심의 가책에 시달렸고, 종종 참담한 생각을 금할 수 없었다. 그녀는 동거 생활에 만족하지 않고, 12월이 되자 한 걸음 더 나아가 방약무도한 행동—이것은 법적·도덕적으로 비난받아 마

---

♦ 페르시아계 조로아스터교도의 후손.

땅한 행동으로, 나의 지인 중에서 극소수만 알고 있다——을 저질렀다. 호지Hodge라는 이름의 호적 담당자를 찾아가 미망인 행세를 하며 혼인신고서를 제출한 것이다. 우리는 1859년 12월 29일 프리처치Free Church에서, 스코틀랜드 선교사 제임스 에잇킨James Airken의 주례로 결혼식을 올렸다. 그것은 명백한 사기 결혼이었다.

호적 담당자 앞에서 자신이 미망인이라고 맹세했지만, 사실 그녀의 첫 남편은 버젓이 살아 있었다. 어라? 그렇다면 그녀가 사실상 두 명의 남자와 결혼했다는 얘기가 되는데?

나는 결혼 소식을 신문에 내지 않았고, 단 한 명의 하객도 초청하지 않았다. 두 명의 증인을 급히 불렀는데, 한 명은 일반의general practitioner(유색인)이었고, 다른 한 명은 성서신앙협회Bible and Trust Society의 서기 안토네Antone 씨(포르투갈인)였다. (…) 나는 의사 가운을 입은 채였다.

그는 이제서야 그녀의 이름을 댄다.

그녀는 해리엇 부셸Harriet Bushell(부셸은 전남편의 성이다)이라고 불렸다. 나는 아버지에게 쓴 편지에서 내가 결혼했다는 사실, 신부의 이름, 신부의 종전 거주지(희망봉)만 언급했다.

내가 이 지경에까지 이른 것은 뭐니 뭐니 해도 상황 판단을 잘못했기 때문이다. 내가 막대한 위자료(연 200파운드)를 제시하며 결별을 선언했지만, 막무가내로 행동한 그녀도 한몫했다. 이런 식으로 계속 염문을 피울 경우 일자리를 잃을지 모른다는 두려움도 있었고, 결혼을 해버리면 모든 문제가 일거에 해결될 거라는 막연한 기대감도 작용했다. 이 같은 네 가지 이유는 개연성이 매우 높으며, 나에게 한두 번 조언을 제공한 C.도 공감을 표시했다. 그러나 모든 문제는 나 자신에게 있었다고 봐야 한다. 나는 마음이 모질지 못한 데다 그녀의 허위 진술을 알아채지 못할 정도로 멍청했다.

카터는 자신의 양심을 다시 한번 성찰한다.

H.와 함께 마차를 타고 포트에 가던 일과, 호적 담당자와 화기애애하게 농담을 주고받던 일이 생생하게 떠오른다. 호적 담당자는 악의를 전혀 눈치채지 못했고, 그녀의 말에 아무런 이의를 제기하지 않았다. 그녀는 먼저 선서를 한 후, 혼인신고서의 결혼 상태 난에 "미망인"—내 기억이 정확한지 모르겠지만 그녀는 분명히 그렇게 적었고, 그녀와 나 사이에 미망인이란 말이 오갔던 것 같다—이라고 적었다.

그 일이 있기 오래전 R. 대령에게 작별을 고하는 편지를 보냈는데, 그 편지의 일부는 그녀의 요청에 따라 내가 받아 적은 것이었다. (…) 그리고 내 생각이지만, H.는 그보다 오래전 낙태를 한 경험이 있었다. (…) 그러나 그녀는 그 편지가 발송될 때쯤 다시 임신한 게 분명하다. 왜냐하면 그로부터 9개월하고도 며칠 후 우리의 아기가 태어났기 때문이다.—그 놀라운 동시적 사건(전 남친과의 공식적인 결별, 현 남편의 아이 임신)의 효과는 컸다. 신의 섭리가 우리의 죄악에 미소를 짓는 것처럼 느껴졌기 때문이다….

그 아기(여자아이)는 1860년 9월 14일, 간호사 한 명과 내가 지켜보는 가운데 태어났다. 아무런 축하도 없었다. 그 소식은 신문에 났지만, 내게 자

초지종을 물어보는 사람은 정신병원에 근무하는 캠벨Campbell 외에 아무
도 없었다.

돈이 궁하던 겨울철, 우리는 비용을 절약하기 위해(사실은 경제적 이유 때
문이 아니었다) 벨라시즈 로드에 있는 60파운드짜리 집으로 옮겼다. 먼저
마차를 팔고, 나중에는 말과 우마차도 팔았다. 나는 병원에 도보로 출퇴
근해야 했다. 그리고 이듬해 1월에는 병에 걸리기 일보직전이었다.—불
안과 방종과 어리석음으로 점철된 삶이여!

1861년 늦은 봄, 해리엇과 H. V. 카터(그의 나이는 이제 서른 살이었다)
는 2년 만에 여덟 번째로 이삿짐을 꾸렸다. 이번에는 W. S. 시브라이트
그린W. S. Sebright Green이라는 사람이 소유하는 호텔로 짐을 옮겼는데,
그린은 본업이 변호사이지만 간혹 투기판에도 끼어드는 인물이었다.
해리엇을 둘러싼 루머에 관심을 보인 그는 '카터가 그런 부정한 여자를
점잖은 호텔에 들였다'며 동네방네 떠들고 다녔다.

마침내, 7월에 시끌벅적한 소동이 벌어졌다. 그린은 나를 불한당이자 거
짓말쟁이로 매도했다. (…) 나는 꼼짝없이 궁지에 몰렸다. (…) 나는 특별
조사court of enquiry에 회부되어 불명예 제대할 위기에 직면했다.

"특별 조사"란 군사재판의 일종으로, 장교의 불미스러운 행동과
같은 문제를 다루는 제도를 말한다. 다음 문장에서 언급되는 존 피트
John Peet는 그 당시 그랜트 의과대학의 학장 대행이었다.

피트에 이어 진상을 알고 있는 C.가 나에게 관심을 보였다. 그들은 나를

위해 해명과 변호를 자청했다. 그러나 나는 'H.와 즉시 별거하겠다'는 서약서에 서명하라는 압력을 받았다. 내가 머뭇거리는 사이에 조지 호텔에서 방을 비우라는 통지서가 날아와, 나는 그녀를 위해 친치푸글리 Chinchpoogly에 거처를 마련해주고 나는 (아델퍼Adelphi 호텔에서 두 번이나 문전박대를 받은 끝에) 호프 홀 호텔에 투숙했다. 얼마 후 배편을 섭외하여 사륜마차와 말을 팔아 마련한 145파운드로 H.와 아이들 그리고 아야ayah(보모)의 여비를 지불했다. 나는 헬리어(애드리포어Adripore호의 선장)에게 H.의 위치를 알려주는 한편, 그녀에게 이별의 아픔을 달래는 메시지를 보냈다. 길고도 서글픈 이별식을 치른 후, 그들은 1861년 9월 20일 런던을 향해 떠났다.

그렇다면 카터는 어디에 머물렀을까?

나는 아직 호프 호텔의 객실에 머물고 있다.

희망Hope이라니! 이처럼 슬프도록 아이러니한 호텔 이름이 또 있을까?

가구를 팔아 대부분의 빚을 청산했다. 이제 나는 거의 무일푼이다. 스카버러에 보낸 편지에는, 아무런 설명 없이 '모든 것이 떠났다고'만 썼다. 그녀에게 매년 150파운드의 생활비를 지불하기로 했지만, 어떤 종류의 공식적인 합의서도 작성하지 않았다. 결혼증명서를 가진 여성에게 연간 150파운드는 그리 많은 생활비가 아니며, 나는 입만 열면—왜 그런지 모르겠지만—이혼 이야기를 꺼낸다.

그 이후 카터는 딱 두 번만 더 일기를 쓴다. 한 번은 1862년 1월, 다른 한 번은 같은 해 3월. 그건 지면이 부족해서가 아니다. 사실, 그 일기에는 100페이지 이상의 여백이 남아있다. 그는 자발적으로 일기 쓰기를 멈췄을 뿐이다. 내 경험상, 일기의 종말은 으레 그렇다. 일기는 깔끔하고 단정하게 마무리되지 않으며, 일기 작가가 어느 날 갑자기 사라질 뿐이다.

## 15

성 조지 병원은 런던 남서부 노동자 거주 지역에 자리 잡은 옛 건물에서 지하철로 40분 거리에 위치한다. 현대식 성 조지 병원은 1970년대 지어진 건축물로, 독창성도 없고 기념할 만한 것도 못 된다(웅장한 정문도 기둥도 대리석도 없고, 관광객도 찾아볼 수 없다). '그레이 & 카터의 시대'와 마찬가지로 종합병원과 의과대학 부속병원의 역할을 겸한다. 반면에 다행히도—마치 나를 배려한 것처럼—의학도서관의 한 구석에 작은 역사기록보관소를 마련하고 있다. 금상첨화로, 성 조지 병원에는 도서목록 관리자library cataloger라는 직함을 가진 날리니 테바카루나이Nallini Thevakarrunai라는 여성이 있는데(나는 그녀를 아키비스트archivist라고 부른다), 그녀는 병원의 역사를 묻는 나의 스팸급 이메일에 친절히 응답하는 인내심을 발휘한다.

　　나는 그녀에게서 온 답신을 받을 때마다, 그녀의 이름을 보고 감탄사를 연발한다. "눌-리-니 투-바-카-루-나!" 이름 스펠링에 음정을

넣어 발음하며, 노래의 후렴구를 부르는 감흥을 느낀다. 그리고 성 조
지 병원 도서관에서 나와 만나는 순간, 그녀는 상냥하고 평화로운 기운
이 풍겨 나의 기대를 저버리지 않는다. 날리니는 원래 스리랑카 태생으
로, 거의 30년간 성 조지 병원에서 일해왔다고 한다. 그렇다면 마흔 살
이 넘었다는 말인데, 스티브와 나는 앳돼 보이는 그녀의 용모에 놀라 입
을 다물지 못한다. 그녀는 도서관에 전시된 몇 점의 역사적 유물(그중에
는 "블로섬Blossom" 가죽이 포함되어 있다. 블로섬이란 '우두에 감염된 암소'를 말
하며, 그 소는 1796년 최초로 접종된 인간천연두 백신의 원천이 되었다)을 우리
에게 보여준 다음, 우리를 데리고 뒷계단을 통해 한 보관소로 내려간다.
그곳은 병원 지하의 작은 방에 마련된 벙커다.

　날리니는 우리가 왔다는 사실을 깁슨 박사에게 알리고 싶어 한다.
그녀가 전화를 걸자, 잠시 후 빨간 머리의 천둥벌거숭이가 벙커로 들이
닥친다. 그녀의 이름은 샌드라 깁슨Sandra Gibson으로, 한때 헨리 그레이
가 맡았던 해부학 박물관 큐레이터 직책의 후계자이며, 의과대학의 생
물학 교수이기도 하다. 몇 번의 "안녕하세요!"를 속사포처럼 연발한 후,
깁슨 박사는 이렇게 외친다. "날리니가 아직 말해주지 않았나요?!" 너
무 흥분해서 대답을 기다리지 못하는 듯, 그녀는 아일랜드인 특유의 억
양으로 계속 말한다. "당신들이 오늘 온다는 이야기를 날리니에게 듣
고, 박물관에 뭐 좀 없나 하고 둘러봤어요. 그랬더니 헨리 그레이와 연
관된 듯한 표본이 두 개나 나왔지 뭐예요." 그녀의 부연 설명에 따르면,
그 박물관에는 1850년대까지 거슬러 올라가는 표본이 몇 개 있는데, 고
문헌을 샅샅이 뒤지고 그레이의 부검보고서와 대조해본 후 진품임을
확인했다고 한다.

　그녀가 그렇게 말하는 것은 당연하다. 오리지널 성 조지 병원의 해

부학 박물관은 블리츠 때 파괴되었으므로, 상식적으로 생각할 때 표본이 살아남았을 리 없기 때문이다. 그런데도 몇 점의 표본이 진품으로 확인되었다니! 나는 놀라움을 금치 못한다.

자신의 발견을 공유하고 싶어 안달이 난 듯, 샌드라는 우리를 데리고 복도를 가로질러 박물관으로 간다. 그러나 그녀가 금세 인정하는 바와 같이, 그곳을 박물관이라고 부른다는 건 좀 뭣하다. 그곳은 튼튼한 선반으로 가득 찬 커다란 방으로, 선반에는 해부학 표본이 담긴 수백 개의 용기들—유리병과 쇼케이스들—이 놓여 있다. 샌드라의 설명에 따르면, 그것들은 교육용 컬렉션으로서 비주얼을 필요로 하는 의대의 교원들에 의해 강의 부교재로 사용된다고 한다. 우리는 뒷구석에 있는 낮은 선반 앞에서 걸음을 멈춘다. 그녀는 메이슨자Mason jar♦만 한 병 하나를 집어 내게 건네며 다정하게 묻는다. "이 표본 어때요?"

"아주 좋아요." 나는 이렇게 대답하지만, 솔직히 그 속에 뭐가 들어 있는지 도저히 모르겠다. 전자레인지에 돌린 개껌 같기도 하고.

"이건 스물다섯 살 난 여성의 심장이에요." 샌드라가 말한다. "이게 대동맥이에요." 그녀가 눈 모양의 구멍을 짚으며 말한다. "그런데 이례적인 것은 이 여성의 대동맥에는 세 개가 아니라 네 개의 반달판semilunar valve cusp이 있다는 점이에요."

보존액에 절여진 심장은 시간 경과에 따라 위축되었지만, 나는 샌드라가 기술한 비정상적 형태를 명확히 볼 수 있다.

"그래서 그녀가 사망했을까요?" 스티브가 묻는다.

"아뇨. 사실 그레이의 부검보고서에 따르면, 네 개의 반달판은 그

---

♦  아가리가 넓은 식품 보존용 유리병.

녀에게 아무런 문제도 야기하지 않았고, 심지어 감지되지도 않았어요. 그녀의 사인은 장티푸스나 결핵 같은 질병이에요. 그러나 그가 이 표본을 보존한 이유는 비정상적인 반달판 때문이에요." 스티브가 그 심장을 돌려주자 샌드라는 그것을 선반 위에 다시 올려놓는다.

다음으로, 그녀는 우리에게 척추의 일부를 보여준다. 그것은 '부러진 목'으로, 두 개의 목뼈cervical vertebra가 완전히 분리되어 있다. 그것도 그레이가 직접 해부한 표본이다. 심장과 달리 아직도 오리지널 용기 안에 들어 있는데, 액체에 잠겨 있지 않고 쇼케이스 속 솜받침 위에 놓여 있다. (쇼케이스는 두꺼운 유리로 제작되었고, 맨 윗부분이 역청bitumen—증류하여 건조 농축된 까만 헤로인처럼 보인다—으로 밀봉되어 있다.)

용기를 만지는 순간, '과거 어느 때보다도 헨리 그레이에게 가까이 다가왔구나'라는 생각이 퍼뜩 든다. 마음 같아서는 뚜껑의 먼지를 턴 후 그의 지문을 채취하거나, 뚜껑을 열어젖힌 채 그의 모발(아마도 눈썹)을 채취하여 DNA 검사를 하고 싶다. 그러나 사실, 그레이의 해부학적 단편斷片을 통해 증거를 확보하는 것은 불필요하다. 샌드라가 설명하는 바와 같이, 두 개의 표본은 그레이가 직접 쓴 부검보고서의 내용과 정확히 일치하기 때문이다.

샌드라가 서둘러 방을 나가고 스티브와 나는 그녀를 따라 앞서거니 뒤서거니 하며 기록보관소로 돌아간다. 그곳에서 기다리던 날리니까지 우리 네 사람은 두꺼운 가죽 장정본이 즐비한 선반 앞에 선다. 선반 꼭대기에는 '학구파 어린이용' 백과사전 전집 같은 것이 놓여 있다. 사실은 19세기에 작성되어 연도별로 제본·배열된 부검보고서 묶음 시리즈다. 샌드라는 몇 시간 전 두툼한 1858년 보고서 묶음을 인출했는데, 그것은 지금 도서관 카트에 놓여 있다. 날리니가 카트를 근처 테이블로 끌고오자, 샌드라는 그 묶음에서 12페이지쯤 되는 곳을 편다. 잠시 후 두 사람은 각각 반걸음씩 뒤로 물러서며 스티브와 나를 빤히 쳐다본다. 두 사람의 얼굴색은 대조적—한 사람은 하얀 얼굴에 주근깨가 있고, 다른 사람은 올리브색 피부를 갖고 있다—이지만, 표정에서 읽히는 메시지는 동일하다. "음, 이리 와서 여길 좀 보세요."

눈에 제일 먼저 띈 것은 그레이의 서명이다. 책장 맨 밑에 '헨리 그레이'라고 적혀 있고, 두 개의 밑줄이 그어져 있다. 나는 즉시 (마음속으로) 그레이의 서명과 H. V. 카터의 서명을 비교해본다. 카터의 서명은 불명료하고 난해한 데 반해, 그레이의 필체는 명료하고 가독성이 뛰어나다. 그 여성 환자의 주치의는 페이지Page 박사(카터의 일기에서 본 익숙한 이름)였는데, 그레이는 그녀의 상태를 이렇게 기술했다. "대동맥판막이 네 개의 반달판으로 구성되어 있었다." 그리고 여백에는 작은 글씨로 다음과 같이 썼다. "대동맥판막을 보여주는 표본은 박물관에 보관되어 있다."

우리에게 경이로운 순간을 만끽하게 한 후, 샌드라는 우리에게 책장을 넘겨, 199라는 번호가 적힌 사례를 찾아보라고 한다. 우리는 거기에서 "윌리엄 패리William Parry"라는 환자의 진료보고서를 발견한다. 그레이의 보고에 따르면, 그는 "약 4미터 높이에서 떨어져 머리를 다쳤다."

"아이코," 나는 엉겁결에 중얼거린다. "엄청나게 아팠겠군."

"하지만 오래가진 않았을 거야." 스티브가 덧붙인다. 그럴 수밖에 없는 것이, 그레이가 지적한 바와 같이 "패리 씨는 사지와 몸통의 힘과 감각을 모두 상실했다." 그는 병원에 입원한 지 이틀 만에 사망했다.

샌드라는 강의 때문에 총알처럼 달려가야 하지만, 날리니는 우리

에게 선반에서 필요한 건 뭐든지 꺼내보라고 선심을 쓴다. "여기에는
헨리 그레이가 작성한 수백 편의 보고서가 널려 있어요." 그녀는 이렇
게 말하며, 기록보관소의 반대편 구석에 놓여 있는 두 개의 작업대를 가
리킨다.

　나는 헨리 그레이 자신에 대한 부검보고서를 보고 싶다는 강한 충
동이 샘솟지만, 다른 한편으로 그런 충동을 자제해야 한다고 느낀다. 정
확한 이유는 댈 수 없지만, 그건 왠지 엽기적이라는 생각이 든다. 나와
친밀한 사람의 부검보고서를 본다는 것은 생판 모르는 사람의 경우와
는 전혀 다른 문제이기 때문이다. 그러나 어찌됐든, 도덕적 양가감정 때
문에 더 이상 괴로워할 필요가 없게 되었다. 스티브가 이미 계단식 걸상
을 딛고 올라가, 1861년 보고서 묶음을 꺼내고 있기 때문이다. 우리는
헨리 그레이에 관한 부검보고서를 발견하지 못하는데, 그건 곰곰이 생
각해보면 납득이 간다. 서른네 살짜리 남자의 '파괴된 몸'을 보는 것만
으로도 사인(천연두)을 알고도 남음이 있는데, 굳이 전염의 위험을 감수
하면서까지 부검을 수행할 필요가 없었을 테니 말이다. 그런 만용을 부
릴 만한 의사도 없었겠지만, 설사 있었다 하더라도 병원에서 부검을 승
인했을 리 만무하다.

　그레이가 겪었을 공포감이 갑자기 나를 엄습한다. 자기 몸에 생긴
농포pustule(고름물집)들이 융합되는 것— 개별적인 물집들이 연결되어
연속적인 물집continuous blister이 형성되는 것을 의미한다——을 본 순간,
그는 분명 자신이 살아남을 수 없다는 사실을 알았을 것이다. 그리고 이
내 구강과 목구멍으로 퍼져나간 농포는 그를 서서히 질식시켜 끔찍한
종말을 초래했을 것이다. 그는 천연두에 걸린 지 불과 일주일 만에 세
상을 떠났다. 나는 그가 병에 걸리고 나서 너무 빨리 사망에 이르렀다고

생각했지만, 지금은 그다지 빠르게 느껴지지 않는다.

우리가 알기로, 그레이는 무려 2.5미터 깊이의 개인 묘지에 매장되었다. (이건 천연두 때문이 아니라, 흥미롭게도 그 위에 추가적인 매장을 허용하기 위해서였다.) 정확한 매장 시간은 1861년 6월 15일 일요일 오후 1시 30분이었고, 매장에 소요된 비용은 총 7파운드 3실링이었다. 키스 니콜은 런던 묘지 회사에서 입수한 문서들을 모두 갖고 있다.

그리고 우리가 알아낸 바에 따르면, 그레이가 숨을 거둘 당시 엘런 코너Ellen Connor라는 여성—개인 간호사일 가능성이 높다—이 그의 곁을 지키고 있었다. 이 사실은 헨리 그레이의 사망확인서에 기재되어 있으므로, 키스는 일반 등록청General Register Office을 방문하여 그레이의 사망확인서 사본을 쉽게 조회할 수 있었다. 마지막으로, 그레이는 자신이 치료하던 조카에게서 천연두가 옮은 것이 확실시되지만, 스티브와 키스와 나는 그레이의 사망과 관련된 '가장 기본적인 사실'에 의문을 제기하고 있다. 사망확인서에 기재된 대로라면, 그는 어린 시절 천연두 백신을 접종받았다. 그럼에도 불구하고 그가 천연두가 걸린 이유는 뭘까?

키스는 이렇게 추정한다. "내가 생각하기에, 그레이가 천연두에 희생된 이유는 찰스를 너무 오랫동안 돌보면서 문자 그대로 탈진했기 때문인 것 같아요." 그레이의 직업윤리도 한몫한 것 같다. "그는 너무나 성실한 일꾼이었기 때문에 100퍼센트의 컨디션을 유지하지 못했던 것 같아요." 게다가 "우리는 그 당시 천연두 백신의 효능과 안전성이 어느 정도였는지 모르고 있어요." 어쩌면 그는 성인이 된 후 백신을 한 번 더 접종받아야 했는지도 모른다.

내가 제기하는 또 하나의 가능성은 그 당시 천연두 바이러스 주strain의 병독성virulence이 유난히 강했다는 것이다. 그러나 문제점은 여전히 남는다. "그렇다면 그의 어린 조카가 살아남은 이유가 뭘까요?"

"어쩌면 조카가 그에게 천연두를 옮기지 않았을 수도 있어요." 스티브가 반론을 제기한다.

키스는 어깨를 으쓱하며, 공감을 표시하는 미소를 짓는다. "내 생각도 그래요. 나는 지난 15년 동안 그 문제로 골머리를 앓아왔어요."

우리가 키스의 재택근무 사무실에서 이런 대화를 나누는 동안, 키스가 다년간 공들인 결과물들이 우리를 에워싸고 있다. 그 수십 개의 바인더 중에는 그가 헨리 그레이 연대기를 작성하기 위해 수집한 자료들이 들어 있다. 어떤 것들은 아직도 책꽂이에 꽂혀 있지만, 대부분은 편철되어 우리 주변에 놓여 있다. 우리가 사우스 런던에 있는 키스의 집을 방문한 것은 순전히 사교적인 이유—차 한잔을 마시며 얼굴이나 보자는 기회를 마련함—때문이었다. 그런데 그가 보기 드물게 관대한 사람이고 두 명의 장성한 딸이 있으며 키 크고 턱수염을 기르는 1956년생이라는 사실을 알게 되었지만, 그에 대한 개인적 궁금증은 되레 더 많아졌다. 우리는 지난 세 시간 동안 바인더를 샅샅이 훑으며, 두 명의 헨리에 대해 끝장 토론을 했다. 그러는 가운데, 키스와 나 자신에 대해 많은 사실이 밝혀진 것은 덤이다. 키스는 애초에 그레이의 개인사에 이끌린 사람이었고, 나는 그레이를 둘러싼 불가사의에 매료된 사람이었다. 우리의 상이한 연구 경로는 우리를 각각 다른 방향으로 안내했다. 나는 카터를 향해 직진했고, 키스는 성 조지 병원의 '덜 유명한 인물들' 주변을 맴돌았다. 그러나 마침내, 그레이의 스토리가 우리를 한곳으로 불러모았다. 눅눅한 10월의 어느 날 오후, 우리는 이곳에서 만나 저물어가는 햇빛 속에서 한 해부학자의 마지막 나날들을 재현해내려 노력하고 있다.

"오늘 아침 스티브와 나는 성 조지 병원에 머무르며, 부검이 수행되지 않았을 가능성에 대해 이야기를 나눴어요." 나는 키스에게 말한다.

"잠재적인 감염성을 지닌 것은 헨리 그레이의 몸뿐만이 아니었어요." 키스가 지적한다. "물집에는 체내의 수성 분비물watery discharge이 가득 들어 있었을 거예요. 그 결과 피부가 극도로 팽창되어 있었을 테니, 손으로 살짝 건드리기만 해도 물집이 터져 비말droplet을 공기 중으로 뿜어냈을 거예요. 최종적으로 물집이 융합되는 단계에 이르렀을 때 그레이는 극도의 공포에 사로잡혔을 거예요. 그레이의 방을 떠올려봅시다. 그곳에는 비말 감염을 촉진하는 매개물fomite이 가득했을 거예요. 방에 있는 모든 것들—침구, 벽지, 커튼 등—이 잠재적인 감염성을 지니고 있었어요. 우리가 앉아 있는 이 방이 헨리 그레이의 침실이라고 상상해보세요."

스티브와 나는 성인 남자 셋으로 가득 찬 밀폐된 방 안을 둘러본다.

"빅토리아 시대 사람들은 그런 수준의 오염에 대한 해결책을 하나 갖고 있었으니, 그건 바로 불이에요."

"불!" 나는 이렇게 중얼거리며, 장작불이 탁탁거리며 타는 장면을 연상한다.

"빅토리아 시대 런던에는 민폐조사관inspector of nuisances이라는 직책을 가진 공무원이 있었어요."

"그 당시 '민폐'는 다양한 의미를 갖고 있었을 테죠." 스티브가 끼어든다.

"당연하죠, 민폐가 외설적인 그림엽서를 강매하는 행위를 의미하는 건 아니었겠죠." 키스는 너털웃음을 웃는다. "민폐란 천연두나 수두

chicken pox와 같은 온갖 전염병의 유행을 일컫는 말이었어요. 민폐조사
관들의 임무는 한 집 또는 시대로부터 전염병을 깨끗이 몰아내는 것이
었어요. 그들은 환자의 집에 들이닥쳐 환자가 머물던 방을 가리키며 이
렇게 말했을 거예요. '쓰다 남은 붕대까지 샅샅이 챙겨 모두 불살라버
려.'"

키스는 잠시 머뭇거린다. "이건 어디까지나 가설이에요. 그러나 당
신들과 내가 그토록 애타게 원하는 증거를 흔적 없이 날려버린 주범은
바로 '불'일 거라는 게 나의 지론이에요."

"그의 논문," 나는 화염 속으로 던져지는 문건들을 하나씩 떠올리
며 말한다. "편지, 일기…."

"아마 그럴 거예요." 키스가 얼버무린다. "그러나 확실하다고 장담
할 수는 없어요."

"아니에요, 난 당신이 옳다고 믿어요." 내가 응답한다. "그가 새로
쓴 책─종양에 관한 책─도 불구덩이로 들어가 잿더미가 되었을 거예
요."

"《그레이 아나토미》개정판을 위한 원고도 그랬을 거예요." 스티브
가 불쏘시개를 추가한다.

그의 옷, 깔개, 성경책… 우리는 모든 유물을 수북이 쌓아 소각물
더미를 만든다.

"그래요." 키스가 고개를 끄덕인다. "그의 손길이 닿았던 것은 모두
모닥불이 되었을 거예요."

# 16

—————

웰컴 도서관에는 휘트라는 성을 가진 사람이 여러 명 있다. 그곳에는 네 명의 휘트 씨가 있는데, 그중 한 명은 은발의 남자다. 그뿐만 아니라 특별소장품실을 관리하는 직원은 하루에도 몇 번씩 바뀐다. 오전 9시 30분 우리에게 안부 인사를 한 후 '카터 관련 목록'에서 인출한 첫 번째 편지 파일을 건넨 '자그마한 갈색 머리의 젊은 여자'는 어느 틈에 '중년 남자'로 변신했고, 그 남자는 내가 한눈파는 사이에 마흔 살쯤 된 아줌마 스타일—발레리 휘트Valerie Wheat♦의 사촌?—로 바뀌었다. 그리고 그 여자는 어느 결에 또 다른 젊은 여자로 변신했는데, 이번엔 코에 피어싱을 한 불그레한 피부의 여자다. 그러니 누가 알겠는가, 마지막 두 명의 사서가 임무 교대를 하는 사이에 다른 사람이 자리에 앉아 있었을지. 도서

—————

♦  연예인이나 유명 인사는 아니고, '감사의 글'에 언급된 걸로 보아 빌 헤이스와 절친한 사람인 듯하다.

관에 도착한 이후, 스티브와 나는 편지 더미에 파묻혀 거의 고개를 들지 못하고 있다.

모든 편지—편지란 '카터 관련 목록'에 포함된 종이 뭉치를 말하는데, 그중에는 허접한 뭉치도 포함되어 있다—에는 각 페이지마다 18개의 독립적인 파일에서 차지하는 위치를 표시하는 번호가 연필로 깨알같이 적혀 있다. 그러나 이처럼 흠잡을 데 없는 체계화에도 불구하고, 하나의 파일을 모조리 훑어보는 데 걸리는 시간을 가늠하기는 쉽지 않다. 편지를 읽는 데 걸리는 시간은 매수뿐만 아니라 내용의 가독성, 길이, 적절성에 달려 있기 때문이다. 카터 관련 목록은 300개 이상의 폴더로 구성되어 있다. 우리는 앞으로 며칠 동안 발견할 것들을 어떤 식으로 매듭지을 것인가에 대해 다양한 대안을 갖고 있다. 예컨대, 영국 국립도서관에서 발견한 뜻밖의 사실('사실, 카터는 인도에 도착했을 때《그레이 아나토미》를 잊지 않고 있었다')은 나로 하여금 제2의 가정('카터는 옛친구인 헨리 그레이를 잊어버렸을 것이다')을 재고하도록 만들었다. 이제 나는 생각을 고쳐먹었다.—'장담하건대, 그레이는 카터의 편지에 등장할 것이다.' 그러나 언제 누구에게 쓴 편지에?

나의 의문은 카터가 릴리에게 보낸 편지가 들어 있는 상자의 거의 맨 밑에서 풀렸다. 그 편지는 116통의 편지 중 88번째 것으로, 정확히 1861년 10월 10일에 보낸 것이었다. "그레이 씨가 젊은 나이에 세상을 떠났다는 소식 알고 있지?" 그는 이렇게 말하며, "이제 막 최고의 전성기를 구가하려던 참이었는데…"라고 덧붙인다. 이 구절에서 알 수 있듯, 릴리는 그레이의 부음을 카터를 통해 전해 듣지 않았다. 그 소식이 뭄바이에 닿기 오래전, 누군가에게 듣거나 어딘가에서 읽어서 이미 알고 있을 것이다. 그럼에도 불구하고 H.V.는 자신의 슬픔을 무언으로 공유하고 있는데, 그 점이 내 마음을 더욱 뭉클하게 한다. 릴리는 런던에 있는 오빠를 두 번 방문한 적이 있는데, 그때 "그레이 씨"를 봤을 것이다. 그러니 오빠가 그 '비범한 남자'의 죽음을 얼마나 가슴 아파했는지 누구보다도 잘 알고 있었을 것이다.

하나의 매체로서 편지는 발신인의 미묘한 감정을 포착하여 전달하는 역할을 수행한다. 그러나 뻣뻣한 양파 껍질 같았을 편지지는 티슈만큼 얇아졌으며, 퇴색한 잉크—아마도 갈색이었을 것이다—는 흐릿한 금빛으로 변해 거의 알아볼 수 없을 정도다. '재빨리 읽고 신속하게 옮겨 적어야 한다.' 나는 중얼거린다. '내용이 사라지기 전에.'

카터가 공유하는 슬픈 뉴스는 그레이의 사망뿐만이 아니다. 그는 릴리에게 외과대학의 퀘케트 씨도 세상을 떠났다고 전한다. 그런 다음, 카터는 매우 조심스럽게 폭탄선언을 한다. "불행이 나의 작은 가정을 오랫동안 짓밟았어." 그는 이렇게 말한다. "내 아내였던 여자가 돛단배에 몸을 싣고 인도를 떠나 영국으로 갔어. 그래서 나는 지금 매우 외로워."

너무 혐오스러워 그렇게 점잖은 편지에 포함시키기에 부적절하다고 판단한 듯, 그는 해리엇의 이름을 언급하지 않는다. 그녀는 카터의 이야기에 끊임없이 등장하는 악당—거짓말쟁이, 문란한 여자, 타락한 여자—으로, 나 역시 그녀를 '저항할 수 없는 관능미를 지녔고 좀처럼 만족하지 않는 여자'로 간주했다. '카터 관련 목록'의 다른 곳에서 발견된 두 통의 편지—해리엇이 H.V.에게 보낸 두 통의 편지—에서, 그녀의 조곤조곤한 음성이 놀라움으로 다가오는 이유는 바로 그 때문이다. 그 편지에서, 그녀는 (카터가 칸달라에서 처음 보고 느꼈던 그대로) 매우 쾌활하고 상냥한 인상을 풍긴다.

"나의 사랑하는 헨리에게." 그녀는 런던으로 떠나기 바로 전날 남긴 메모에서 다음과 같이 말한다.

결혼증명서를 나에게 맡겨줘 진심으로 고맙게 생각하고 있어요. 당신에게 맹세할게요. 나 자신을 보호하기 위해 꼭 필요할 때를 제외하면, 타인에게 보여주기는커녕 내가 그런 문서를 갖고 있다는 말도 절대 꺼내지 않을 거라고요.

당신의 사랑하는
H. 카터(이전 성은 부셸)

그로부터 이틀 후인 1861년 9월 21일, 해리엇은 또 한 통의 편지를 쓴다. 이번에는 선상船上에서 두 자녀를 대동한 채 자신의 심경을 솔직히 털어놓는다. "그동안 당신에게 많은 고통과 어려움을 초래했어요. 나를 용서해줘요. 당신을 위해 기도할게요. (…) 그동안 너무 못되게 굴어 진심으로 미안하게 생각해요."

두 번째 편지의 마지막 부분에서, 그녀는 부지불식중에 H.V.의 내면과 부부 관계에 의외의 측면이 도사리고 있음을 드러낸다. "마음속으로 당신과 늘 함께하겠소'라던 당신의 마지막 말씀은, 정말이지 내게 큰 위로가 되었어요. 당신의 마음속에서 단 한순간이라도 나를 빼앗아갈 것은 아무것도 없어요, 나의 보호자님." 그런 다음, 해리엇은 두 사람 사이에서 태어난 딸이 자신에게 크나큰 위안이 된다고 말한다. "그 아이의 몸속에서 당신이 나와 함께하고 있음을 느낄 수 있어요."

해리엇이 이런 순정파였다니! 카터의 일기에만 의존했던 나에게,

이건 엄청난 반전이 아닐 수 없다. 그렇다면 진실은 과연 무엇일까? 누군가가 속마음을 완전히 드러내지 않은 데서 오해가 싹터, 갈수록 눈덩이처럼 불어났던 것 같다. H.V.가 그랬을 수도 있고, 해리엇 카터가 그랬을 수도 있고, 어쩌면 둘 다 그랬을 수도 있다. 진실을 밝히려면 어떻게 해야 할까?

스티브와 나는 모든 문제의 출발점—미망인이라는 한 단어—에서 출발한다. 우리는 카터의 신변잡기가 들어 있는 작은 파일에서 두 사람의 결혼증명서를 발견했는데, 그 증서에는 '미망인'이라는 단어가 분명히 적혀 있다. 해리엇이 거짓말을 한 이유가 뭘까? 카터를 진심으로 사랑하는 그녀가 거짓말을 했다니, 무슨 피치 못할 사정이라도 있었던 걸까?

이 점에 대해서는, 그녀의 변호사가 1862년 5월에 보낸 편지에서 해명한 적이 있다. 그 내용은 간단하다. 즉, 해리엇은 전남편과의 이혼이 확정되지 않은 상태에서, 논란의 여지를 없애기 위해 '이혼녀' 대신 '미망인'이라고 맹세했던 것이다. 그러나 이혼을 100퍼센트 확신할 수 없는 사람이 왜 재혼을 했을까? 스티브와 나는 뭔가 수상한 낌새를 채고 그녀의 여정을 역추적하여, 뭄바이에서 8,000킬로미터 떨어진 아프리카 남단—희망봉—까지 찾아간다. 희망봉은 해리엇의 첫 남편이 간음을 이유로 그녀와 이혼한 곳인데, 그녀의 정부는 14장에서 언급한 로빈슨 대위인 것으로 추정된다. 그녀가 정말로 부정을 저질렀는지 여부는 알 수 없다. 그러나 그런 말이 떠돈다는 게 수치인 것은 분명하므로, 그녀는 결혼증명서에 '이혼녀' 대신 '미망인'이라고 거짓 기재함으로써 말썽의 소지를 없앴을 것으로 추정된다. 그 당시에만 해도, '간음으로 인한 이혼녀'보다는 미망인으로 알려지는 게 훨씬 더 유리했을 테니 말이다.

케케묵은 빅토리아 시대의 멜로드라마가 전개될 즈음, 어디선가 난데없이 이성의 목소리voice of reason가 들려온다. "내가 이미 당신에게 이야기했을 텐데? 첫 번째 결혼은 완전히 종결됐고, 두 번째 결혼은 타당했다고 말이야."

내가 노트북에 사건의 전말을 타이핑하는 동안, 스티브가 내 귀에 대고 그렇게 속삭인다.

그는 카터의 변호사인 리처드 스푸너Richard Spooner가 켄트에서 보낸 편지를 찾아냈는데, 스푸너는 카터와 해리엇 간의 법적 문제를 깔끔히 정리한 사람이다. 무슨 판결이라도 얻어냈느냐고? 해리엇이 사기 결혼 죄로 고소당한 건 아니고, 스푸너가 카터의 요청에 따라 해리엇을 방문하여 이혼 의향을 물은 것이다.

그녀는 일말의 주저함도 없이, 당신을 제외한 어느 누구에게도 애정을 느끼지 않는다고 말했습니다. 그리고 당신을 진정으로 사랑하고, 당신이 원하는 것이라면 뭐든 할 것이고, 당신의 허락 없이는 한 푼도 쓰지 않을 것이며, 뭄바이 사회에서 아무리 냉대를 받거나 왕따를 당하더라도 당신과 함께 사는 쪽을 선택하겠노라고 말했습니다.

마지막으로, 스푸너는 자신의 개인적인 견해를 제시했다.

나는 당신에게 감히 이렇게 제안합니다. 그녀에게 관용을 베풀고, 당신과 재결합할 수 있는 기회를 부여할 것인지 여부를 고려하십시오. 몇 년이 지나고 나면, 모든 과거사는 점차 망각 속에 묻혀갈 것입니다.

스티브와 나는 꼭두새벽에 웰컴 도서관에 도착하여 두 번째 아침을 맞는다. 우리는 책을 찾는 수렵채취인들의 무리에 섞여, 포인터 열람실Poynter Reading Room 한복판에 놓인 대형 테이블에 앉아 있다. 고작해야 고갯짓을 주고받으며 알은체를 하는 정도지만, 더욱 다정하고 문명화된 동료 의식을 온몸으로 느끼고 있다. 우리 바로 맞은편에 앉아 있는 사람은 세련된 중년 여자로, 어제도 하루 종일 이곳에 머무르며 독서 삼매경에 빠졌었다. 두꺼운 고서 더미에 파묻혀 끊임없이 데이터를 입력받는 동안, 그녀의 얼굴에서는 모나리자의 웃음이 떠나지 않는다. 스티브와 나는 사실에 전혀 기반하지 않고, '그녀의 직업=시대의 디테일과 분위기를 추적하는 낭만주의 역사 소설가'라고 낙착을 본다. 한 쌍의 젊은 부부도 이틀째 개근하고 있는데, 두 사람은 계보학 서적을 통해 자신들의 족보를 파헤치며 서로에 대한 열정을 확인하고 있는 듯하다. 카터의 과거사를 추적하는 스티브와 나로 말하자면, 어떤 가족의 작은 역사를 파헤쳐야 한다.—H. V. 카터는 변호사의 조언(그리고 해리엇의 소원)에 따라 별거 중인 아내와 재결합을 했을까, 아니면 완전히 갈라섰을까? 그리고 그들의 딸아이는 어떻게 됐을까? 끝에서 두 번째 일기에서, 카터는 그 아이를 "불쌍한 젖먹이, 귀엽고 건강한 아기"라고 부르며 엄청난 고뇌에 휩싸인다.

내가 딸아이를 다시 만날 거라는 기대—희망—를 품을 수 있을까? 아주 오랜 옛날, 초췌하고 늙은 발로*는 나를 데리고 드라이풀**에서 집으로 돌

---

♦  카터의 나이 든 사촌인 헨리 클라크 발로를 가리키는 것 같다(이 책 2장 참조).
♦♦ 카터가 다니던 그래머스쿨이 있는 헐Hull의 한 지역.

아오는 길에, 그 어두운 토요일 밤 내내 지나가는 여자들의 보닛* 아래를 근심 어린 눈으로 뜯어보기 일쑤였다. 세심히 살피는 시선이 너무 특이하고 날카로워, 나는 주의력이 산만한 어린아이였음에도 불구하고 거의 까무러칠 뻔했다. 그는 자기 딸의 얼굴을 볼 수 있을 거라 기대―희망―했던 것일까? 마을의 유명 인사로, 사람들의 입에 지나치리만큼 오르내렸던 그녀를 ….

카터는 (사생아를 둔) 발로에게 동병상련을 느끼고 있었다.

내가 그의 (…) 아픔을 견뎌낼 수 있을까? 그러나 그건 나의 소관 사항이 아니다. 우리가 구원받을 것인지, 아니면 파멸에 이를 것인지를 아는 이는 오직 신밖에 없다. 지나가는 아이들을 바라볼 때마다 내 가슴이 미어진다.

나는 '카터 관련 목록'에서 작은 쪽지 하나를 발견한다. 그것은 1867년 한 어린아이가 삐뚤빼뚤한 글씨로 적은 것으로, 카터의 마음을 산산조각 낼 만했다.―"사랑하는 아빠, 빨리 오세요."
그의 딸은 그 당시 여섯 살이었을 것이다.
그렇다면, 그의 마음이 마침내 누그러지기 시작했던 걸까? 해리엇을 용서할 방법을 찾아내기라도 한 것일까? 때마침 '어떤 한 사람'이 개입했기에 망정이지, 하마터면 그 쪽지를 둘러싼 의문은 영영 해결되지 않을 뻔했다.

---

◆   아기들이나 예전에 여자들이 쓰던 모자로, 끈을 턱 밑에서 묶게 되어 있다.

"나의 사랑하는 자매에게…."

그렇다. 그 '어떤 한 사람'은 다름 아닌 릴리였다. 그녀는 모두의 콘피단트confidante♦♦로, 모든 일을 조용히 덮어주는 사람이다. 그러나 놀라지 마시라. '나의 사랑하는 자매에게'로 시작되는 편지 뭉치는 'H.V.가 여동생에게 보낸 편지'가 아니라, '해리엇이 시누이에게 보낸 편지'였다. 장담하건대, 해리엇이 자진해서 영국으로 건너온 후, 릴리와 해리엇은 급속도로 가까워졌을 것이다.

"당신에게 알려주고 싶은 소식이 하나 있어요. 헨리는 지금 뭄바이에서 병원장이 되었답니다." 1879년 해리엇은 릴리에게 이런 편지를 쓴다. 이 편지를 읽는 사람은 누구나 그녀의 어투에서 자긍심을 읽을 수 있을 것이다.

그러나 안타깝게도, 릴리의 답장은 없다. '카터 관련 목록'에 포함된 문서 중 80퍼센트가 릴리의 유품에서 나온 것이지만, 그녀의 친필 편지는 단 한 통도 남아있지 않다. 그럼에도 불구하고 릴리와 해리엇이 좋은 관계였던 건 분명하다.

"헨리는 자신의 책에 완전히 몰두해 있어서 얼굴을 통 볼 수가 없어요." 해리엇은 1881년 1월에 쓴 편지에서 이렇게 털어놓는다. "그 책이 조속한 시일 내에 출간되기를 바랄 뿐이에요."

시누이와 올케 사이의 편지는 딱 세 통 남아있는데, 1879년 이전 것은 없다. 그러나 이 작은 편지 뭉치에서도, 우리는 꽤 많은 해답을 얻을 수 있다. 무엇보다도 먼저, 해리엇과 H.V.는 정식으로 이혼하지 않았으며, 그렇다고 해서 재결합한 것도 아니었다. 그 대신 두 사람은 20여

♦♦ 비밀도 털어놓는 절친한 친구.

년간 매우 특이한 관계를 유지했다. 즉 H.V.는 몇 번의 휴가를 제외하면 인도에 계속 머물렀고, 해리엇은 자녀들과 함께 유럽 각지(영국, 독일, 이탈리아 등지)를 옮겨다니며 살았다. 이를테면 아빠, 엄마, 딸 세 사람이 간혹 재회하여 로마에서 한 달 동안 머무르기도 했다. 그리고 최소한 한 번은 뭄바이에서 멀리 떨어진 마을에서 부부만의 오붓한 시간을 보내기도 했다(그건 후기 빅토리아 시대의 풍습이기도 했다). 그게 낭만적인 랑데부였을까? 아마도 그랬겠지만, 두 사람의 친밀감이 어느 정도였는지는 전혀 알 수 없다.

릴리에게 H. V. 카터와 가족에 대한 소식을 전해주는 사람은 해리엇뿐만이 아니었다. 릴리는 그녀의 조카딸이자 '해리엇과 H.V.의 딸' 일라이저 해리엇 "릴리" 카터Eliza Harriet "Lily" Carter와도 유쾌하고 격의 없는 편지를 주고받았다. 지금까지 남아있는 네 통의 편지 중 하나에서, 우리는 일라이저의 의붓 오빠 존(지금껏 거명되지 않은 해리엇의 아들로, 일라이저보다 두 살 많다)에 대한 소식을 듣는다. 존은 스무 살 때쯤 (아마도 금 거래를 통해 한 밑천 잡으려고) 호주로 건너갔다. "무소식이 희소식이기를 바라기로 해요. 아직까지 호주에 남아있는 걸 보면, 오빠는 호주에서 잘 살고 있을 거예요." 일라이저는 고모에게 말한다. "존과 비슷한 방식으로 행동하는 청년들 소식을 종종 듣는데, 아직까지 무탈하다고 하더라고요." 존의 궁극적인 운명은 알려져 있지 않다.

카터의 '아버지다운 행동'의 멋진 사례는, 1878년 10월 3일 자 편지에 나온다. 스위스를 여행하던 일라이저와 해리엇 모녀는, 피렌체로 가서 이탈리아어를 공부하면서 그림과 성악 레슨을 받으며 겨울을 보낼 예정이었다. 그녀는 이탈리아로 가던 도중 고모 릴리에게 보낸 편지에서 "내 딸이 공부에 몰두했으면 좋겠다'는 아빠의 소원을 만족시키기 위해 노력하고 있어요"라고 말한다. 일라이저의 신음 소리가 지금 당장 편지지에서 튀어나올 듯하다. 일라이저의 말투로 미뤄보건대, H.V.는 이역만리에 있는 딸에게 향학열을 고취하려고 노력하고 있으며, 딸은 전형적인 십 대의 열정으로 리액션을 하고 있는 게 분명하다.

그즈음, 카터는 인도 의료 서비스에 종사하기 위해 강단을 완전히 떠나 사십 대의 나이에 평생의 천직을 발견했으니, 독립적인 의학 연구를 수행하는 것이었다. 그 일은 카터의 적성에 딱 맞는 것 같았지만, 사실 뒤늦은 깨달음일 뿐이었다.《그레이 아나토미》를 맨 처음 받았을 때, 그는 일기장에 이렇게 고백했었다. "헨리 그레이와 같은 대가 밑에서 일하지 않는 한, 그렇게 거대한 프로젝트를 두 번 다시 수행할 수 없을 것 같다. 그는 천부적인 리더로, 큰 그림을 볼 줄 알고 현대적인 문장을 구사할 수 있는 인물이다." 그리고 자기 자신에 대해서는 "생명을 바라보는 스케일이 너무 작다"라고 적었다. 그러나 그것은 터무니없는 자기 비하이며, 나는 그의 위대한 재능을 높이 평가한다. 카터는 작은 것에 집중하고, 사물을 분석하고, 정신적으로 해부하는 능력을 보유하고 있었다. 그 능력은 자아 성찰 과정에서 자신을 비참하게 만들었지만, 다른 한편 그를 '정밀한 해부학 화가'와 '천부적인 연구자'로 만든 원동력이었다. 스스로 "난 할 수 없다"고 굳게 믿었던 바로 그 사람이, 오늘날 많은 의학사가들에 의해 선구자—현대적 과학 연구 방법을 열대병 연구에 응용한 최초의 과학자—로 인정받고 있다.

카터가 연구자로서 맨 처음 이룩한 성과는 그랜트 의과대학에서 아직 교편을 잡고 있던 1860년으로 거슬러 올라간다. 그는 당시 마두라족Madura foot으로 알려져 있던 질환을 임상적으로 관찰하고 큰 관심을 보였다. 그 질병은 가난한 인도 노동자들에게만 영향을 미치는 것으로 보였는데, 그들은 알 수 없는 이유 때문에 발이나 손(또는 손발 모두)에 혹이 생겨나 엄청난 고통과 장애를 경험했다. 사지를 절단하는 것 외에, 뾰족한 치료 방법이 없었다. 문제의식을 품은 카터는 현미경을 이용하여 (런던에서 가져온) 외과적 표본을 분석한 결과, 곰팡이의 일종이 그 주범이라고 확신하게 되었다. 인도 노동자들은 맨발과 맨손으로 작업하므로 곰팡이가 피부의 상처를 통해 침투한 게 틀림없다는 게 카터의 가설이었다. 배양된 곰팡이를 이용해 증명하지는 못했지만, 카터는 자신의 연구 결과를 학술지에 발표했다. 그의 가설은 20년 후에나 검증되었고, 마두라족은 결국 카터의 이름을 따서 "카터균종Carter's mycetoma"으로 알려지게 되었다.

의과대학에서 5년간 근무한 후, 카터는 뭄바이에서 남쪽으로 160킬로미터 떨어진 사타라 지역으로 재배치되었다. 그는 그곳에서 교도소의 의료 책임자 겸 감독자로 임명되어 9년 동안 근무했다. 그 기간 동안 카터가 쓴 편지는 단 한 통도 남아있지 않아, 그가 현실 세계와 담을 쌓고 살았을 거라는 '그로테스크한 인상'을 풍긴다. 그러나 사실, 그는 가능한 한 바쁘게 살려고 노력했다. 예컨대, 그는 다른 임무를 수행하는 동안 짬짬이 시간을 내어 '벅차 보이는 과제'에 자원했으니, 그 내용인즉 8,200명의 인도인 한센병 환자들에게서 수집한 (그러나 정부의 서류철 안에서 먼지를 뒤집어쓰고 있는) 데이터를 분석하는 일이었다. 1871년 뭄바이 의학 저널에 발표된 그의 연구 결과는, 원인(미코박테륨mycobacterium✦)이 아직 밝혀지지 않았던 한센병에 대한 많은 오해를 떨쳐버리는 데

---

✦   결핵균·한센병균 등의 총칭.

기여했다. 그의 결론에 따르면, 외적 요인(예를 들어, 지역의 지리나 지형)은 병인病因과 무관하며, 설사 대다수의 환자들이 극빈층이더라도 빈곤 역시 한센병의 원인이 될 수 없었다. 역사가 슈브하다 판드야Shubhada Pandya가 최근 지적한 바와 같이, "카터는 '결핍과 박탈'은 한센병의 원인이 아니라 결과임을 강조하려고 부단히 노력했다." 또한 카터는 원주민들의 위생 불량을 탓해야 한다는 제국주의적 관념을 정면으로 반박했다. 그와 정반대로, 그는 "인도인들은 하루에 한 번씩—유럽인과 마찬가지임을 암시하는 듯했다—목욕을 하며, 개인 위생을 소홀히 하지 않는다"고 당당하게 말했다.

　H. V. 카터의 이력서를 살펴보면, 한센병에 대한 그의 관심은 '풍부한 원자료'에서 직접 기인한 것처럼 보인다. 또한 그는 사타라에서 한센병 사례를 접하기도 했을 것이다. 그러나 사실, 10년 전 일기에서 한센병을 언뜻 언급한 것을 보면, 그는 이미 오래전부터 한센병을 연구하기 시작했던 게 틀림없다. 공중보건적 관점에서 볼 때, 그가 한센병을 연구할 만한 이유는 충분히 납득할 만하다. 그러나 나는 개인적인 요인도 작용했으리라 확신한다. 그도 그럴 것이, 한센병은 성서에 여러 번 등장하므로—선지자 엘리사는 한센병 환자에게 목욕하라고 했고, 나사로 이야기에서 예수와 제자들은 한센병 환자들을 치료했다—한센병 환자들의 삶에 영향을 미친다는 것은 그에게 '가치 있는 기독교적 노력'이라는 인상을 줬을 것이다.

　카터는 사타라에서 임기를 마친 후 3년 동안 휴가를 받았다. 그는 그 기회를 이용하여 '다른 나라에서는 한센병 사례를 어떻게 관리하는지'에 관한 실태 조사 과제를 수행했다. 그는 터키 서부와 남부 유럽으로 여행했지만, 3년 중 상당 부분을 노르웨이에서 보냈다. 그 괄목할 만

큼 생산적인 기간(1872~1875) 동안, 카터는 두 권의 영향력 있는 책(균종
에 관한 모노그래프, 한센병에 관한 단행본)도 저술했다. 두 권 모두 1874년
에 발간되었으며 수록된 삽화는 모두 카터 자신의 작품이었다. 두 번째
책은 한센병에 관한 최초의 과학 논문으로, 그 역사적 의미는 '휴가 기
간 동안 만난 동료 과학자 게르하르트 한센Gerhard Hansen의 발견을 옹호
했다'는 데 있다. 한센은 노르웨이의 내과의사로, "한센병은 세균에 감
염됨으로써 초래되는 것이지, 널리 믿어지고 보고된 것과 달리 선천성
질병이 아니다"라는 납득할 만한 증거를 축적했다. 카터의 책에는 한센
의 최신 논문 두 개의 번역본(최초의 영역본)이 포함됨으로써 한센의 발
견을 과학계에 널리 전파하는 데 기여했다.[*]

　　H. V. 카터는 그로부터 6년 후 무대에 섰는데, 그 배경은 1881년 8
월 런던이었다. 그는 쉰 살의 나이에, 당대 최고의 과학자들로 구성된
청중 앞에 섰다. 그들은 7차 만국의학회International Congress of Medicine
에 참석한 각국 '대표 선수들'이었는데, 그중에는 루이 파스퇴르Louis
Pasteur, 로베르트 코흐Robert Koch, 조지프 리스터Joseph Lister도 포함되어
있었다. (참석자들의 나이는 카터와 비슷한 또래였고, 그중에 여성은 단 한 명도
없었다. 빅토리아 여왕은 여성의 평등한 권리를 맹렬히 반대했다. '만약 여성 의학
자가 회의장에 단 한 명이라도 들어온다면, 의학회에 대한 왕실의 지원을 즉각 중단
하겠다'고 위협했다.) 카터는 그랜트 의과대학의 학장 겸 잠세티 지지보이
병원의 내과 과장 겸 인도 의료 서비스의 수석 외과의사로서, 자신의 평
가와 무관하게 방금 언급한 (그의 소싯적 표현을 빌리면) "기라성 같은 천

---

[*]　흥미롭게도 한센의 발견이 효과적인 치료제를 발견하는 데 기여했지만, 과학자들은 아직까
지도 한센병이 전염되는 경로를 제대로 설명하지 못하고 있다. 한센병이라는 병명도 게르하르트
한센에서 유래한 것이다.

H. V. 카터의 초상화. 화가와 제작연도는 알 수 없음.

재들" 사이에서 자리를 꿰찼다. 그는 두 가지 주제에 관한 강연을 요청 받았는데, 그중 하나는 최근 발견한 재귀열relapsing fever♦♦의 원인균이고, 다른 하나는 또 다른 혈액매개세균blood-borne bacterium이었다. 이 두 세균은 카터의 다음 저술(거의 500페이지에 달하는 논문)의 주제로, 카터는 이미 그 연구를 통해 '세계 최고의 전염병 전문가 중 하나'라는 명성을 공고히 한 상태였다. 참고로, 그즈음《그레이 아나토미》는 영국에서 9판째 출간되고 있었는데, 카터가 그 책에 수록된 삽화의 원작자라는 사실은 그의 경력에서 부차적인 것에 불과했다.

그처럼 명예로운 분위기에도 불구하고, 카터가 스포트라이트를 받

---

♦♦ 1877년 발생한 인도의 대기근Great Indian Famine 기간 동안 뭄바이를 휩쓴, 종종 치명적인 질병.

은 순간은 상당히 달콤쌉싸름했다. 개인적으로는 매우 외로웠기 때문
이다. 해리엇은 그즈음 유명을 달리했고(사망 원인과 날짜는 알 수 없지만,
갑작스러웠던 것으로 보인다), 23년간 영국을 떠나 있는 동안 몇 안 되는 친
구는 물론 가족 구성원까지도 잃었다. 아버지와 남동생을 모두 잃었는
데, 서른다섯 살이었던 조는 오랫동안 사랑한 여자와 결혼한 지 세 달
만에 세상을 떠났다. 그리고 이제는 카터의 건강마저도 악화되었다. 그
는 어느 날 일기장에 이렇게 비꼬는 투로 썼다. "재귀열의 성격을 연구
하는 동안, 내 자신이 여러 번 재귀열에 걸리는 혜택을 누렸다." 설상가
상으로, 그는 폐결핵에 걸렸다. 그러나 그의 영국 여행은 최소한 유종의
미를 거뒀다. 런던에서 여러 주 동안 머무른 후 기차를 타고 스카버러로
가서, 사랑하는 누이 동생 릴리—당시에는 윌리엄 문William Moon 여사
이며, 조그만 아이의 엄마—를 만났기 때문이다.

카터는 뒤이어 뭄바이로 돌아가 대학과 병원에서 임무 수행을 재
개했지만, 1888년 7월 쉰일곱 살의 나이에 퇴직하여 스카버러로 영
구 귀향했다. 준장-군의관Brigadier-Surgeon으로 전역한 H. V. 카터 박사
(M.D.)는 의과학에 크게 기여한 공로를 인정받아, 영국 육군 부의무감
Deputy Surgeon-General이라는 명예직을 부여받고 여왕의 명예 주치의
honorary surgeon to queen로 임명되었다. 그는 릴리의 집에서 돌 던지면 닿
을 곳에 큰 집을 구입하여, 몇 년도 채 안 지나 새 가족을 이루어 많은
방들을 가득 메웠다. 1890년 12월, 그는 쉰아홉 살 나이에 스물다섯 살
연하인 메리 엘런 로빈슨Mary Ellen Robinson과 결혼했다. 두 사람은 슬하
에 1남 1녀를 두었는데, 아들은 헨리 로빈슨Henry Robison(1891년생)이고
딸은 메리 마거릿Mary Margaret(1895년생)이었다. 그러나 카터의 늦게 핀
행복은 갑자기 막을 내렸다. 그는 결핵이 완쾌되지 않아, 1897년 5월 예

순여섯 번째 생일을 맞이하지 못하고 자택에서 별세했다.

우리의 작업은 거의 막바지에 도달했다. 우리는 4일 내내 여기에 머물렀으며, 내일이면 집에 돌아간다. 도서관은 20분 후 문을 닫는다. 낭만주의 소설가는 사라졌고, 스티브와 나만 테이블에 남아있다. 주변에 아무도 없지만, 우리는 열람실 자체를 존중하는 마음으로 소곤소곤 말한다.

우리가 제일 좋아하는 휘트 씨인 수Sue—영국식 억양으로 말하는 메리 타일러 무어Mary Tyler Moore♦ 같다—가 마지막으로 두 개의 문서보관함을 가져왔다. 우리는 이미 현존하는 문서—헨리 반다이크 카터의 유언과 유언장까지—의 모든 페이지들을 샅샅이 읽었지만, H. V. 카터의 일기 원본을 보지 않고서는 런던을 떠날 수 없다.

우리는 각각 한 권씩 맡아—나는 1권, 스티브는 2권—읽는다. 2권이 1권보다 약간 두꺼운데, 아마도 그가 마지막 순간까지 사소한 일에 목숨을 걸어서 그런 것 같다. 그러나 분명히 말하지만, 절대적 기준에서 보면 둘 다 매우 작다. 그렇게 짧은 지면에 그렇게 많은 인생사를 적었다니!

"마이크로필름으로 먼저 읽어봐서 천만 다행이야." 내가 스티브에게 말한다. "그러지 않았다면, 첫 페이지를 이렇게 빨리 넘길 수 없었을 테니 말이야."

카터의 글씨는 파르르 떨리는 선의 끝없는 연속이어서, 마치 (우리만이 해석하는 방법을 아는) 뇌파도(EEG)를 판독하는 것 같다. 첫 페이지에

---

♦   1981년 제38회 골든 글로브 시상식 드라마 부문 여우주연상을 받은 미국 영화배우.

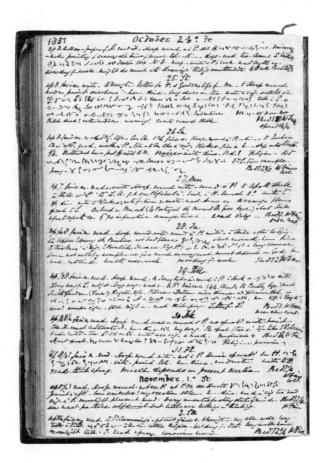

는 '1권의 운명에 대한 예고'와 '처음 몇 페이지가 파괴된 사연'이 나오고, 다음 페이지에는 생기발랄한 좌우명이 나온다. "매일 똑같은 시간에 똑같은 일(또는 임무)을 수행하면, 금세 기분이 좋아진다." 내게는 이 좌우명이 늘 허무맹랑하게 느껴진다.

두 권의 일기는 모두 본래 허술했던 표지를 갈아 제본된 것으로 보인다. 덕분에 페이지들이 별로 마모되거나 찢어지지 않은 채 잘 보존되었다. 카터는 단순히 깔끔한 정도가 아니라 비정상적으로 깔끔한 사람이었던 것 같다. 일기장에는 얼룩이 하나도 없고, 기름기가 거의 배어 있지 않으며, 모서리가 접힌 페이지도 하나 없다. 눈물도 한 방울 흘리지 않았는지 잉크가 번진 데도 전혀 없다.

나는 스티브와 일기장을 맞바꿔 마지막 날 일기를 펼친다. 그날은 1862년 1월 9일로, 매우 암울하고 불행한 때였다. "펼쳐질 미래—임박한 미래—가 남아있고, 현재는 좀처럼 나아지지 않는다." 일기는 이렇게 시작된다. 그날 일기는 한 페이지 분량인데, 어조가 종잡을 수 없

다. 누가 보더라도 진심이 아님을 알 수 있을 것이다. "일손을 멈추지 말
라.—그게 유일한 위안이다." 그는 이런 말로 끝을 맺는다.

카터의 일기가 지금까지 남아있다는 것은 경이로운 일이다. 일기
장이 파괴되거나 (의도적이든 부주의 때문이든) 망실되지 않은 건 작은 기
적, 어쩌면 신의 섭리일지도 모른다는 느낌이 든다. 내 손에 들어오는
것으로 대단원의 막을 내리게 하려는 ….

나는 마지막으로 한 번 일기장을 조심스럽게 죽 훑어본다. 수천 개
의 단어들이 지나가는 동안, 내 마음에 들어오는 것은 H.V.가 아니라 조
의 말 한마디다.

과거는 현재나 미래와 분리되지 않고 본래 있었던 자리(또는 머무를 것으
로 의도됐던 장소)에 머물러 있지만, 간혹 서둘러 지나가거나 뒤늦게 죽마
고우처럼 미소를 지으며 나타나도 괄시받지 않아. 오래된 생각이나 사실
을 제거하거나 바꾸려고 노력할 때까지, 우리는 그 뿌리가 얼마나 깊은지
알 수 없어.

# 17

———

나는 지난밤에 자주 꾸는 꿈 중 하나를 꿨다. 유명 인사들을 하우스 파티에 초대한 꿈이 아니라, 고등학교 때 수학 시험에서 낙제하는 꿈이다. 그건 고전적인 악몽으로, 나는 꿈속에서 시험 보는 날짜—늘 오늘이다—를 완전히 까먹고 공부를 전혀 하지 않는다. 그러나 지난밤 꿈에서는 배경이 바뀌어, 시험 장소가 곤자가 예비 학교Gozaga Prep가 아니라 UCSF의 콜 홀Cole Hall이었다. 나는 콜 홀에 발을 들여놓자마자 패닉과 안도감—한마디로 오만 가지 감정—을 느낀 후 멍해진다. 나는 내가 꾼 꿈이 '이유 있는 악몽'임을 깨닫는다. 그도 그럴 것이, 오늘은 의과대학에서 해부학 기말고사를 보는 날이며, 나는 메리의 시험공부를 도와주기로 약속했기 때문이다.

　그녀와 나는 오후 세 시에 만나 벼락치기 공부를 하는 학생들로 가득 찬 실습실을 찾는다. 데이너, 킴, 딜론, 찰리, 그리고 다른 강사들이 학생들 사이에서 분주히 움직이며 소그룹별로 개인 지도를 해준다. 우리가 평소에 애용하던 24번 해부대는 시신의 어깨관절을 공부하는 학생 무리에게 점령되어 있다. 메리와 나는 공부할 표본을 찾아 헤매던 중, 여분의 다리 프로섹션을 발견한다. 안쓰러워 보이는 표본이다. '만약 죽은 사람의 다리가 아니었다면, 연구에 이용만 당하다가 죽었을 것'이라는 생각이 들 정도로. 아니, '잘 활용되고 있다'고 말하는 편이 더 낫겠다. 그 절단된 다리를 들여다보고 근육·신경·동맥·정맥을 순서대로 외치면서, 지난 몇 년간 얼마나 많은 학생들이 '해부학적 음계'를 연주했겠는가!

그런 전통을 이어받아, 메리는 용기 있게 손을 내밀어 기다란 다리를 부여잡는다. 그러고는 넓적다리를 따라 곧게 내려오는 돌출된 근육을 가리키며 "넙다리곧은근rectus femoris(대퇴직근)"이라고 읊조린다.

"맞아요." 내가 확인해준다.

"알고 있어요. 그리고 이건," 메리는 넙다리근 안쪽을 가리키며 말한다. "중간넓은근vastus medius(중간광근)♦?"

"중간medius이 아니라 안쪽medialis(내측)이에요." 내가 바로잡아준다.

"맞아, 맞아. 안쪽넓은근vastus medialis." 그녀는 이렇게 고쳐 말하고는, 다리의 바깥쪽을 가리킨다. "가쪽넓은근vastus lateralis(외측광근)." 그런 다음 넙다리곧은근에 가려진 가느다란 근육판을 가리키며, "중간넓은근vastus intermedius"이라고 말한다.

"정확해요, 참 잘했어요."

이제부터, 나는 메리를 데리고 동맥과 정맥을 여행한다. 그러나 솔

---

♦  문자 그대로 '중간넓은근'이라고 번역했지만, 'vastus medius'라는 용어는 의학사전에 없다. 중간넓은근에서 '중간'의 정확한 스펠링은 'medius'가 아니라 'intermedius'다.

직히 말하면, 하퇴lower leg 신경으로 넘어갔을 때는 역할이 바뀌어, 메리가 나를 가르친다. 그럴 수밖에 없는 것이, 나는 다른 학생들이 그 부분을 배우는 동안 런던에 가 있었기 때문이다. 그리고 팔과 손의 프로섹션으로 넘어가니, 그녀가 나보다 훨씬 고수라는 점이 분명해진다. 다른 의대생들과 마찬가지로, 메리는 다른 수업 시간에 근육분절myotome과 피부분절dermatome을 자세히 배웠으며, 각 근육군群의 움직임과 다양한 부분적 손상의 임상적 시사점을 배웠다. 이제 실습실에서 더 이상 할 일이 없어진 나는, 시험 전야를 맞이하여 '프로섹션된 손'과 '메리의 손'을 잡고 출정식을 거행한다. 그녀는 더 이상 긴장할 필요가 없다. 나는 그녀가 기말시험에서 일등 할 것을 믿어 의심치 않는다.

메리, 콜랴, 마리사 등의 학생들에게 이번 강좌 이수는 의학 공부의 첫걸음을 의미할 뿐이며, 그들은 그동안 배운 지식을 바탕으로 이미 한 단계 도약했을 터이다. 그러나 나에게는 일종의 에필로그다. 해부학을 더 많이 공부하여 그 분야에서 한 걸음 더 나아가는 것은 나의 관심사가 아니다. 그 대신, 나는 인체가 탄생한 과정과 오늘날의 모습처럼 복잡하고 멋지게 설계된 구조를 갖추게 된 과정을 더 잘 이해하고 싶다. 그런 의미에서, 나는 해부학보다는 진화론을 공부하고 싶다.

메리에게 실질적인 도움이 되지 않는다는 사실을 깨닫고, 나는 그녀에게 개인 지도 그룹 중 하나에 가담하라고 제안한다. 그리고 주위를 둘러보다 한 해부대에서 (인정사정없이 해부된 시신 주변에 모여든 한 무리의 학생들에게 퀴즈를 내고 있는) 킴을 발견한다. 잠시 기다려보니 아니나 다를까. 킴은 상냥하고 야릇하고 권위적인 표정과 말투로 학생들의 실력을 테스트한다. "데이비드, 이 근육에 분포하는 신경이 뭐죠?" "그리고 메리, 그 신경은 어떤 척수신경분절spinal nerve segment에서 나오죠?"

나는 실습실을 마지막으로 한 바퀴 돌 요량으로 살며시 자리를 뜬다. 그리고 한 뒷구석에서, 생면부지의 배리라는 의대 4학년생을 만난다. 그는 (롤리폴리라고 불러도 좋을 만큼) 튼실한 몸에 뺨이 발그레한 친구인데, 다가오는 외과 인턴십을 대비하기 위해 한 달짜리 해부학 강좌를 선택과목으로 수강하고 있다고 한다. 작은 의자에 걸터앉아 있는 배리 앞에는, 허리선에서 절단된 상반신 시신이 펼쳐져 있다. 복부가 절개되어 위장의 절반, 작은창자, 간의 절반을 노출된 상태다. 그는 지금 쓸개주머니관cyctic duct(담낭관)을 살펴보고 있다. "나는 가볍게 실습을 하고 있을 뿐이에요." 그는 말한다. "내 계획은 일반외과의general surgeon가 되는 것이어서, 쓸개를 적출하는 것은 내 소관 사항이 아니라 당신의 '빵과 버터'◆예요."

그의 앞에 펼쳐진 섬뜩한 장면을 감안할 때, 음식물을 이용한 메타포는 나와 그다지 어울리지 않는다. 그러나 나는 그가 뭘 의미하는지 잘 안다. "물론," 배리가 덧붙인다. "OR◆◆ 분위기는 전혀 다르겠죠. 복강경 수술laparoscopic surgery—요즘에는 쓸개를 비롯하여 많은 내장 수술이 복강경으로 수행된다—을 할 경우 복강 전체를 열 필요가 없으니까요. 배에 작은 구멍을 뚫어 카메라를 집어넣은 후, 수술한 내장 부분을 잘라내면 그만이잖아요." 배리는 내장이 제거된 시신을 유감스러운 시선으로 바라본다. "오늘날에는 이런 모습을 보기가 매우 힘들어요. 사실," 그는 이렇게 지적한다. "이런 식의 인체 해부는 장기이식이나 심장 수술을 할 때나 볼 수 있죠."

---

◆    생계수단을 뜻하는 은유적 표현.
◆◆   수술실operating room.

나는 그에게, 1학년 때 수강한 맨눈해부학 시간에 배운 것을 얼마나 많이 기억하느냐고 묻는다.

"음. 문제는, 제대로 배우려면 직접 해봐야 한다는 거예요. 그러기 전에는 응용하지도 못하면서 무지막지한 정보를 무식하게 외울 뿐이죠."

"그러나, 그게 해부학 공부의 전부는 아니에요." 나는 의도했던 것보다 좀 더 단호하게 반박한다.

"네, 맞아요. 통과의례라는 게 있죠. 누군가의 몸을 직접 만져보고 살펴본다는 거, 거기에는 거의 세레모니적인 측면이 있어요." 그는 이렇게 덧붙인다. "지금으로부터 수백 년 전만 해도 학생들은 장갑조차 착용하지 않았어요. 그들은 맨손으로 해부를 해야 했죠."

"음, 그 시절에 태어나지 않은 게 천만다행이에요." 나는 인정한다. 그러나 배리는 나의 말을 완전히 납득하지 않는 듯하다.

배리에게 작별을 고하고 실습실의 반대편으로 건너가니, (나와 22번 해부대에서 동고동락했던) 맷이 혼자서 하퇴부 프로섹션을 공부하고 있다. 나는 그에게 해부학 강좌에 대한 소감을 묻는다.

"좋았어요. 내 생각에, 나름 실력 발휘를 했던 것 같아요." 그는 반사적으로 대답한 후, 잠깐 멈춰 좀 더 골똘히 생각한다. "간이 어디에 있는지도 모르고 폐가 얼마나 큰지도 모르는 채 의대에 들어왔다니… 지금 생각해도 어이가 없어요."

"그러나 지금은 알잖아요." 내가 말한다.

"넵." 중서부 출신 미국 소년들의 전형적 모습—금발과 푸른 눈—의 맷은 멋쩍어하며 고개를 끄덕인다. "그거 말고 아는 게 또 있어요. 누군가가 여기—그는 자신의 왼쪽 배를 가리킨다—의 통증을 호소하면, 그건 충수염appendicitis이 아닌 게 분명해요. 충수는 오른쪽에 있거든요."

나는 그에게 무슨 과를 전공할 거냐고 묻는다.

"소아과요, 아마도." 그는 프로섹션을 내려다보며 말한다. "외과를 선택하지 않는다는 건 분명해요."

나는 그에게 행운을 빌며, 손을 씻기 위해 싱크로 향한다. 내 주변의 모든 구석에서 가르치는 소리—강사와 조교들의 명확하고 열정적인 음성—가 들려온다. "노동맥radial artery(요골동맥)은 해부학적 코담배갑snuff box을 지나…" "그리고 엄지두덩thenar eminence도 이 운동을 수행하고…" "손에는 열여덟 개의 내재근intrinsic muscle이 있지만, 무리 지어 있기 때문에 자칫하면…" "돌림근띠rotator cuff(회전근개)를 구성하는 네 가지 근육♦의 연상기호는 뭐죠? 맞아요, SITS…."

그런데 멀리서 웅성거리는 소리를 뚫고 들려오는 독특한 음성이 있으니, 나의 첫 번째 해부학 강사로서 열정적인 연상기호 신봉론자인 데이너다. "왜냐고요? 음, 닥치고 외워야지 이유를 물으면 안 돼요." 그녀는 목청을 높여 외친다. "그건 원래 그래요. 우리는 그렇게 만들어졌어요. 그러나…."

나는 미소를 머금은 채, 가방을 가지러 뒷구석으로 향한다. 실습실을 떠나려고 짐을 챙기는데, 한 무리의 학생들이 24번 해부대 주변으로 몰려든다. "좋아요, 거위발pes anserinus의 이 부분에 달라붙은 세 가지 근육이 뭐죠?" 조교는 내가 해부한 무릎을 가리키며 그들에게 묻는다.

---

♦   가시위근supraspinatus(극상근), 가시아래근infraspinatus(극하근), 어깨밑근subscapularis(견갑하근), 작은원근teres minor(소원근).

"넙다리빗근sartorius(봉공근), 두덩정강근gracilis(박근), 반힘줄두갈 래근semi-tendinosus(반건형근)." 나는 이렇게 속삭인다. "맞아요." 내가 문 으로 향하는 동안 조교가 말한다. "그리고 연상기호는 SGBTSay Grace Before Tea(차 마시기 전에는 감사 기도를 드려라)예요."

'아멘!' 실습실의 문이 내 뒤에서 닫힌다.

내가 실습실에 다시 돌아오기까지 2년의 세월이 흘렀다. 나는 미리부터 바짝 긴장하여, 2년 전 맨 처음 실습실을 방문했던 때를 떠올렸다. 엘리베이터에서 내려, 모서리를 돌아 어둑어둑하고 좁은 복도를 따라 걸어 1320호실을 찾았던 일을 기억해냈다.

　내가 한 걸음씩 내디딜 때마다, 복도는 더욱 어둡고 좁아지는 것 같았다. 섹스턴의 초대를 받아 하루 먼저 해부학 실습실을 방문한 50퍼센트의 수강생(약대생)들이 문 앞에서 웅성거리고 있었으니 그랬을 수밖에. 문이 잠겨 있지 않았지만, 문제는 아무도 먼저 들어가려고 하지 않는다는 것이었다. 장담하건대, 그것은 바야흐로 통과의례가 시작될 거라는 말 못할 두려움 때문이었다. 그들은 향후 10주 동안 실습실 안에서 시신을 해체하며, '죽음'과 '죽어감'에 대한 내적 불안감에 직면해야 했을 것이다. 그것은 일종의 정서적 생체 해부emotional vivisection였으므로, 그들은 물론 나 자신도 그 난관에 슬기롭게 대처할 것인지 확신할 수 없었다.

내 뒤에서, 어떤 젊은 친구가 다른 친구에게 이렇게 물었던 것이 기억났다. "너는 죽은 몸을 '본' 적이 있어?"

"음, 그래. 하지만 '만져본' 적은 없어." 두 번째 친구가 이렇게 대답했는데, 앞으로 닥칠 일을 달갑잖아 하는 눈치였다.

헨리 그레이와 H. V. 카터는 눈도 꿈쩍하지 않았을 것이다. 장담하건대, 그들은 젊었을 때 키너턴 스트리트의 실습실에 들어가면서 '죽을 수밖에 없는 존재'에 대한 일생일대의 교훈을 얻으리라 기대하지 않았을 것이다. 그들은 그럴 필요가 없었다. 그도 그럴 것이 그레이와 카터는 해부를 시작하기 전부터 수많은 시체들을 관찰하고 만져봤기 때문이다. 그리고 실제로 해부를 할 때, 많은 시신들이 그들과 비슷한 연배였을 가능성이 높다. 19세기 초에만 해도, 영국인 남성의 기대 수명은 미국인들과 마찬가지로 오늘날의 절반—그러니까 서른여덟 살—에 불과했다. 여성의 경우에는 겨우 두 살 더 많았다.

한 세기 반 전에는 사람들이 젊은 나이에 세상을 떠났을 뿐 아니라, 죽음을 의식儀式에 더 큰 비중을 두고 더욱 공개적으로 취급했다. 빅토리아 시대 영국에서는 더욱 그러해서, 여왕 자신도 마흔두 살에 과부가 되어 스스로 장례의 모범을 보였다.

그 당시 사람들은 일반적으로 병원이나 요양원에서 운명하지 않고, 자택에서 사랑하는 사람들이 지켜보는 가운데 생을 마감했다. 나는 H. V. 카터의 일기장에 나오는 문장을 영원히 잊지 못할 것이다. 어머니의 부음을 들은 후, 카터는 자신에게 이렇게 묻는다. "이 느낌은 도대체 뭘까?"

그러고는 이렇게 자답한다. "주로 안타까움이다. 어머니의 임종을 지키지 못했다는 데서 기인하는.”

이번에는 나 혼자 해부학 실습실에 왔다. 문밖에서 줄지어 기다리
는 학생들도 없었다. 사실, 내가 오전 여덟 시 직전에 도착했을 때 실습
실 전체가 거의 텅 비어 있었다. 내가 참관하러 온 수업의 제목은 에필
로그로, 자격시험을 앞둔 의대 2학년생들을 위한 집중적 보수교육 과정
의 일부였다. 솔직히 말해서, 나는 이게 나를 위한 보수교육일 수도 있
다고 생각했다. 해부학에 눈을 뜨게 해준 UCSF의 강사 중 일부와 재회
하여 다시 영감을 받을 기회를 누리는, 일종의 코다coda⁺라고나 할까?

수업이 진행되었지만, 그날 따라 학생들은 아무런 해부도 하지 않
았으며 프로섹션만으로 족했다. 한 학년을 모두 수용하기 위한 공간을
마련하느라, 해부대는 실습실 맨 뒤로 밀려났고 모든 시신들은 해부대
위에 놓였다. 해부대 하나당 두세 구씩 놓여 있는 시신들은 옹기종기 모
여 온기를 나누며 해부에 사용되기를 조용히 기다리고 있는 것 같아 보
였다. 기다림… 내게, 적어도 그 순간만큼은 그렇게 보였다.

‘처음엔 시신들이 얼마나 무서워 보였는지 생각 나?’ 나는 내게 물
었다. 시신 자체보다 ‘시신 운반용 부대 속에 뭐가 들어 있을까?’라는
생각이 더 끔찍했다. 나는 의대생들과 섞인 채 줄지어 실습실에 들어가
던 내 모습이 생생하게 떠올랐다. 아무도 입을 뻥긋하지 않았었다. 마흔
구의 시신이 모두 하얀색 비닐에 감싸여, 인간 특유의 윤곽(동그란 두개
골, 코, 불룩한 배, 튀어나온 발가락)을 감추고 있었다. 그건 영락없는 40마리
의 핑크 코끼리였다. 나는 실습실의 뒷구석으로 직행하여 가방을 내려

---

⁺    음악에서 피날레의 대단원(종결부)을 알려주는 기호.

놓았었다. 그런 다음 근처 해부대 위에 놓인 시신을 물끄러미 바라보다, 문득 작은 발이 삐져나와 있는 것을 목격했다. 두 발 모두 거즈로 감싸여 있다는 점이 공포감이나 역겨움보다는 동정심과 안쓰러움을 자아냈다. '저런, 부상당한 게로군!' 나는 본능적으로 비논리적인 생각을 떠올렸다. 시신에 좀 더 가까이 다가가니, 정강이에 얼룩덜룩한 갈색 살점이 붙어 있는 게 보였다. 그러나 나는 개의치 않고 부대를 열어젖혔다. 나는 더 많이 관찰할 준비가 되어 있었다.

그날 늦은 시간에, 나는 일기를 쓰기 시작했다. 어린 시절과 달리, 나는 최근 20여 년 동안 일기를 전혀 쓰지 않았다. 내가 일기를 다시 쓴 건 사실을 기록하기 위한 것일 뿐, 무슨 거창한 의도가 있어서 그런 건 아니었다. 그저 기억이 남아있는 동안, 매일 밤 해부의 디테일과 대화의 편린들을 종이에 적어 이 책을 쓰는 데 비망록으로 사용했다. 그러나 내가 개인적인 성찰을 일기에 포함하게 되기까지는 오랜 시간이 걸리지 않았다. 예컨대 2004년 10월 10일, 나는 일기장에 내 속마음을 털어놓았다.

나는 정직해야 한다. 솔직히 말해서, 나는 인체뿐만 아니라 죽음에도 매혹되었다. 죽음이란 두 번째 기회가 주어지지 않는 완벽한 종말로, 무작위성randomness과 근접성nearness을 갖고 있다.

죽음은 내 주변에 늘 도사리고 있는 것 같다. 심지어 꼬마 시절에도, 죽음은 80년이나 100년만큼 멀리 떨어져 있는—도저히 상상할 수 없는—것처럼 여겨지지 않았다. 그 대신, 죽음은 나와 얼마든지 가까울 수 있었다. 그렇다고 해서 내가 곧 죽을 거라고 예감한 건 아니고, 그냥 언제든 죽을 수 있다고 생각했다.

나는 지금도 늘 죽음에 대해 생각한다. 나는 죽음을 지속적으로 생각한다. 나의 죽음뿐만 아니라 다른 누군가의 죽음까지도 (…) 죽음이 점점 더 가까이 다가오고 있으며, 심지어 때로는 나를 스쳐가는 것을 느낄 수 있다. 침대에 누운 채 깨어 있으면, 간혹 죽음이 내 몸을 짓누르는 것을 느낀다.

그로부터 정확히 2년 후인 2006년 10월 10일 아침 여덟 시, 나와 한 침대를 쓰던 스티브가 내 곁에서 세상을 떠났다. 그는 몸짱인 데다 전반적인 건강 상태도 최상이었지만, 갑작스러운 심부정맥cardiac arrhythmia 발작으로 인해 호흡정지respiratory arrest가 찾아와, 결국에는 심정지cardiac arrest로 사망했다. 나는 필사적으로 호흡하려는 스티브의 끔찍한 소리와 몸부림 때문에 잠에서 깨어났다. 더욱 끔찍한 것은, 그가 사망한 직후 완벽한 침묵 속에서 미동도 하지 않았다는 것이다. 나는 CPR을 시작했고, 잠시 후 응급구조사가 출동했다. 우리는 스티브를 응급실로 이송했지만, 의사들은 심장박동을 감지하지 못했다. 스티브는 마흔세 살이었다.

우리는 16년 동안 함께 지냈다. 스티브와 나는 인생뿐만 아니라 저술—바로 이 책—의 파트너이기도 했는데, 내가 카터라면 그는 그레이였다. 내가 "카터가 나의 그레이에게"라고 사랑스럽게 말하며 하트를 날리면, 그는 "아니야. '너의 카터가 그레이에게'라고 말해줘"라고 맞대응했다. 그가 세상을 떠난 후, 다시 집필 작업에 들어가 최종 원고를 완성하는 일이 벅차게만 느껴졌다. 그 없이 책을 마무리해 낼 수 있을지, 나는 확신이 서지 않았다.

그날 아침 에필로그가 시작됨과 동시에 나는 그의 부재를 느꼈다. 스티브는 해부학 실습실에 발을 들여놓은 적이 단 한 번도 없었지만, 늘 나와 함께 실습실에 갔다. 그는 언제나 실습실 앞까지 나를 바래다줬고, 실습이 끝난 뒤에는 어김없이 나를 마중하러 왔다. 그리고 집으로 돌아가는 차 안에서는 나의 해부학 실습 브리핑을 들었다.

에필로그 수업이 끝난 후, 나는 스티브에게 이런 이야기들을 했을 것이다. 어떻게 데이너, 킴, 딜론, 찰리를 만나게 되었는지, 어떻게 섹스턴이 은퇴를 하고, 앤이 승진을 하고, 앤디가 새로운 일자리를 얻게 되었는지, 어떻게 모든 수강생들 중에 아는 사람이 단 한 명도 없었는지(메리와 콜랴 등 나와 함께 공부한 학생들은 이미 3학년이었다), 어떻게 내가 학생들에게 예나 지금이나 조교로 오인받았는지…. 내가 《그레이 아나토미》에 관한 책을 쓰고 있다고 말했을 때, 대부분의 학생들은 내가 TV 쇼[*]를 말하는 줄로 알았던 모양이다. "옙, 맞아요." 나는 그들에게 도발적으로 말했었다. "나는 메레디스 그레이Meredith Grey와 맥드리미McDreamy 박사에 대한 실화를 이야기하고 있는 거예요."

마지막으로, 나는 시신들을 들여다보느라 신경과민에 걸렸다고 스티브에게 덧붙였을 것이다. 그의 죽음에 대한 '혼란스러운 기억'이 되살아날까 봐 두려워서 말이다.

말이 나온 김에 말하자면, 나는 오랜 파트너를 잃는 것과 관련하여 도저히 적응할 수 없는 이상한 느낌이 있다. 그 내용인즉, 나의 상실감을 털어놓고 싶은 유일한 사람은 이미 세상을 떠난 바로 그 사람이라는 것이다. 음, 그렇다고 해서 내가 늘 안절부절못하는 건 아니다. 나는 가

---

[*] 숀다 라임스Shonda Rhimes가 제작한 미국의 TV 드라마 〈그레이 아나토미〉를 말한다.

끔, 스티브에게 어떻게든 말을 건다.

"허니파이Honey Pie, 당신은 내가 자랑스러웠을 거야." 나는 UCSF에서 차를 몰고 집으로 돌아가는 길에 스티브에게 말했다. "수업이 시작되기 전에 나는 심호흡을 한 후, 해부대 중 하나를 향해 씩씩하게 행진해 가서 시신 운반용 부대를 열어젖혔어." 나는 계속해서 "시신은 (마치 스티브의 경우처럼) 시신 자체로 보일 뿐 다른 어떤 것으로도 보이지 않는다"고 덧붙였다. 이윽고 나는 크게 웃으며, 그게 어떻게 가능한지 놀라웠다. "음, 당신은 내가 뭘 말하려고 했는지 알 거야." 나는 그가 내 의도를 알고 있으리라 확신하며 이렇게 말했다.

"그건 마치 내가 당신의 골분骨粉을 집으로 가져올 때와 같았어." 나는 계속했다. "나에게, 그 멋진 은행나무 상자에 들어 있는 건 당신이 아닌 게 분명했거든…. 그저 당신의 유골일 뿐." 나는 그가 이미 자신의 몸을 떠난 지 오래라고 믿었다. 나는 그 장면—그의 마지막 숨결과 함께 생명이 그의 몸을 떠나는 장면—을 내 눈으로 똑똑히 지켜봤었다.

'당신은 흙이었고, 흙으로 돌아간 거야.'

공식적으로, 스티브는 병원에서 사망 선고를 받았다. '사망 선고'라니, 이 얼마나 괴상망측한 표현인가! 그건 확성기에서 흘러나오는 발표를 연상시킨다. 사실 사망이란 주치의와 내가 주고받은 무언의 대화에 가까웠다. 그는 바퀴 달린 들것의 머리를 떠나, 반대편 끝에서 스티브의 발을 고이 안고 있는 나에게 다가왔다. 그의 고통스러운 표정은 '내가 알아야 할 모든 것'을 말해주는 듯했다. 나는 고개를 끄덕였고, 그는 모기만 한 소리로 의료진에게 지시 사항을 전달했다. 그즈음 땀에 흠뻑 젖은 의사는 CPR을 중단했고, 간호사는 인공호흡기를 뗐다. 그와 동시에, 진료실에 있었던 사람들은 일제히 나와 스티브를 단 둘이 남겨놓고 조용히 자리를 떴다.

잠에서 깨어난 지 한 시간도 채 지나지 않아, 나는 마지막으로 친밀하고 성스러운 의식을 치르고 있는 나 자신을 발견했다. 나는 내 손가락으로 스티브의 눈을 완전히 감겼다. 그의 반지를 빼내어 내 손가락에 긴후, 그가 나에게 해줄 수 없었던 말을 했다.—"안녕!"

해부학 시간에 배웠던 어떤 지식으로도 그 순간을 대비할 순 없었다. 전혀. 나는 스티브에게 일어난 해부학적·생리학적 일을 완벽히 이해할 수 있었지만—예컨대, 나는 그의 부검보고서를 쉽게 읽고 이해할수 있었다—그가 갑자기 세상을 떠났다는 사실을 쉽사리 받아들이거나 견뎌내진 못했다. 그건 해부학 수업이 내게 마지막으로 제공한 뼈아픈교훈이다.

사실 문자적 의미에서, 나는 지금껏 해부학 수업에서만큼 사망에 가까이 다가갔던 적은 없었다. 나는 헨리 그레이와 H. V. 카터, 그들의책과 함께한 지난 1년간의 여정에서 내 손으로 직접 시신을 만지고 느끼고 해부한 덕을 톡톡히 봤다. 수십 구의 시신에 늘 둘러싸여 있다 보니, 웬만한 시신을 봐도 무덤덤할 정도였다. 나는 인체의 구조—가공되지 않은 살과 뼈와 피의 유기적 성질—에 대한 예리한 통찰을 얻었다. 그러나 그 많은 시신들 사이에서, 정작 죽음에 대해서는 아무것도 배우지 못했다. 결론적으로 말해서, 인체와 죽음은 각기 배우는 곳이 다르다. 인체는 해부학 시간에 시신을 해부하며 배우는 거지만, 죽음이란 사망—사랑하는 누군가와의 이별—을 경험하면서 배우는 것이다.

새삼 말하지만, 시신을 이용한 맨눈해부학에서 배우는 것은 아이러니하게도 삶과 인생이다. 삶(또는 삶을 규정하는 징후)의 본질은 운동에 있다. 그렇다면 운동이란 무엇일까? 기억을 더듬어보면, 나는 한 마

지막 해부학 시간에 무릎, 어깨, 팔꿈치 관절을 해부하며 인간의 운동
메커니즘을 빠삭히 알게 되었다. 눈을 깜박이든, 손가락을 꼼지락거리
든, 팔과 다리를 빠르게 움직이며 폐를 들썩이든 운동이란 뭔가를 향
해 질주하는 것이다.─목표점을 향해, 결승선을 향해. 최선을 다해 맨
끝까지.

## ~THE END~
끝

### 헨리 그레이
#### 1827~1861

그레이의 마지막 안식처는 런던의 하이게이트 공동묘지Highgate Cemetery이며, 그보다 5년 뒤에 사망한 어머니 앤Ann도 아들 옆에 나란히 묻혔다. 1858년 처음 출간된 《그레이 아나토미》는 영국에서 39판, 미국에서 37판을 거듭했으며, 지금까지 무려 160여 년 동안 단 한 번도 절판된 적 없이 총 500만 부가 팔린 것으로 추정된다.

### 헨리 발로 카터
#### 1803~1868

카터 가족의 가장. 헨리 발로 카터는 화가였으며, 1868년 10월 4일 예순다섯 살의 나이에 기관지염bronchitis으로 사망했다. 추도문을 읽어보면, 헨리 시니어는 장남과 매우 비슷하게 생겼던 것 같다. "유난히 신중한 성격이어서 교우 관계가 그다지 넓지 않았지만, 그와 친구가 된 사람들은 그의 온화한 성품과 독창적인 생각에 매료되기 일쑤였다."

### 조지프 뉴잉턴 "조" 카터
#### 1835~1871

H. V.의 남동생. 1859년, 자유로운 영혼의 소유자인 조는 미술을 가르치기 시작했으며, 누나 릴리와 함께 개신교로 개종했다. H. V.는 그 당시 일기에서 "릴리와 조가 드디어 나의 교우가 되었다"고 흐뭇해했다. 1871년 5월, 전업 화가인 조는 오랜 연인이었던 엘리자베스 스미스 뉴엄Elisabeth Smith Newham과 결혼했고, 그녀는 3개월 후 미망인이 되고 말았다. 조는 1871년 8월 16일, 스카버러의 집에서 양측폐렴double pneumonia으로 사망했다.

### 일라이저 해리엇 카터 디 빌랄타
#### 1860~1891

헨리 카터와 해리엇 카터 사이에서 태어난 딸. 일라이저는 1881년 이탈리아 병사인 페데리코 디 빌랄타Federico di Villalta와 결혼했다. 서른한 살의 나이에 피렌체에서 사망했을 때(사인은 알려져 있지 않음), 그녀의 외동아들 이냐치오 페데리코Ignazio Federico는 다섯 살이었다. 카터는 자신의 유언장에서, 손자 이냐치오에게 상당한 재산을 유증遺贈했다.

### 헨리 반다이크 카터
#### 1831~1897

카터의 공식 사인은 폐결핵phthisis pulmonalis이었으며, 스카버러 공동묘지의 가족묘에 묻혀 있다. 현재 런던 시의회에서는, 런던의 명물 중 하나인 명판을 새겨 그의 삶을 기리기 위해 기금을 모으고 있다.

**일라이저 소피아 "릴리" 카터 문**
**1832~1898**

릴리는 남편(윌리엄 제임스 문), 오빠, 남동생보다 오래 살았으며, 1898년 12월 14일 스카버러의 자택에서 예순다섯 살의 나이에 급성폐렴으로 사망했다. 그녀가 세상을 떠날 때, 네 명의 자녀 중 세 명이 생존해 있었다.

# 감사의 글

이 책을 쓰는 동안 다양한 단계에서 나를 도와준 해부학자, 강사, 동료, 학생, 사서, 문서보관소 담당자, 에이전트, 편집자, 출판사, 가족, 친구들 모두에게 감사 드린다. 첨언하건대, 언급하는 순서와 무관하게 그들의 기여도는 동등하다.

스티븐 바클리Steve Barclay, 리 베레스포드Lea Beresford, 바버라 보라사Barbara Bourassa와 존 보라사John Bourassa, 제인 브라이어Jane Breyer, 실비아 브라운리그Sylvia Brownrigg, 번Byrne 가족, 지나 센트렐로Gina Centrello, 앤디 체임벌린Andy Chamberlain, 수전 코언Susan Cohan, 벤 콜린스Ben Collins와 스티븐 펠턴Stephen Pelton, 더그 쿠퍼Doug Cooper, 낸시 코제트Nancy Cossette와 팀 코제트Tim Cossette, 로빈 쿠파Robin Coupar, 크리스 데이비스Chris Davis, 조시 드보어Josh Devore, 느리펜드라 딜런Nripendra Dhillon, 톰 디렌조Tom DiRenzo, 앤 도냐쿠어Anne Donjacour, 마틴 듀크Martin

Duke, 메리 던Meri Dunn, 아만다Amanda 엔지니어와 웰컴 도서관 포인터 열람실의 모든 직원들, 에밀리 포랜드Emily Forland, 실라 제러티Sheila Geraghty, 샌드라 깁슨Sandra Gibson, 숀 해슬러Shawn Hassler, 진 헤이스Jean Hayes와 존 헤이스John Hayes, 패티 헤이스Patti Hayes, 메리 캠Mary Kamb과 존 캠John Kamb, 랭 키우아Lang Kehua, 레이철 카인드Rachel Kind, 이본 리치Yvonne Leach, 밍 마Ming Ma, 마수드Massoud, 캐시Kathy와 댄 마예다Dan Mayeda, 헤이즐 맥도널드Hazel McDonald, 데이비드 미코David Mikko, 낸시 밀러Nancy Miller, 키스 니콜Keith Nicol, 찰리 오달Charlie Ordahl, 벤 오스피털Ben Ospital, 크리스 오스피털Chris Ospital, 콜랴 패치Kolja Paech, 샘 팩Sam Pak, 샌드라 필립스Sandra Phillips, 켈리 피아센테Kelly Piacente, 마틴 퓨Martin Pugh, 그레고리 라일리Gregory Riley, 레이철 리버스Rachel Rivers 목사님, 리처드 로드리게스Richard Rodriguez, 데이너 로드Dana Rohde, 콘래드 산체스Conrad Sanchez, 캡 스팔링Cap Sparling, 크리스틴 스튜어트Kristen Stewart, 샤이엔 스트루베Cheyenne Strube, 섹스턴 서덜랜드Sexton Sutherland, 폴 테레시Paul Teresi, 재닌 테라노Janine Terrano, 날리니 테바카루나이Nallini Thevakarrunai, 킴 토프Kim Topp, 페르난도 베시아Fernando Vescia, 제이 와그너Jay Wagner, 웬디 와일Wendy Weil, 비키 와일랜드Vicki Weiland와 짐 와일랜드Jim Weiland, 발레리 휘트Valerie Wheat, 폴 위조츠키Paul Wisotzky, 멜라니 짐머만Melaine Zimmerman.

# 참고 문헌

## 헨리 반다이크 카터 관련 문헌

Carter, Henry Vandyke. *On Leprosy and Elephantiasis.* London: G. E. Eyre & W. Spottiswoode, 1874.

———. *On Mycetoma, or the Fungus Disease of India.* London: J. & A. Churchill, 1874.

———. *Report on Leprosy and Leper Asylums in Norway.* London: G. E. Eyre & W. Spottiswoode, 1874.

———. *Spirillum Fever.* London: J. & A. Churchill, 1882.

———. *Student's diary, 1853.* Manuscript held in the Library of the Royal College of Surgeons of England, London.

*The Carter Papers.* Western Manuscripts Collection, MSS 5809~5826. Wellcome Library for the History and Understanding of Medicine, London.

Gray, Henry. Anatomy, Descriptive and Surgical. Drawings by H. V. Carter. 1st ed. London: John W. Parker and Son, 1858.

## 헨리 그레이 관련 문헌

Gray, Henry. "An Account of a Dissection of an Ovarian Cyst." *Medico-Chirurgical Transactions.* Vol. 36, 433~437. Published by the Royal Medical and Chirurgical Society. London: Longman et al., 1853.

———. *Anatomy, Descriptive and Surgical.* Drawings by H. V. Carter. 1st ed. London: John W. Parker and Son, 1858.

———. *Anatomy, Descriptive and Surgical.* Drawings by H. V. Carter, with additional drawings by Dr. Westmacott. 2nd ed. London: John W. Parker and Son, 1860.

———. *Gray's Anatomy.* Facsimile of rev. American ed. of 1901. New York: Gramercy Books, 1977.

———. "Injuries of the Neck." *A System of Surgery, Theoretical and Practical.* Vol. 2, 270~339. Edited by Timothy Holmes. London: John W. Parker and Son, 1861.

———. "On Myeloid and Myelo-cystic Tumors of Bone, Their Structure, Pathology, and Mode of Diagnosis." *Medico-Chirurgical Transactions.* Vol. 39, 121~149. Published by the Royal Medical and Chirurgical Society. London: Longman et al., 1856.

———. "On the Development of the Ductless Glands in the Chick." *Philosophical Transactions of the Royal Society of London.* 142 (1852): 295~309.

———. "On the Development of the Retina and the Optic Nerve, and of the Membranous Labyrinth and Auditory Nerve." *Philosophical Transactions of the Royal Society of London.* 140 (1850): 189~200.

———. *On the Structure and Use of the Spleen.* London: John W. Parker and Son, 1853.

## 일반 참고 문헌

Bailey, Hamilton. *Notable Names in Medicine and Surgery.* London: H. K. Lewis & Co., 1959.

Bayliss, Anne M. "Henry Vandyke Carter." *Yorkshire History Quarterly* 4, no. 2 (Nov. 1998).

Bishop, W. J. "Henry Vandyke Carter." *Medical and Biological Illustration* 4, no. 1 (1954): 73~75.

Blomfield, J. *St. George's, 1733~1933.* London: The Medici Society, 1933.

Drake, Richard L., et al. *Gray's Anatomy for Students.* Philadelphia: Elsevier Churchill Livingstone, 2005.

Duke, Martin. "Henry Gray of Legendary Textbook Fame." *Connecticut Medicine* 57, no. 7 (July 1993): 471~474.

*Encarta Encyclopedia.* Standard ed. Microsoft: 2000.

Erisman, Fred. "The Critical Response to *Gray's Anatomy* (A Centennial Comment)." *Journal of Medical Education* 34, no. 1 ( Jan. 1959): 589~591.

Evans, Alison, et al. *Human Anatomy: An Illustrated Laboratory Guide.* San Francisco: Regents of the University of California, 1982.

Goss, Charles Mayo. *A Brief Account of Henry Gray, F.R.S., and His "Anatomy,*

*Descriptive and Surgical."* Philadelphia: Lea & Febiger, 1959.

————. "Henry Gray, F.R.S., F.R.C.S." *Anatomy of the Human Body by Henry Gray.* 29th American ed. Philadelphia: Lea & Febiger, 1973.

"Henry Gray." *St. George's Hospital Gazette* 16, no. 4 (May 21, 1908): 49~54.

Hiatt, Jonathan R., and Nathan Hiatt. "The Forgotten First Career of Doctor Henry Van Dyke Carter." *Journal of the American College of Surgeons* 181, no. 5 (Nov. 1995): 464~466.

Johnson, Edward C., et al. "The Origin and History of Embalming." In *Embalming: History, Theory, and Practice,* by Robert G. Mayer, 23~40. Norwalk, Conn.: Appleton & Lange, 1990.

Moir, John. *Anatomical Education in a Scottish University, 1620.* Translated by R. K. French. Aberdeen, Scotland: Equipress, 1975.

Moore, Keith L., and Anne M. R. Agur. *Essential Clinical Anatomy.* 2nd ed. Philadelphia: Lippincott Williams & Wilkins, 2002.

Newman, Charles. *The Evolution of Medical Education in the Nineteenth Century.* London: Oxford University Press, 1957.

Nicol, Keith E. *Henry Gray of St. George's Hospital: A Chronology.* Privately printed by the author, 2002.

————. Interviews and correspondence with author, 2004~2007.

Persaud, T.V.N. *Early History of Anatomy: From Antiquity to the Beginning of the Modern Era.* Springfield, Ill.: Charles C. Thomas Publisher, 1984.

————. *A History of Anatomy: The Post-Vesalian Era.* Springfield, Ill.: Charles C. Thomas Publisher, 1997.

Plarr, Victor Gustave. *Plarr's Lives of the Fellows of the Royal College of Surgeons of England.* London: Simpkin, Marshall, 1930.

Poynter, F. N. L. *"Gray's Anatomy:* The First Hundred Years." *British Medical Journal* 2 (Sept. 6, 1958): 610~611.

Roberts, Shirley. "Henry Gray and Henry Vandyke Carter: Creators of a Famous Textbook." *Journal of Medical Biography* 8 (Nov. 2000): 206~212.

Rohde, Dana. *Anatomy 116, Gross Anatomy: Course Lecture Syllabus.* San Francisco: Regents of the University of California, 2004.

Symmers, William St. Clair. "Henry Vandyke Carter on Mycetoma or the Fungus Disease of India." In *Curiosa: A Miscellany of Clinical and Pathological Experiences,* 128~143. Baltimore: Williams & Wilkins Co., 1974.

Tansey, E. M. "A Brief History of *Gray's Anatomy*." In *Gray's Anatomy. 38th British ed*. London: Churchill Livingstone, 1995.

Teresi, Paul, et al. *Prologue Block, IDS 101, Laboratory Guide*. San Francisco: Regents of the University of California, 2004.

Topp, Kimberly S. PT 200, *Neuromuscular Anatomy: Course Lecture Syllabus*. San Francisco: Regents of the University of California, 2004.

Williams, Peter L. "Historical Account: Biography of Henry Gray." In *Gray's Anatomy. 38th British ed*. London: Churchill Livingstone, 1995.


## 장별 참고 문헌
### 1장

Persaud, T.V.N. *Early History of Anatomy: From Antiquity to the Beginning of the Modern Era*. Springfield, Ill.: Charles C. Thomas Publisher, 1984.

Walsh, James J. *The Popes and Science: The History of the Papal Relations to Science During the Middle Ages and Down to Our Own Times*. New York: Fordham University Press, 1911.

### 2장

Nuland, Sherwin B. *The Mysteries Within: A Surgeon Reflects on Medical Myths*. New York: Simon & Schuster, 2000.

Rohde, Dana. *Interview with author*. San Francisco, Mar. 23, 2005.

### 3장

Hawkins, Charles. "London Teachers of Anatomy." *Lancet* (Sept. 27, 1884).

Holmes, Timothy. *Sir Benjamin Collins Brodie*. London: T. Fisher Unwin, 1898.

James, R. R. *School of Anatomy and Medicine, St. George's Hospital, 1830~1863*. Privately printed by the author, 1928.

### 4장

Griffenhagen, George B. *Tools of the Apothecary*. Washington, D.C.: American Pharmaceutical Association, 1957.

Nuland, Sherwin B. *The Mysteries Within: A Surgeon Reflects on Medical Myths*. New York: Simon & Schuster, 2000.

Trease, George Edward. *Pharmacy in History*. London: Baillière, Tindall, and Cox, 1964.

### 5장

Brodie, Benjamin Collins. *The Works of Sir Benjamin Collins Brodie*. Vol. 1. London:

Longman et al., 1865.

**6장**

Chadwick, Owen. *The Victorian Church*. New York: Oxford University Press, 1966.

Elliott-Binns, Leonard. *Religion in the Victorian Era*. London: Lutterworth Press, 1946.

"Religion in Victorian Britain" and "William Paley and Natural Theology." The Victorian Web. http://www.victorianweb.org/. Accessed Sept.–Oct. 2005.

**9장**

"The Ant-Eater." *London Times*, Oct. 18, 1853, 9, col. 2. Burke, Edmund. *A Philosophical Enquiry into the Sublime and the Beautiful*. London and New York: Penguin Books, 1998.

Hilton, Boyd. "The Role of Providence in Evangelical Social Thought." In *History, Society and the Churches: Essays in Honour of Owen Chadwick*, edited by Derek Beales and Geoffrey Best, 215~233. Cambridge, U.K.: Cambridge University Press, 1985.

"Zoological Gardens, Regent's Park." *London Times*, Oct. 1, 1853, 8, col. 3.

**11장**

Arnold, Friedrich. *Icones Nervorum Capitis*. Heidelberg: Sumptibus auctoris, 1834.

Belt, Elmer. *Leonardo the Anatomist*. Lawrence: University of Kansas Press, 1955.

Calder, Ritchie. *Leonardo and the Age of the Eye*. New York: Simon & Schuster, 1970.

Choulant, Ludwig. *History and Bibliography of Anatomic Illustration*. Chicago: University of Chicago Press, 1920. Reprint of 1852 edition.

Nutton, Vivian. "Introduction." An online annotated translation of the 1543 and 1555 editions of Andreas Vesalius's *De humani corporis fabrica*. http://www.vesalius.northwestern.edu/. Accessed May 2006.

O'Malley, Charles D., and J. B. de C. M. Saunders. *Leonardo da Vinci on the Human Body*. New York: Henry Schuman, 1952.

Quain, Jones. *Elements of Anatomy*. 6th ed. Edited by William Sharpey. London: Walton and Maberly, 1856.

Richardson, Ruth. "A Historical Introduction to *Gray's Anatomy*." In *Gray's Anatomy: The Anatomical Basis of Clinical Practice*, 39th ed., edited by Susan Standring, xvii–xx. Edinburgh: Elsevier Churchill Livingstone, 2005.

Vesalius, Andreas. *De humani corporis fabrica (On the Fabric of the Body)*. 2nd ed.

Basil: Per Joannem Oporinum, 1555.

Vescia, Fernando. Interview with author. Palo Alto, Calif., Sept. 26, 2005.

**12장**

Rohde, Dana. Interview with author. San Francisco, Mar. 23, 2005.

Shaffer, Kitt. "Teaching Anatomy in the Digital World." *New England Journal of Medicine* 351, no. 13 (Sept. 23, 2004): 1279~1281.

Zarembo, Alan. "Cutting Out the Cadaver." *Los Angeles Times*, Feb. 28, 2004.

Zuger, Abigail. "Anatomy Lessons, a Vanishing Rite for Young Doctors." *New York Times*, Mar. 23, 2004.

**13장**

Ordahl, Charlie. Interview with author. San Francisco, Oct. 4, 2004.

**14장**

James, Lawrence. *The Rise and Fall of the British Empire*. New York: St. Martin's Griffin, 1997.

Ramanna, Mridula. *Western Medicine and Public Health in Colonial Bombay*. London: Sangram Books, 2002.

"Reviews and Notices of Books." *Lancet* 2 (Sept. 11, 1858): 282~283.

**15장**

Carrell, Jennifer Lee. *The Speckled Monster: A Historical Tale of Battling Smallpox*. New York: Dutton, 2003.

"Death of Mr. Henry Gray, F.R.S." *Lancet* (June 15, 1861): 600.

**16장**

"Death of Dr. Carter, of Scarborough, an Indian Medical Celebrity." *Scarborough Gazette and Weekly List of Visitors*, Thurs., May 6, 1897, 3, col. 3.

"Deaths: Henry Vandyke Carter." *Lancet* (May 15, 1897): 1381.

Gould, Tony. *A Disease Apart: Leprosy in the Modern World*. New York: St. Martin's Press, 2005.

"Honour to a Scarborough Gentleman." *Scarborough Gazette and Weekly List of Visitors*, Thurs., Dec. 18, 1890.

"Honour to a Scarborough Townsman." *Scarborough Gazette and Weekly List of Visitors*, Thurs., Nov. 20, 1890.

"Marriages." Henry Vandyke Carter to Mary Ellen Robison. *Scarborough Gazette and Weekly List of Visitors*, Thurs., Dec. 18, 1890.

"Marriages." Joseph Newington Carter to Elizabeth Smith Newham. *Scarborough*

*Gazette and Weekly List of Visitors*, Thurs., May 4, 1871.

"Marriages." William James Moon to Eliza Sophia Carter. *Scarborough Gazette and Weekly List of Visitors*, Thurs., Feb. 12, 1863.

Pandya, Shubhada. "Nineteenth Century Indian Leper Census and the Doctors." *International Journal of Leprosy* 72, no. 3 (2004): 306~316.

Robertson, Jo. "Leprosy and the Elusive M. leprae: Colonial and Imperial Medical Exchanges in the Nineteenth Century." *História Cliências, Saúde—Manguinhos* 10, suppl. 1 (2003): 13~40.

## 주요 인물 관련 참고자료

"Deaths." Henry Barlow Carter. *Scarborough Gazette and Weekly List of Visitors*, Thurs., Oct. 15, 1868, 3, col. 4.

"Deaths." Joseph Newington Carter. *Scarborough Gazette and Weekly List of Visitors*, Thurs., Aug. 17, 1871.

"Deaths." Eliza Sophia Moon. *Scarborough Gazette and Weekly List of Visitors*, Thurs., Dec. 22, 1898.

# 찾아보기

**해부학자 - 세상에서 가장 아름다운 해부학 책《그레이 아나토미》의 비밀**

1판 1쇄 펴냄 2020년 3월 13일
1판 2쇄 펴냄 2020년 8월 11일

**지은이** 빌 헤이스
**옮긴이** 양병찬
**펴낸이** 안지미

**펴낸곳** (주)알마
**출판등록** 2006년 6월 22일 제2013-000266호
**주소** 03983 서울시 마포구 동교로41길 32 (연남동) 2층
**전화** 02.324.3800 판매 02.324.7863 편집
**전송** 02.324.1144

**전자우편** alma@almabook.com
**페이스북** /almabooks
**트위터** @alma_books
**인스타그램** @alma_books

**ISBN** 979-11-5992-288-6  03400

이 도서의 국립중앙도서관 출판예정도서목록CIP은 서지정보유통지원시스템 홈페이지
http://seoji.nl.go.kr와 국가자료공동목록 구축시스템 http://kolis-net.nl.go.kr에서 이용하실 수
있습니다. CIP제어번호: CIP2020006961

**알마**는 아이쿱생협과 더불어 협동조합의 가치를 실천하는 출판사입니다.

종이 표지_매직콤마 220g/㎡  본문_전주 그린라이트 80g/㎡